高等教育"十三五"规划教材
江苏省品牌专业建设资助教材

岩体工程的实验方法与实测技术

主　编　马文顶
副主编　张　凯　付丽红　张　源

中国矿业大学出版社
·徐州·

内 容 提 要

岩体工程的实验方法与实测技术是研究工程岩体设计、施工与控制的基本方法。本书结合教学实践与地下工程研究新技术编写而成。全书分6章。第一章介绍学生实验的基本知识;第二章介绍岩体工程实验的常用方法和基本技术;第三章、第四章是实验研究的预备引导实验和基本实验,介绍实验研究基础的公共测试手段,是课程标准所要求的必修内容,侧重基本知识、基本方法和基本技能的训练;第五章是设计、研究型实验,主要培养学生综合运用实验方法和实验仪器、解决实际问题的能力,侧重于创新能力的提高;第六章专门介绍现有岩体工程的实测仪器和量测方法,具有较强的实用性。

本书主要作为煤炭高等院校采矿工程、岩土工程等专业的实验教材,也可作为地下工程研究和实验技术人员的参考资料。

图书在版编目(CIP)数据

岩体工程的实验方法与实测技术/马文顶主编. —徐州:中国矿业大学出版社,2019.3

ISBN 978-7-5646-4384-3

Ⅰ.①岩… Ⅱ.①马… Ⅲ.①岩石力学—实验方法 Ⅳ.①TU45—33

中国版本图书馆 CIP 数据核字(2019)第055698号

书　　名　岩体工程的实验方法与实测技术
主　　编　马文顶
责任编辑　姜志方
出版发行　中国矿业大学出版社
　　　　　　(江苏省徐州市解放南路　邮编221008)
营销热线　(0516)83884103　83885105
出版服务　(0516)83995789　83884920
网　　址　http://www.cumtp.com　**E-mail**:cumtpvip@cumtp.com
印　　刷　江苏淮阴新华印务有限公司
开　　本　787 mm×1092 mm　1/16　**印张** 16.5　**字数** 410 千字
版次印次　2019年3月第1版　2019年3月第1次印刷
定　　价　38.00元
(图书出现印装质量问题,本社负责调换)

前 言

为贯彻落实新时代全国高等学校本科教育工作会议的精神,推动高等学校加强学生实践能力和创新能力的培养,加快实验教学改革和实验室建设,促进优质资源整合和共享,提升办学水平和教育质量;根据学校教育理念和教学指导思想必须先进的要求,坚持传授知识、培养能力、提高素质协调发展,注重对学生探索精神、科学思维、实践能力、创新能力的培养;重视实验教学,从根本上改变实验教学依附于理论教学的传统观念,充分认识并落实实验教学在学校人才培养和教学工作中的地位,形成理论教学与实验教学统筹协调的理念和氛围,我们编写了《岩体工程的实验方法与实测技术》。

“岩体工程的实验方法与实测技术”是采矿工程、岩土工程专业本科生的一门实验课程,2012 版教学大纲就已经在相应专业的本科生教学计划中被列为选修课程,2016 版教学大纲中将此课程列为采矿工程本科生的必修课程。

《岩体工程的实验方法与实测技术》主要介绍研究岩体工程的基本实验方法和实测方法。从人才培养体系整体出发,建立以能力培养为主线,分层次、多模块、相互衔接、科学系统的实验教学体系,与理论教学既有机结合又相对独立;实验教学内容与科研、工程、社会应用与实践密切联系,形成良性互动,实现基础与前沿、经典与现代的有机结合;引入、集成信息技术等现代技术,改造传统的实验教学内容和实验技术方法,加强综合性、设计性、创新性实验;建立新型的适应学生能力培养、鼓励探索的多元实验考核方法和实验教学模式,推进学生自主学习、合作学习和研究性学习。

全书分 6 章。第一章介绍了学生实验的基本知识;第二章介绍岩体工程实验的常用方法和基本技术;第三章和第四章是实验研究的预备引导实验和基本实验,介绍实验研究基础的公共测试手段,是课程标准所要求的必修内容,侧重基本知识、基本方法和基本技能的训练;第五章是设计与研究型实验,主要培养学生综合运用实验方法和实验仪器、解决实际问题的能力,侧重于创新能力的提高;第六章专门介绍现有岩体工程的实测仪器和量测方法。

本书由马文顶任主编;第一章学生实验的基本知识由马文顶编写;第二章岩体工程实验的常用方法和基本技术由马文顶编写;第三章预备引导实验由张凯、付丽红、马文顶、张少华编写;第四章基本实验由张凯、付丽红、张少华、马文顶、马立强、鲁岩、许兴亮编写;第五章设计与研究型实验由马文顶、张凯、张源、万志军、张东升、许家林、马立强、鲁岩、王襄禹、许兴亮、牟宗龙编写;第六章岩体工程的实测技术由付丽红、牟宗龙、许兴亮、马立强、王襄禹、马文顶编写。

本书是多年的实验教学实践与岩体工程实验研究新技术的结合体,是在原“岩层控制的实验方法与实测技术”“矿山岩体力学”“矿山压力及其控制”“煤矿围岩控制与监测”“采矿地球物理概论”等理论课程实验的基础上,增加了岩石的物理特性实验、设计与研究型实验、声学实验以及现场实测方法实验和大型仪器设备操作知识等内容，具有较强的实践性和实用性。

由于编者水平所限，书中难免有不妥和错误之处，欢迎读者提出批评和指正。

编　者

2018 年 10 月

目 录

第一章　学生实验的基本知识

第一节　学生实验守则

一、学生实验守则

(1) 学生应在实验课前对要做的实验内容进行预习,并按要求写好预习报告,无预习报告者不得做实验。

(2) 学生在选定的时间内进行实验,不得无故缺席或迟到;上课时间若要变更,必须经实验中心同意,否则按无故缺席处理。

(3) 进入实验室后,服从指导教师安排;出示预习报告,经指导教师检查认为合格后,方可进行实验。

(4) 实验前应仔细了解所用仪器设备的组成,操作时应谨慎细心,严格遵守各种仪器仪表的操作规范。如损坏仪器,要及时报告指导教师,并填写仪器损坏(赔偿)单,根据情况按学校规定处理。

(5) 实验完成后,应先将实验数据交给指导教师审阅,实验合格者并经指导教师签字,才能结束实验。实验数据记录不能用铅笔书写。实验操作不合格者,另外安排时间补做。

(6) 实验过程中,应注意保持实验室整洁,注意安全。实验完成后,应将仪器、设备、桌椅、工具规整放置原处,并打扫实验室卫生。

二、实验课的目的与任务

岩体工程的实验方法与实测技术是采矿、岩土工程等方向的专业性很强的一门实验课程,是促进对相关理论课程理解的重要环节,也是学生未来从事科研工作的起点。学习这门实验课更为重要的意义在于提高学生自身的科学素养,训练学生进行科学研究的基本技能。

(1) 通过对岩体工程实验的观察、分析和对有关数据的测量,加深对采矿与岩体工程技术原理的理解。

(2) 培养与提高学生科学实验的能力。

自学能力——通过阅读教材、仪器使用说明书、参考资料,能正确理解实验内容,概括出实验原理和方法的要点。

动手能力——能正确调整和使用常用仪器,掌握基本的岩土工程中的常见物理量的测量方法和实验技能,得出准确的实验结果。

设计能力——能够根据课题要求,自行设计方案,确定实验方法和条件,合理选择仪器、设备,拟定具体的实验程序。

表达能力——能够正确记录和处理实验数据,分析实验结果,撰写符合要求的实验报告或科技论文。

创新能力——能观察、发现新问题,突破传统思维趋势,创造性地提出新的方案和进一步研究的方向。

(3) 培养与提高学生的科学实验素养。要求学生具有理论联系实际和实事求是的科学作风,严肃认真的工作态度,主动研究、勇于探索的创新精神,遵守纪律、团结协作和爱护公物的优良品德。

第二节　实验预习和实验过程

一、实验预习

预习是上好实验课的基础和前提。课前要仔细阅读实验教材和有关参考资料,明确实验目的,清楚实验内容,如测试什么量,研究什么问题,使用什么方法,实验的理论依据(原理)是什么,使用什么仪器,其性能是什么,如何使用(最好到实验室对照实物或在教学网络上对照仿真实物熟悉仪器),操作要点及注意事项等。在此基础上写出实验预习报告。

预习报告的内容包括:

(1) 实验名称。

(2) 实验目的。

(3) 实验仪器:根据原理选择实验仪器并列出主要仪器名称、型号、规格、精度等。

(4) 实验原理:简要概括实验理论依据、实验方法、主要计算公式及各量意义,绘制原理图或设计示意图;有些实验还要写出自拟的方案,设计实验路线,选择仪器设备。

(5) 实验步骤:扼要地说明实验的关键步骤和主要注意事项。

(6) 数据记录表格设计:待测量及单位、测量次数等。

二、实验操作

学生进入实验室后,首先要遵守实验室规章,主动接受实验室指导教师对预习情况的检查和重点指导,合理布置、安装和调试仪器,安全操作,细心观察实验现象,认真思考,刻苦钻研和探索实验中的问题,做到细观察、多动手、勤思考、会判断、多问几个为什么,克服不动脑筋的机械操作。数据记录必须详尽、真实,决不能任意改造或篡改,并用钢笔或圆珠笔准确记录。不要先草记在另外的纸上再誊写在数据表格里,这样容易出错。

三、实验总结

实验操作完毕,要对实验数据进行整理讨论,然后用简洁文字撰写实验报告。这个过程是学生进行综合思维能力和文字表达能力训练的过程,也是以后科学研究、撰写科技论文的基础。需要认认真真地书写,规规矩矩地描画,做到字迹清楚、文理通顺、图表规范、数据完备、结论明确、讨论认真、富有创意。

实验报告包括以下内容:封面、实验人姓名、学号、组别、实验目的等。

(1) 实验名称。

(2) 实验目的。

(3) 实验仪器:包括型号、规格、编号等。

(4) 实验原理:简述实验的理论依据,列出待测量的计算公式,设计实验流程图、仪器示意图。

(5) 数据处理:将预习报告所记录的数据仔细地转记过来,根据实验目的与要求对测量结果进行计算或作图表示,并对测量结果进行评定,计算偏离度,最后写出实验结果。

(6) 问题讨论:对实验中观察到的现象进行分析和解释,分析实验误差,对实验仪器、设备的选择和研究方法的改进提出建议,简述做实验的心得体会等。

第三节　实验报告与科技论文

实验报告:科技实验报告是描述、记录某项科研课题实验过程和结果的一种报告。实验报告有两种:一种是理工科大学生为验证某定理或其结论所进行实验而撰写的实验报告。其实验步骤和方法是事先拟定的,是重复前人的实验。另一种是创新型实验报告,它由研究者自己设计,从过程到结果都是新的实验,要求有所发现、发明和创造。与学术论文比较而言,实验报告的侧重点是介绍实验过程中的新发现,不要求在理论上进行细致的论证。实验报告的主要表达方式是说明,要求说明准确、言之有序,不是全部科研工作及其实验过程和观察结果都要写出或可以写出学术论文,但创新实验报告一定可以作为科技论文的核心。

学术论文:《科学技术报告、学位论文和学术论文的编写格式》(GB 7713—87)所指的学术论文是:"某一学术课题在实验性、理论性或观测性上具有新的科学研究成果或创新见解和知识的科学记录;或是某种已知原理应用于实际中取得新进展的科学总结。"学术论文不同于实验报告、阶段报告和工作总结,而应对实验工作素材有整理和提高,要形成论点。实验报告和工作总结多属于如实地汇报实验工作经过,可以没有创新成果和见解,可以模仿和重复前人必要的结果,可以不做判断和推理,不形成论点。学术论文的内容应提供新的科技信息,有所发现、有所发明、有所创新,而不是重复、模仿、抄袭前人的工作。

科技论文是在科学研究、科学实验的基础上,对自然科学和专业技术领域里的某些现象或问题进行专题研究、分析和阐述,揭示出这些现象和问题的本质及其规律性而撰写的文章。也就是说,凡是运用概念、判断、推理、论证和反驳等逻辑思维手段,来分析和阐明自然科学原理、定律和各种问题的文章,均属科技论文的范畴。科技论文主要用于科学技术研究及其成果的描述,是研究成果的体现,运用它们进行成果推广、信息交流、促进科学技术的发展。它们的发表标志着研究工作的水平,为社会所公认,载入人类知识宝库,成为人们共享的精神财富。科技论文还是考核科技人员业绩的重要依据。

一、科技论文的特点

1. 学术性

学术性又称理论性。科技论文是一种纯学术性的文章。它要求运用科学的原理和方法,对自然科学领域新问题进行科学分析,严密论证,抽象概括。虽然它取材于某一研究项目、某一实验、某一新产品研制等,但绝不是客观事物的外观形态和过程的描述,或者就事论事地进行叙述,而是经过提炼、加工,从理论上做出说明。可见,学术性是科技论文最基本的特征。

2. 创造性

衡量科技论文价值的根本标准就在于它的创造性。如果没有新创造、新见解、新发现、新发明,就没有必要写论文。因为科学研究的目的就在于创造。作为科研成果的论文,它的任务即是进行学术交流,实现其科学价值。可见,广大科技人员,如果只能继承,没有创造,人类的文明和历史,就不会得到发展。

二、科技论文选题

科技论文选题是确定专攻方向、明确要解决的主要问题。选题不能单凭个人兴趣,或者一时热情,而要从社会主义现代化建设事业的实际出发,选择那些有价值的、能促进科学技术发展,或在生产和建设上、人民生活中迫切需要解决的有重大效益的课题。怎样选择呢?

1. 选择本学科亟待解决的课题

各个自然学科领域之中,都有一些亟待解决的课题。有些是关系到国计民生的重大问题,有的是该学科发展中的关键问题,有的是当前迫切需要解决的问题。因此,我们必须坚持为社会主义现代化建设服务的方向,选择这些亟待解决的课题。

2. 选择本学科处于前沿位置的课题

凡是科学上的新发现、新发明、新创造,都有重大科学价值,必将对科学技术发展起推动作用。因此,选题要敢于创新,选择那些在本学科的发展中处于前沿位置、有重大科学价值的课题。经过苦心研究,取得独创性成果,为人类科学技术事业的发展作出新贡献。

3. 选择预想获得理想效果的课题

选题一定要避免盲目性。选择那些能发挥本人业务专长和利于展开的课题,或者选择那些比较熟悉或感兴趣的课题。这样,可以发挥个人优势。题目大小适中,又选准了突破口,就能获得理想的效果。

4. 选择课题应注意可行性

选题时,要考虑到主客观条件,一定是经过努力能够实现的。具体讲,表现在下述三个方面:

(1) 科学原理上是可行的,绝不能违反自然规律和科学原理。

(2) 考虑研究者本身的知识水平、科研能力,不可贪大甚至超过个人实际能力。

(3) 考虑研究经费、实验场所(地)、仪器、设备、检测手段等条件上的可行性。不能不顾及条件,盲目上马。初学写作人员选题不宜过大,涉及范围不宜过宽,否则,困难很大,不易完成,题目小点则容易写作。只要写作方法对头,思路正确,题目虽小点则可以把论题写深写透,这样的论文还是有较高价值的。

三、科技论文的基本结构

随着科学技术的飞速发展,科技论文大量发表,越来越要求论文作者以规范化、标准化的固定结构模式(即通用型格式)来表达他们的研究过程和成果。这种通用型结构形式,是人们经过长期实践总结出来的论文写作的表达形式和规律。这种结构形式,是最明确、最易令人理解的表达科研成果的好形式。其通用型基本格式构成项目如下:

1. 标题

科技论文标题的选择与确定，除了遵循前述的方法外，应尽量少用副标题。同时，这种标题不能用艺术加工过的文学语言，更不得用口号式的标题。它最基本的要求是醒目、能鲜明概括出文章的中心论题，以便引起读者关注。科技论文标题还要避免使用符号和特殊术语，应该使用一般常用的通俗化的词语，以使本学科专家或同行一看便知，而且外学科的人员和有一定文化程度的群众也能理解，这才有利于交流与传播。

2. 作者及其工作单位

该项主要体现论文作者的文责自负的精神，记录作者辛勤劳动及其对人类科学技术事业所做出的奉献。因此，发表论文必签署作者姓名。署名时，可用集体名称，或用个人名义。个人署名只用真实姓名，切不可使用笔名、别名，并写明工作单位和住址，以便联系。

由于现代科学技术研究工作趋于综合化、社会化，需要较多人员参加研究，署名时，可按其贡献大小，排序署名。只参加某部分、某一实验及对研究工作给以资助的人，不再署名，可在致谢中写明。

3. 摘要

摘要又称提要，一般论文的前面都有摘要。设立该项的目的是为了方便读者概略了解论文的内容，以便确定是否阅读全文或其中一部分，同时也是为了方便科技信息人员编辑文摘和索引等检索工具。摘要是论文基本思想的缩影，虽然放在前面，但它是在全文完稿后才撰写的。有时，为了国际学术交流，还要把中文摘要译成英文或其他文种。其摘要所撰写内容大体如下：

(1) 本课题研究范围、目的以及在该学科中所占的位置。

(2) 研究的主要内容和研究方法。

(3) 主要成果及其实用价值。

(4) 主要结论。

摘要撰写要求是：准确而高度概括论文的主要内容，一般不作评价。文字要求精炼、明白，用字严格推敲。文摘内容中一般不举例证，不讲过程，不做工作对比，不用图、图解、简表、化学结构式等，只用标准科学命名、术语、惯用缩写、符号。其字数一般不超过正文的5%。近年来，为了便于制作索引和电子计算机检索，要求在摘要之后提出本篇论文的关键词(或主题词)，以供检索之用。

4. 引言

引言是一篇科技论文的开场白，它写在正文之前。每篇论文引言，主要用以说明论文主题、总纲。常见的引言包括下述内容：

(1) 课题的提出背景、性质、范围、研究目的及其重要性。

(2) 前人研究经过、成果、问题及其评价。

(3) 概述达到理想答案的方法。

引言一般不分段落，若论文内容较长、涉及面较广，可按上述三个内容分成三个段落。引言里，作者不应表示歉意，也不能抬高自己、贬低别人，对论文的评价应让读者去做。

5. 正文

正文是论文的主体，占全篇幅的绝大部分。论文的创造性主要通过本部分表达出来，同时，也反映出论文的学术水平。写好正文要有材料、内容，然后有概念、判断、推理，最终形成

观点。也就是说,都应该按照逻辑思维规律来安排、组织结构,这样就能顺理成章。正文一般由以下部分构成:

(1)研究或实验目的

研究(或实验)目的,是正文的开篇。该部分要写得简明扼要,重点突出。实验性强的论文,先写为什么要进行这个实验,通过实验要达到的目的是什么。如果课题涉及面较广,论文只写其某一方面,文内则要写清本文着重探索哪一方面的问题,并交代探索原因、效果或方法。有的论文,将此部分并入引言之中,正文部分不再复述。

(2)实验材料(设备)和方法

科研课题从开始到成果的全过程,都要运用实验材料、设备以及观察方法。因此,应将选用的材料(包括原料、材料、样品、添加物和试剂等)、设备和实验(观测)的方法加以说明,以便他人据此重复验证。说明时,如果采用通用材料、设备和通用方法,只需简单提及。如果采用有改进的特殊材料和实验方法,就应较详细地加以说明。如果文章在国外期刊上刊载,为便于对外交流,就需要标明材料成分,对照国外标号做相应的说明。

(3)实验经过

实验经过即实验研究过程,或称实验操作程序(或步骤)等。该部分主要说明制定研究方案和选择的技术路线以及具体操作步骤,主要说明实验条件的变化因素及其考虑的依据。叙述时,不要罗列实验过程,而只叙述主要的、关键的部分,并说明使用不同于一般的实验设备和操作方法,从而使研究成果的规律性更加鲜明。如果引用他人之法,标出参考文献序号即可,不必详述,如有改进,可将改进部分另加说明。叙述实验经过,通常采用研究工作的逻辑顺序,而不采用实验先后时间顺序,要抓主要环节,从复杂的事物中,理出脉络,按其发展变化顺序写。并且注意所述实验程序的连贯性,要从成功与失败、正确与谬误、可能性和局限性等方面,加以分析,达到严谨的科学性、逻辑性。

(4)实验结果与分析(讨论)

该部分是整篇论文的心脏部分。一切实验成败由此判断,一切推理由此导出,一切议论由此引出。因此,应该充分表达,并且采用表格、图解、照片等附件。这些附件,在论文中起到节省篇幅和帮助读者理解的作用。本部分内容中,对实验结果和具体判断分析,要逐项探讨。数据是表现结果的重要方式,其计量单位名称、代号,必须采用《量和单位》(GB 3100 ~ 3102—93)的规定。文中要尽量压缩众所周知的议论,突出本研究的新发现。

第二章　岩体工程实验的常用方法和基本技术

第一节　岩体工程实验涉及的问题及研究方法

地下岩体在采动之前处于相对静止状态，原岩体内的应力也是处于应力平衡状态。当巷道开掘或进行采矿工作时，就会破坏原有的应力平衡状态，引起岩体内部的应力重新分布，而重新分布后的应力超过煤、岩的极限强度时，会使巷道及采煤工作面周围的煤、岩体发生破坏，导致如围岩变形、断面收缩、岩体离散、岩层移动、冒落、底鼓、煤被压松、片帮或突然抛出、支架压裂或折断、地表塌陷、瓦斯涌出、突水等矿山压力显现。为使矿压显现不至于影响正常的开采工作和保证生产安全，就必须采取各种技术措施加以控制，包括巷道的布置，工作面的形成，对巷道及采煤工作面空间进行支护，对软弱的煤、岩体进行加固，用各种方法使巷道或采煤工作面得到卸压，对采空区进行充填，或用人为的方法使采空区顶板按预定方案冒落等一系列的控制技术和方法。

岩体工程涉及的领域很广，如矿山岩体力学、采矿学、矿山压力及其控制、井巷工程、地球物理在采矿方面的应用等。从事岩层控制，必须从矿山压力研究入手，主要是研究采煤工作面和巷道周围岩体内，由于地下开采活动引起的压力作用而发生变形破坏的特征，以保持其相对稳定的技术措施。天然岩体是带有一定概率性的地质体，具有明显的不连续性、非均质性和各向异性，受力作用后变形破坏的力学特性至今尚未研究清楚。地下开采活动引起应力重新分布，与原始赋存的应力场、巷道布置和作业方式、岩体的力学特性、地质条件等因素有关，至今也尚未研究清楚。岩体工程的研究方法通常有以下三种。

一、数学力学分析方法

该方法是将天然岩体做某些简化处理，例如假定条件为均质弹性体、塑性体、弹塑黏性体、松散体、块状结构体等，采用相关的力学理论及有限元、边界元等解析方法，并借助计算机进行分析计算。但是迄今为止，这种方法还需要将复杂多变的因素做某些简化处理，也需要通过现场观测提供有关参数，如岩体的力学特性参数等，否则计算出的结果将脱离实际。目前采用的数学力学方法，由于将复杂多变的现场条件过于简化，提供的计算参数不足，所以计算的成果往往不能反映某个或几个因素相对变化的原理关系。

二、实验室的实验研究方法

该法是采用人工材料代替天然岩体，制成模型后进行可开采活动的模拟实验。它有相似材料、化学材料，或可黏材料及石蜡材料等模拟实验。根据模型实验的力学边界不同，可分为平面应力、平面应变及立体模型和离心模型等模拟实验。在模型上可以模拟开采时在工作面或巷道周围“岩体”内的应力、变形、位移及设置在工作面或巷道内的模拟支架受力变形等,通过设置有关仪器,可进行各种参数的测定。模拟实验便于每个改变某种因素而又可以保持其他条件不变,就可得到某些因素对矿山压力显现的影响规律。

模拟实验方法实际上是将现场复杂多变因素简化后在实验室内再现,带有研究人员的一定主观性,而且是在某种假定理论指导下进行的,模拟实验是以现场实测资料为依据,实验成果达到的正确程度也依赖现场实测资料解释,经过不断反复提高模拟实验技术,使模拟实验更有实际意义。但是模拟实验方法尚存在不少问题,如模型与现场实际不可能完全相似,人工相似材料与天然岩体物理力学特性的相似性还很差,又不好判断等。所以,目前采用模拟实验所测得的成果,只是定性地反映某个或某几个因素的相对变化关系。

三、现场实际观测方法

该法是根据地下开采活动引起的矿山压力显现的特征,直接在现场进行观测和记录,利用各种仪器仪表量测支架载荷、岩体变形位移、岩体内应力、岩体力学特性数值大小,从而可以分析得到地质、生产技术因素与矿山压力显现的经验函数关系,以解决实际生产技术问题。同时,在汇总大量观测数据与调查资料的基础上,将能总结出矿山压力的一般规律,促进矿山压力理论研究的发展。

由于现场观测的资料是反映多种因素综合作用下的实际情况,用这些较为可靠的资料论证分析,就可以解决某个矿井或某些工作面的具体问题。进行现场观测需要有明确的目的性,并要有符合实际的理论指导,才能使测得的成果发挥更大作用。所以,现场观测需要模拟实验和数学力学分析的成果做指导,以便改进观测方法和正确分析测得的资料。而模拟实验和数学力学分析又需要现场观测资料与数据作为依据,它们的研究成果的正确程度也需要现场观测资料来解释。因此,矿山压力的研究方法是互为补充的,而现场观测是基础。

第二节　岩体工程的实验方法

实验室岩体工程的研究方法主要分为:岩石力学基础性实验和岩体力学的综合研究性实验;支护体材料的力学性能测试;采场上覆岩层运动及巷道围岩变形的相似物理模拟实验;实测仪器仪表的实验室标定和矿山压力测试方法研究。

一、岩石力学性能研究

通常概念上,采矿工程有地下开采和露天开采。地下开采即是在地下开掘硐室的过程,是岩体破碎与岩体稳定相结合的地下工程,也是岩石力学重要的研究方向之一。岩石力学的实验研究是指岩石基本的力学性能测试,如岩石的抗压、抗拉、抗剪、弹性模量和泊松比的测试。随着实验手段的提高,如刚性实验和伺服实验机的应用,对研究岩石的全应力—应变特性,特别是峰后特性提供了有力保障;高温高压的三轴实验机可进行岩石随温度变化的力学性能的研究,将岩石力学性质的研究提高到一个新水平,为煤炭地下气化工程探索提供了基础资料;渗透实验装置的研发、节理的实验研究,使对岩体性质的认识日渐深入,对采矿工程中的保水开采和瓦斯渗流研究提供了研究平台。

二、支护体材料力学性能测试

地下开采必然形成大的硐室和开采运输通道，这些通道和硐室的安全稳定，也必然配备有相应支护手段。巷道从原始的裸巷、木支护到架棚支护，再到近几年的锚杆、锚索支护，也是从被动支护到主动支护的质的飞跃。工作面木支柱、摩擦支柱、单体液压支柱到综采、综放液压支架的发展，显然是科技发展的体现。对不同性质硐室的支护，如何做到安全、满足生产的同时，还要求最经济，就要结合具体的情况，从理论分析到现场实测，再从实验研究中得到最合理支护材料、支护形式和支护强度，保证硐室的相对稳定和安全。实验室的支护材料力学性能测试就是对支护机理、支护受力的分析研究工作。

三、矿山压力的物理相似模拟方法

对于研究采动后岩体变形、移动及破坏的规律，尤其对涉及弹塑性、破碎、垮落等以及具有各种形式空洞结构的多种物理力学过程的岩体力学问题，利用相似模拟是一种有效的研究方法。

国际上采矿学术界多以此作为一种重要手段来研究，如苏联以库兹涅佐夫(Г. Н. Кузнецов)为代表的全苏矿山测量研究院、全苏煤炭研究院均对此做了大量工作，德国以雅可比(O. Jacobi)为代表的埃森研究中心也进行了规模很大的模拟实验。

中国矿业大学、西安科技大学、辽宁工程技术大学、山东科技大学、河海大学、清华大学、重庆大学、煤炭科学研究总院、中国科学院地质所以及水利、水电、地质、国防等领域科研部门均建有相似模拟实验室，进行广泛的研究工作。

在研究矿山压力规律方面，普遍认为相似模拟实验可以在规律的定性方面起较大作用，如通过支架与围岩相互作用的模拟研究可寻求支架受力与上覆岩层活动之间的联系，还可通过数个模型的类比实验寻求变动某一因素后对矿压显现的影响规律。也有人认为，在相似条件得到较好遵守的条件下，通过实验能得到实际问题的直接答案。在定性与定量之间没有明显的分界线，当定性至一定程度时，则在定量上自然可在一定范围内提出参考数据。

在开采引起的矿山压力规律方面，可通过模拟实验研究下列几方面的内容：

(1) 岩层变形、移动及破坏的规律，包括开采后上覆岩层形成垮落带、断裂带及弯曲带三带的形成及发展。

(2) 老顶及直接顶的变形、移动、破坏及来压规律。

(3) 各类支架与围岩的相互作用。

(4) 支承压力的分布及其对采场附近巷道的影响。

(5) 开采煤层群引起的矿山压力相互影响及柱式开采系统中煤柱引起的特殊问题。

(6) 井巷及硐室围岩的变形破坏规律及其各种控制方式的作用。

四、岩体工程的实测技术

随着矿山压力研究工作的深入开展，世界各国对实测技术普遍重视。近 30 年来，我国煤矿围绕改革采煤方法、推广新型支架、改进巷道布置和维护，逐步开展了现场矿山压力研究工作。在矿山压力现场实测方面，早在 20 世纪 50 年代中期就已开始进行采煤工作面顶底板移近量和支柱受载荷大小的观测。70 年代后，为应用液压支架，在综采工作面中进行了矿山压力现场观测,为支架的正确选型、各种液压支架的工作特性及合理参数的确定等研究提供了数据。为研究开采引起的采煤工作面上覆岩层移动和破坏的规律,及其与工作空间顶板下沉和支架载荷的关系,部分矿区在井下巷道内或通过地面钻孔,设置深部测点,进行岩层内部移动规律的观测研究。

此外,还对一般岩层、松软岩层及应用锚杆支护的各种巷道进行了大量的矿山压力现场实测。近几年来,随着无煤柱护巷的应用和发展,许多矿井广泛地进行了沿空掘巷和沿空留巷条件下采区巷道的现场矿压观测。为了查明巷道附近煤层或岩体内的矿压显现规律,进行了顶底板移近量、侧帮的移近量、岩体内钻孔位移和钻孔应力、支架载荷以及岩体内声波传播特性等测量,探测了巷道周围松动圈的范围和岩体内的应力状态。这些测试成果为选择合理的巷道位置、改善巷道维护状况、确定合理的煤柱尺寸以及推行无煤柱护巷,提供了科学依据。

有些矿区为了解决坚硬顶板的管理、"三下"(铁路下、建筑物下和水体下)采煤、水力采煤以及开采有冲击地压、煤和瓦斯突出危险的煤层等存在的问题,曾采用地音仪和微震仪监测顶板动态,用钻孔电视设备观测岩层移动、难冒落顶板人工爆破处理效果以及开采后顶板的断裂、离层、垮落情况的观测。此外还应用其他地球物理方法进行了有关矿山压力显现的观测。

通过以上一系列现场矿山压力观测工作,对防治我国煤矿井下冒顶事故、改善顶板安全状况均起到了良好作用,曾有效地进行周期来压预报,直接为生产管理服务。

随着矿山压力现场观测工作的开展,实测所需的仪器仪表从无到有、从简到繁地形成系列。我国各科学研究单位、高等院校及厂矿等,先后仿制和研制了一些较为成熟的仪器仪表,为我国实测仪器仪表研究制造工作进一步发展奠定了基础。尤其是近 30 年来,现场实测技术从过去主要测量支架载荷和围岩表面相对移近量,逐步向纵深发展,已开展岩体内的应力、变形、位移、破裂等的测试工作,而且广泛地应用了电学、声学、光学、磁学、放射性测定及其他地球物理方法等先进测试技术,还实现了多点自记遥测和自动采集信号输入计算机进行数据分析处理。但是,我国的现场实测仪器仪表与先进技术国家相比,在仪器仪表的稳定性和智能性方面还有一定差距。

第三节 相似理论及相似模型

相似模拟实验成功与否常取决于模型与原型相似条件的满足程度。相似模拟实验就是要用和原型力学性质相似的材料,按照一定的几何比例模拟岩体及煤层,并进行开掘,在满足相似的边界及初始条件下,使在相应的时期内造成相似的矿山压力现象。通过量测和分析其规律,以期对设计新型支架、改善开掘工艺、防治顶板事故、选择开采方法等提出依据及改进途径。

在规划模拟实验时,应遵守下列相似条件,即几何相似,物理现象相似,初始、边界条件相似,各同名无因次参数相等。

所研究现象的单值条件相似决定于几何相似、具有决定性的物理常数互成比例、初始条件及边界条件相似。同时应使给定的相似准数相等,即包括单值条件中表示几何性质及给定物理常数的参量所组成的相似准数相等。

一、基本相似条件

决定矿山压力的基本力为重力及岩体内产生的应力，以及在少数情况下存在的地应力。

动力相似准数为牛顿准数：

$$\frac{F_p}{\rho_p l_p^2 v_p^2}=\frac{F_m}{\rho_m l_m^2 v_m^2}=\text{常数} \tag{2-1}$$

式中　ρ_p——原型的密度；

ρ_m——模型的密度；

l_p——原型的长度；

l_m——模型的长度；

v_p——原型的速度；

v_m——模型的速度。

上式表示的动力相似规律不仅可确定原型与模型间是否相似，而且可由此决定每一具体类型力的相似准数。

岩石的变形、破坏过程主要来源于重力作用，因此，

$$\left.\begin{aligned}v_m^2&=2gl_m\\v_p^2&=2gl_p\\\gamma&=\rho g\end{aligned}\right\} \tag{2-2}$$

将式(2-2)代入式(2-1)得：

$$\frac{\dfrac{F_p}{l_p^2}}{\gamma_p l_p}=\frac{\dfrac{F_m}{l_m^2}}{\gamma_m l_m}$$

式中　γ_p,γ_m——分别为原型、模型的容重。

因 $\dfrac{F_p}{l_p^2}=p_p,\dfrac{F_m}{l_m^2}=p_m$，$p_p$ 及 p_m 的单位为单位面积上受的力。由此得：

$$\frac{p_p}{\gamma_p l_p}=\frac{p_m}{\gamma_m l_m}=k(\text{常数}) \tag{2-3}$$

式中无因次量 k 为矿山压力现象的给定相似准数。式(2-3)也可化为：

$$p_m=p_p\frac{\gamma_m}{\gamma_p}\cdot\frac{1}{C_l} \tag{2-4}$$

此即仅考虑岩石重力作用下的式(2-1)，其中 C_l 为相似系数。

对于具体的研究对象还可得出相应的相似准数。如将单层顶板视为板的结构，则可得下式：

$$\frac{gl^2b}{12}=R_f\frac{bh^2}{6} \tag{2-5}$$

式中　l,b,h——分别为悬露岩层的长、宽、高；

R_f——岩层的抗弯强度。

则可得相似准数为：

$$\frac{\gamma l}{R_f}=2\frac{h}{l}=k_1(\text{常数}) \tag{2-6}$$

如将均质黏结性岩石视为拱的结构，则可得：

$$\frac{\gamma l}{R_s} = k_2 (\text{常数}) \tag{2-7}$$

式中 R_s——岩石的抗剪强度。

如为开采面积较大的房柱式开采，开采深度为 H，房及柱宽度分别为 a 及 b，则：

$$R_c \cdot b = \gamma H(a+b)$$

$$\frac{\gamma(a+b)}{R_c} = \frac{b}{H} = k_3 (\text{常数}) \tag{2-8}$$

式中 R_c——岩石的抗压强度。

因此，不论 k_1、k_2 或 k_3 均为 $\frac{\gamma l}{p}$ 在具体情况下的反映，是相似准数及不变量。

在模拟均质岩石的变形及破坏过程中，其决定性参数为抗压强度 R_C、抗拉强度 R_t、抗弯强度 R_1、抗剪强度 R_s、弹性模量 E 及泊松比 μ。其中除 μ 为无因次量，应遵守 $\mu_m = \mu_p$ 外，其余参数的因次均为单位面积上的力。

此外，对于每一模拟岩层，均应满足 γ_m / γ_p 为常数。

总之，按照一般的物理现象相似的要求，模型与原型之间应满足下列基本相似条件（其中 C 为相似系数）：

（1）几何相似

$$\frac{l_{1p}}{l_{1m}} = \frac{l_{2p}}{l_{2m}} = \cdots = C_i \tag{2-9}$$

（2）运动相似

$$\frac{t_{1p}}{t_{1m}} = \frac{t_{2p}}{t_{2m}} = \cdots = C_i \tag{2-10}$$

（3）动力相似

$$\frac{m_{1p}}{m_{1m}} = \frac{m_{2p}}{m_{2m}} = \cdots = C_m = C_p C_i^2 \tag{2-11}$$

（4）应力相似

$$C_p = C_r \cdot C_l, C_E = C_T \cdot C_l, C_\mu = 1 \tag{2-12}$$

（5）外力相似

$$C_p = C_\gamma \cdot C_l^3 \tag{2-13}$$

二、有关岩石变形破坏的相似条件

由于矿山压力是岩体被采动时内部应力发生变化而产生的，所以对其模拟必然涉及三向应力状态下岩体的弹塑性变形以及破碎、垮落过程的相似，故还应考虑下列相似关系。

1. 应力—应变关系

岩石一般常具有塑性、蠕变等性能，其应力—应变关系只在一定条件下部分是线弹性的。因此，模型材料的应力—应变曲线应与岩体对应相似，即模型材料的 $\sigma—\varepsilon$ 曲线应为相应岩石的 $\sigma—\varepsilon$ 曲线对纵坐标缩小 C_σ 倍而成，如图 2-1 所示。

2. 强度曲线相似

当所研究的岩体不但产生形变，而且发生破坏，则应满足强度相似关系。例如使抗拉、抗压、拉压比、抗剪强度、黏聚力、内摩擦角相似，即强度包络线相似。如图2-2(a)所示，图中由 O 点出发的任何直线与两包络线的交点为 $A'A''$，则 $C_p=\frac{OA'}{OA''}$，即：

$$\frac{R_t'}{R_t''}=\frac{R_c'}{R_c''}=\frac{C'}{C''}=\frac{\sigma'}{\sigma''}=C_\gamma C_i \tag{2-14}$$

$$\varphi'=\varphi'' \tag{2-15}$$

一般 φ 角在单轴加载时为35°～43°，三轴加载时为28°～35°，层理面上的 φ 为20°～25°。

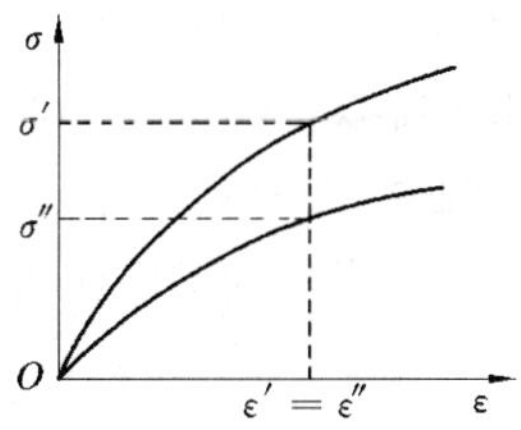

图2-1　应力—应变关系相似

当岩体的包络线呈直线型时[图2-2(b)]，其主要力学特征可用拉压比 $\frac{R_C}{R_t}$ 及内摩擦角 φ 来表示。

$$\tan(45°+\frac{\varphi}{2})=\frac{R_c/2}{C}$$

$$\tan(45°-\frac{\varphi}{2})=\frac{R_t/2}{C}$$

又

$$2\theta=90°+\varphi$$

$$\theta=45°+\frac{\varphi}{2}$$

故

$$\frac{R_c}{R_t}=\tan^2(45°+\frac{\varphi}{2}) \tag{2-16}$$

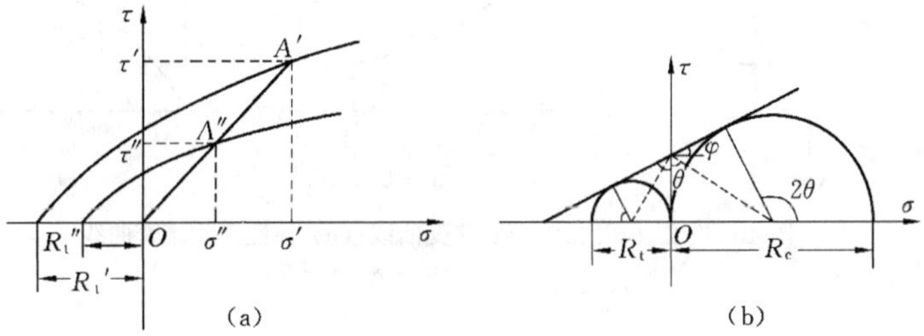

(a) 强度包络线相似；(b) 直线型包络线

图2-2　强度曲线相似

经测定，岩石及相似材料的包络线实际大多并非直线，可按两直线型或回归成抛物线、双曲线等典型曲线方程进行比较。

3. 塑性变形部分相似

如所研究的问题中岩石的塑性变形部分在总变形量中占很大部分，则相似条件中还应考虑岩石与材料性质的塑性变形相似，即：

$$\frac{\varepsilon_p'}{(\varepsilon_k+\varepsilon_p)'}=\frac{\varepsilon_p''}{(\varepsilon_k+\varepsilon_p)''} \tag{2-17}$$

式中　ε_k——弹性形变量；

　　　ε_p——塑性形变量。

4. 流变特性相似

岩体的流变特性反映变形随时间延续而变化的特性。在研究具有明显流变特性的问题时,也可据此来决定模型开采的时间比。

在流变不明显的矿山压力显现过程中,一般是重力作用为主,则时间比可按 $C_g=1$ 来导出,即:

$$\frac{C_l}{C_t^2}=1;C_t=\sqrt{C_l} \tag{2-18}$$

若以简单的单黏性元件反映其流变特性,则:

$$\sigma=\eta\frac{d\varepsilon}{dt}$$

式中 η——线性黏度。

因
$$C_\sigma=C_\eta\cdot C_t^{-1}\text{ 及 }C_\sigma=C_p\cdot C_l$$
故
$$C_t=C_\eta\cdot C_p^{-1}\cdot C_l^{-1} \tag{2-19}$$

但是在大多数情况下,岩体及模型材料的流变性质更为复杂。如以松弛介质即马科斯威尔体(M)与弹黏介质即开尔文体(K)相连的四元件模型作为描述岩体特性的状态方程,如图 2-3 所示,则可以将松弛介质的应力松弛时间 t_1 及弹黏介质的应变延迟时间 t_2 作为求取原型与模型时间比的依据。

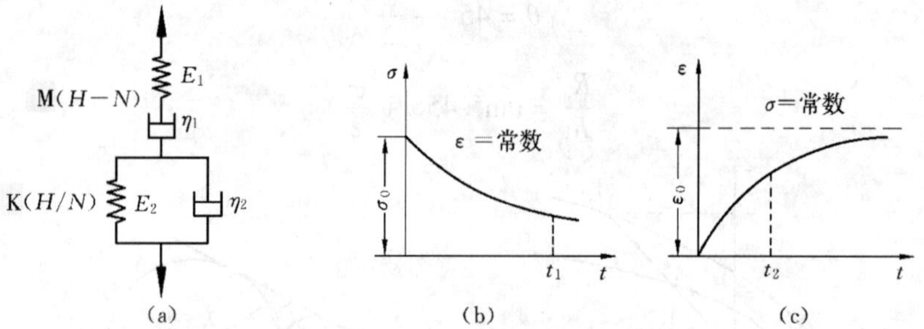

(a) 四元件模型;(b) 松弛介质流变曲线;(c) 弹性介质流变曲线

图 2-3 四元件流变模型

当松弛介质的应变 ε 不变时,其应力 σ 将按下式降低:

$$\sigma=E_1\varepsilon e^{-\frac{E_1}{\eta_1}t} \tag{2-20}$$

式中 E_1——松弛介质的弹性模量;

η_1——松弛介质的线性黏度。

设松弛时间为 $t_1=\dfrac{\eta_1}{E_1}$,代入式(2-20),得:

$$\sigma\approx 37\% E_1;\varepsilon\approx 37\%\sigma_0$$

意即当时间延续为松弛时间 t_1 时,其应力降低后成为初始应力 σ_0 的 37%,则原型与模型的松弛时间比可作为求取时间比的一个依据。

$$C_{t_1}=\frac{t_1'}{t_1''} \tag{2-21}$$

当弹黏介质的应力 σ 不变时,其应变 ε 将按下式增长:

$$\varepsilon = \frac{\sigma}{E_2}(1 - e^{-\frac{E_2}{\eta_2}t}) \tag{2-22}$$

式中　E_2——弹黏介质的弹性模量；

η_2——弹黏介质的线性黏度。

设延迟时间 $t_2 = \frac{\eta_2}{E_2}$，代入式(2-22)，得：

$$\varepsilon \approx 63\% \frac{\sigma}{E_2} \approx 63\% \varepsilon_0$$

意即当时间延续为延迟时间 t_2 时，其应变增加为最终应变 ε_0 的 63%，则原型与模型的延迟时间比也可作为求取时间比的一个依据：

$$C_{t_2} = \frac{t_2'}{t_2''} \tag{2-23}$$

将 C_{t_1} 与 C_{t_2} 进行比较，采用适宜的时间比兼顾这两个 C_t 作为模拟实验中的时间比。

三、有关软弱岩层变形、压实的相似条件

当模拟软弱岩层时，相似材料的变形特性应与同类实际岩层的表达式具有相同形式。这种岩层的变形特性可近似采用下列方程：

$$\xi_0 = \xi_1 - \frac{1}{A_0}\ln\frac{\sigma_1}{\sigma_0} \tag{2-24}$$

式中　ξ_0, ξ_1——原岩的初始及最终孔隙率；

σ_0, σ_1——原岩的初始及最终压应力。

$$A_0 = \frac{1}{\xi_1 - \xi_{10}} \tag{2-25}$$

式中　ξ_{10}——当原岩在 $\sigma_1 = 0.271\ 8$ MPa 时的孔隙率。

由式(2-24)求得的软弱岩层变形曲线如图 2-4(a)所示。

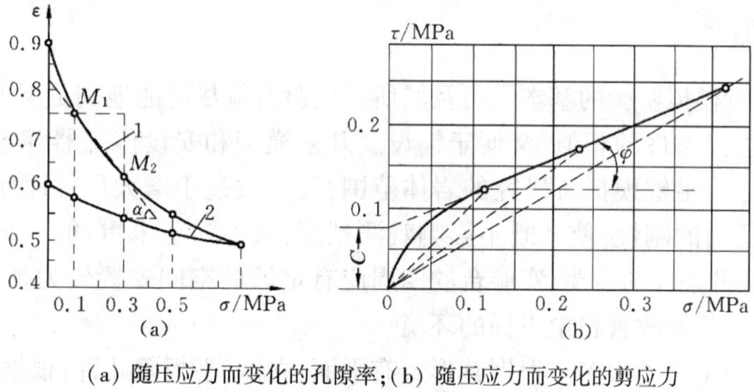

(a) 随压应力而变化的孔隙率；(b) 随压应力而变化的剪应力

1—加载；2—卸载

图 2-4　黏土的力学特性

松软岩层的压应力与剪应力的关系如图 2-4(b)所示。在 σ_0 相当小的情况下，两者关系可用直线方程表示：

$$t_0 = C_0 + \sigma_0 \tan\varphi_0 \tag{2-26}$$

式中　C_0——原岩的初始黏聚力；

　　φ_0——原岩的内摩擦角。

模型材料应满足下列相似条件：

$$\tan \varphi_m = \tan \varphi_p$$

式中　φ_m,φ_p——分别为原型、模型的内摩擦角。

$$\xi_m = \xi_p \frac{1}{C_l} = \frac{1}{C_l}\left(\xi_0 - \frac{1}{A_0}\ln\frac{1}{\sigma_0}\right) \tag{2-27}$$

当然也应满足条件：

$$C_m = C_p \frac{\gamma_m}{\gamma_p} \cdot \frac{1}{C_l} \tag{2-28}$$

式中　C_p,C_m——分别为原型、模型的黏聚力。

当模型比例较小时 C_m 很小，以至在制作模型时可以忽略不计。因此，模型材料的正应力及剪应力关系式近似为：

$$\tau_m = \sigma_m \tan \varphi_m \tag{2-29}$$

严格地说，不仅是加载曲线相似，卸载曲线也应相似，由于有残余变形，故卸载后的孔隙率要降低，如图 2-4 所示。但是对于相当细密的黏土，当其结构破坏时，最终孔隙率甚至可超过初始值。在制作的模型中有破坏结构的黏土时，应先进行黏土受载后变形特性相似过程的模拟实验。

以上所述的许多相似条件不是所有模型都能同时满足，严格地说模型不可能与原型完全相似。因此，为了使模拟实验研究得到广泛应用，一般采用近似相似的方法，即相似条件的主要部分具有足够精度的相似，使结果能满足工程上的要求。这就要依靠实验者根据所研究现象的类型，依靠对此现象本质的理解，选择起主要作用的因素进行模拟，而次要的因素只要近似即可。模拟实验的可信性包括两个方面：在相似律上满足的程度；在实验条件上能否保证必要的实验精度。

四、模拟实验台

实验台是进行模拟实验的基本设备及场所。实验台应尽可能地满足下列模拟设计的要求：既便于实现边界条件的相似，又便于铺设及开采模型和安设传感器等各种观测仪器仪表；实验台的尺寸应足够模拟所研究的岩体范围，又不致过于增大尺寸而使加载设备复杂化；实验台应有适当的刚性，使其既不影响观测精度，又不过于笨重；能对某些参数进行调节，以适应模拟多种条件的需要；实验台的四周应有足够的空间安置较为精密的仪器，但应考虑在铺设模型时如何改善粉尘飞扬的环境。

模拟实验的模型种类很多。根据其形式有平面、立体、平板等几种；根据其整体性来分，有整体浇筑、分层铺设、块体砌筑及散体等数种；根据其受力状态来分，有单向、双向及三向受力三种，其受力方式有的仅是被动的限制变形，也有的是主动加压方式。

1. 平面应力模型

平面应力模型是以沿长度方向力学状态不变的横向剖面作为模拟对象的一种模型。这种模型的理论依据是在弹性力学的平面应力与平面应变问题中，应力的求解方程是一样的，因此可以用平面应力模型来模拟实际处于平面应变状态的岩层。平面应力模型相对简单，其宽度只要能保持模型的横向稳定即可,一般为(1/8～1/5)h,h为模型高度,即0.15～0.4 m不等。其长度对于模拟巷道应大于其开掘影响范围,约为8倍巷道宽度,模拟采场时应大于初次来压加三次周期来压的宽度并加上边界煤柱的宽度。因此,模型长度为2～10 m,一般为2～5 m。模型高度既要能模拟出所研究高度的岩层范围,又不能太高以致不稳,一般为1.5～2 m,上面可设重物加载,模型前、后面外露或设阻挡物。平面应力模型容易干燥,便于观测,且每次铺设用料及工作量少,应用最为普遍。

当平面应力模型处于弹性变形状态以外时,其变形与破坏方式和实际情况有所差异,主要是模型向前后自由面产生纵向变形、破坏、漏失以至塌落。因此,若模型的破坏变形区占很大范围时,将产生不相似于实际的变形。尤其在模型材料强度不大时,当初次来压前煤壁前方的支承压力增大,顶板岩层突然垮落易引起模型向前后塌落。

平面应力模型的改善途径:一为在前、后面设置有机玻璃等透明的阻挡物,以防止过多的侧向变形及碎块漏失;二为采用各向异性模型,即增强能控制模型纵向变形的能力,如加切纵向裂隙、采用块体组合岩层或对模型的单元体进行纵向锚固等。

2. 平面应变模型

模型采取三向独立加压方式,一般采用液压加载,其正面及背面的加压值应控制模型在该方向的变形量为零才是最合理的,但实际并不能经常做到。三向加压的平面应变实验台在满足加压强度的条件下应力求简化,尤其是加压面积较大的方向,应减少抗弯构件的跨度,尽可能使用条带式装配或拉杆结构,使大面积液压枕的压力由抗拉构件分别承担,以简化实验台结构,如图2-5所示。

图2-5　平面应变模型实验装置

图2-6　采煤工作面平面应变模型架

该实验台主要用于研究地下硐室稳定性及巷道支架与围岩相互作用关系的实验。模型尺寸为1 m×1 m×0.2 m,立式布置。主体加荷结构为三套互相独立的拉杆组合结构,自成平衡系统,对基础无特殊要求。为保证实验装置正常、安全工作和加荷位置的准确,主体加荷结构的主要承载部件具有足够的强度和刚度,要求强度安全系数大于1.5～2,正面最大跨度中部变形挠度小于2 mm,实验台应保证模型在加载开始时就位正确,这就要求加荷支承结构系统的位置可适当调整。实验台旁设有模型就位和撤除的运输设备,以减轻劳动强度。

图2-6所示为采场平面应变模拟实验台的结构图。为减少模型架受力变形的可能性,

它采取加力架与模型架相互独立的结构。而三个方向的加力架也彼此无关,这样可使加力架主要只受拉力而减少与弯矩的综合作用。加力架均为内部受力,可节省基础的工程量,使设计简化。该模型的尺寸为3.2 m×2 m×0.4 m。

模型的线比可以达到为1∶10。顶部有7个推力为400 kN的加压液压缸。前面为可装卸的拉板,后面为固定拉杆,组成垂直方向加力架。利用控制台可使每个液压缸出力不同而模拟具有不均匀压力分布的支承压力形成的边界条件。

模型两侧各有4个推力为400 kN的加压液压缸,推力支座设在作为水平加力架的两侧立柱上,而水平加力架的上下端为两块钢板起拉板作用。

由于实验过程中模型必须被端面加压板盖住,所以只能用内部传感器来测试测点的位移及开采空间的变形情况,实验中可按计划卸载并部分地揭开加压板进行量测、照相、开采及移动模拟支架,然后再封闭加压。如此循环进行开采,完成实验工作。

加压与开采的程序。因为平面应变模型是全部封闭的,故在模拟采场进行回采时需实行卸载并拆去部分侧向加压板。这样,回采过程中的反复加卸载并不相似于原型的受力状态,由此测得的矿压显现也在一定程度上有误差。在进行巷道与围岩相互作用的模拟实验时,可实行预开巷道或在加压板上留有窗口,以便在模型加压后再打开窗口实行开挖,但先开掘后加压及先加压后开掘这两种程序的实验结果稍有不同,按理应尽可能采用后者,使其符合实际情况。

模型的封闭与进行测试的矛盾。由于模型实现封闭加压,所以模型内岩层的位移及各部分应力、应变的测量只得采取在内部埋设各种传感器来进行,这就增加了复杂性,且不如直接观察暴露面更为直观。岩层移动也可采取打开加压侧板后进行摄影来观测,但总不如直接观测围岩变形垮落过程更为直观、方便。

控制液压缸加载的同步性。模型相对方向两面加压应采取同步方式进行。此外,模型一侧数台液压缸的加压也要实行同步。有两种方式:使数台液压缸的压力相同,但模型边界加压后的变形量常不同而不成为直线状,若使各液压缸加压后的变形量相同,则压力将不同。常采用一台液压千斤顶加压数层三角状垫块以扩大加压面积,然而实际垫块下的压力分布也不是均布的。

总之,平面应变模型是改善平面模型受力状态相似性的一个方向,但仍有不少问题需要解决。此外,平面应变模型实验台的设备投资较大,实验时工作量大,因此实验次数也受到限制。

3. 立体模拟实验台

对于三维应力状态均有变化的研究对象,使用立体模型实验台较为理想,然而立体模型的每次铺设用料较铺设同样长度的平面模型多出好几倍,进出材料多,工作量大。立体模型的长壁工作面回采只能用活动条带状底部结构进行模拟。模型内部位移、压力的观测只能用埋设传感器的方法来测试,较费事,且不直观。模型内部干燥困难、不均,对埋设的传感器工作状态有影响。

若要满足立体模型边界条件相似的要求,须对模型外表面进行限制或加压,以控制其侧向变形,这将更使实验台的结构复杂化。若要模拟倾斜煤层的开采,还要增加机构进行转体。图2-7为立体模拟实验台。该模型架由三维加压架组成,实验台的模型体长度×宽度×高度为2.4 m×1.4 m×1.8 m,其厚度可根据课题需要调整为0.7~2.4 m。

图 2-7　立体模拟实验台

为模拟立体模型的煤层被回采,一般在实验台底板上安装有能活动的钢条排,钢条的宽度相似于每次开采宽度。实验时依次将钢条逐条下降相似于采高的距离就能模拟回采。缺点是对工作面支架与围岩的相互作用无法做细微的模拟,尤其缺少相似的底板岩层。此外,还有用石蜡或塑料模拟开采煤层,实验时按计划逐步通电将石蜡溶化或将塑料烧化以模拟回采。

中国矿业大学在研究坚硬顶板断裂来压机理时,采用平板状简易立体模型,是在假设上覆岩层对离层后的坚硬岩层失去载荷作用的前提下模拟的。实验得出椭圆状 X 形断裂的产生及发展规律,取得成果。因此,只要实验目的明确,即使在简易的实验台上通过工作量不大的实验也能取得很好的效果。

总之,应根据所研究问题的性质及研究范围的大小来选择适用的实验台。若模拟的岩体破坏范围较小,如单一巷道、长壁工作面、岩层移动及“三下”采煤等平面问题,则可以选用不同比例的平面应力模型。在研究侧向变形及破坏范围较大的问题时,则可用平面应变或各向异性的模型。而研究长壁工作面端头附近的巷道支承压力分布、房柱式开采等三维问题时,则可用立体模型。当模拟落顶煤开采,顶煤移动规律或急倾斜煤层开采时垮落煤岩移动规律等松散介质力学问题时,则以制作散体模拟实验台较为合适。

五、模型的制作与加载

1. 模型的制作

模型的制作过程一般是先进行相似模拟材料的选择与计算,其中包括:

(1) 收集模拟岩层的岩石力学性质资料及柱状图。

(2) 逐层计算相似材料的强度指标,例如:

$$C_l = 20, C_\gamma = 1.5, \text{则 } C_R = C_\gamma \cdot C_l = 30$$

若直接顶为页岩 $R_t = 18.2$ MPa,则 $R_m = \dfrac{R_t}{C_R} = \dfrac{18.2}{30} = 0.607$ MPa。

(3) 根据所需强度,逐层选择材料配比。例如根据相似材料配比表查得直接顶模拟材料的配比为:

$$\text{沙}:\text{碳酸钙}:\text{石膏} = 9(A):0.5(B):0.5(1-B)$$

水胶比为 0.1,即水占总质量的 10%(q),其中包括沙的含水率 q_1。

(4) 计算各层各种材料的用量。

分层湿质量 G 为:

$$G = l \cdot b \cdot h \cdot \gamma_m \tag{2-30}$$

式中　l, b, h——分别为模型长、宽及分层高。

分层干重 G_1 为:

$$G_1 = G(1 - q) \tag{2-31}$$

各种材料用量为:

$$W_{石膏}=\frac{1-B}{A+1}\cdot G_1 \tag{2-32}$$

$$W_{碳酸钙}=\frac{B}{A+1}\cdot G_1 \tag{2-33}$$

$$W_{沙}=\left(\frac{A}{A+1}+\frac{A}{A+1}\cdot q_1\right)\cdot G_1 \tag{2-34}$$

$$W_{水}=[(W_{石膏}+W_{碳酸钙})\cdot q_2]\cdot(1-q_1) \tag{2-35}$$

$$W_{缓凝剂}=W_{石膏}\cdot q_3 \tag{2-36}$$

式中 q_2——水胶比,%;

q_3——缓凝剂与石膏比,%。

模型的制作工艺过程包括:

(1) 装模板;称料;混料;加水搅拌;装料;捣实至规定高度。

(2) 在各分层面加层面隔离物,如云母粉等,必要时进行切割以模拟弱面。

(3) 拆模板,干燥,待含水率降至符合要求时,实行加重,设观测点,设置仪器进行回采。

在制作中应尽量采用小型机具进行操作。尤其是制作尺寸较大的模型,如采用搅拌机、吊车、铺平器、捣实机、筛粉器等,这不但可减轻劳动强度,而且可保证铺设质量,使操作工序规范化。

一般认为岩体结构面在其变形、移动及破坏过程中起重要作用,尤其在岩块强度较大时更不能忽视结构面的模拟,有的甚至用砌块体来模拟岩体,砌块材料则按相似于岩块的力学性质进行配比制作,其外形呈规则的正方、扁平或斜菱形,可用各种尺寸的模子制成或制成大块后切锯而成。块间结合可按结构面的固结情况,采用填料干摩擦或用黏合剂胶结。中国科学院地质所在研究边坡稳定课题时,广泛采用砌块结构的模拟方法。辽宁工程技术大学在研究长壁开采后上覆岩层的失稳条件时,也采用了小砌块模型。

若认为岩体已被弱面分割成颗粒状,岩块本身的特性在岩体的变形、破坏过程中作用已不大,则可以用散体来模拟岩体,其主要参数为黏聚力及内摩擦角,或再考虑颗粒的几何形状尺寸。

散体模型在制作时应在实验架前后装上玻璃或透明的有机玻璃,并在上面画出坐标。逐层装料时要在分层间铺设明显的水平标志线。当模型开采时,散体放落、移动后即可明显看出其移动范围及测量出移动方向及大小。

模型的边界条件应与原型相似,除前后边界条件前面已有叙述外,左右侧面的边界条件相似依靠留有足够的边界煤柱。在模拟巷道的两侧一般应留有 4 ~ 5 倍以上巷道宽度的煤岩体,而模拟采场时也应留 200 ~ 300 mm 宽度的煤柱,否则将随着开采使模型与实验架间拉开裂缝而丧失边界条件的相似。但煤柱宽度过大将减少模型的有效开采长度。此外,可以用胶将模型与实验台的侧面立柱黏住,也可在侧面布置液压缸进行加压,模拟侧向压力。

模型侧面边界的开裂对水平移动的观测干扰较大,易使移动曲线形态出现异常。使用高黏度胶脂黏结并不能完全达到预期效果。因为这种黏合会使边界处的模型垂直位移不均衡而在该部位出现剪切开裂,这种开裂在模型的边界煤柱较小时常无法避免。

模型边界的开裂造成模型上测定水平位移的误差也可以采用在整理数据时进行修正的

方法弥补。因这种开裂就是使岩梁在端部失去反力矩,而此端部反力矩引起的岩梁偏角变化,如下式所示:

$$EJ \cdot \theta(x) = \int M(x)\mathrm{d}x \tag{2-37}$$

式中　E——岩梁的弹性模量;

J——截面惯性矩。

可见偏角 $\theta(x)$ 与岩梁抗弯刚度 E,J 成反比,而与水平距离 x 成正比。因端部反力矩 $M(x)=m$,故:

$$EJ\theta(x) = mx + C_1 \tag{2-38}$$

由此可知,只要测出开裂的水平宽度,就可按线性关系求出从边界到模型中部所有测点的水平移动改正值,如图 2-8 所示。

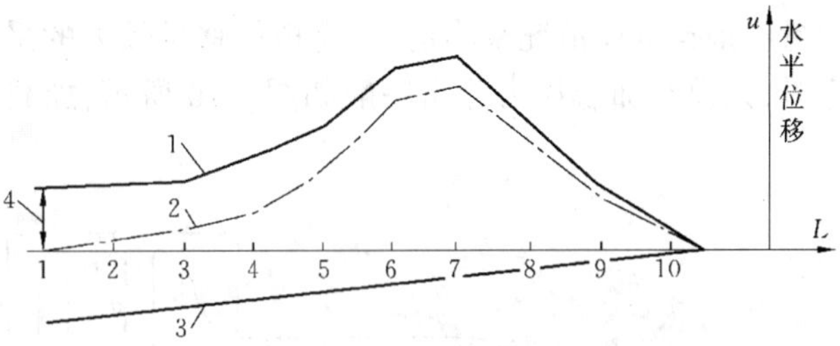

1—改正前;2—改正后;3—改正曲线;4—开裂值

图 2-8　水平移动曲线开裂的改正

2. 模型的加载

模型顶部加载是为了补足模拟深度未能包括的那部分岩层质量。由于开采形成支承压力,虽然该支承压力随着远离煤层而趋向缓和,但当模拟深度不大时,上边界的载荷分布并非均布,而这种非均布载荷的分布情况,如超前支承压力的大小、高峰位置及分布范围并非常量,而是随着回采工作的进行而移动,并且受岩层岩性的影响。因此,有时需在加载重物与模型之间安置具有适当刚度的介质层,使介质层和下方岩层的相互作用产生合乎实际的适当的压力重新分布。

(1) 重物加载

增加载荷可采用杠杆加载的方式,以不同的重块数目及离支点不同的间距来调节加压量。为防止加压偏心或杠杆因模型被开采而下沉变为斜置、产生斜向推力而推倒模型,故其一端装有调节螺杆以便随时将杠杆调平(图 2-9)。

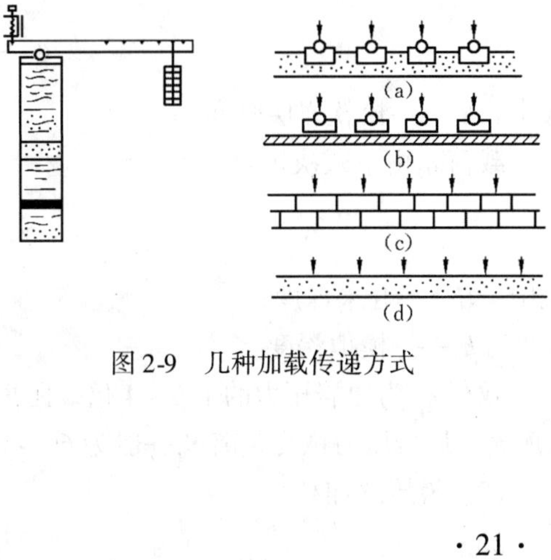

图 2-9　几种加载传递方式

载荷的传递介质有下列数种:松软介质层;薄钢板;数层砌块;一层厚硬的相似材料层或称为补偿层。

图中 2-9(a) 为加载于松软层中。此时,每一加载承压块造成自身下方的应力状态,而事实上各层的自重加上上覆岩层给予的载荷,受到本层承载弯曲特性的影响而形成各层由上向下传递压力的分布状态。若产生铰接状的砌体梁岩层并产生离层,则下层的部分区段就要产生卸载,另外的区段就要增加集中压力,而绝不如图中所示呈均布,其所建立的应力场常与实际不符,将使模型实验失败。

图 2-9(b)为加载于钢板后再向下传递。通常钢板受压弯曲后会使下部岩层受到重新分布的压力。但这与岩层弯曲后自然产生的应力场仍有差别,而且每次模型开采后钢板产生扭曲变形,不易恢复原状。

图 2-9(c)为加载于数层铁块或相似材料的砌块,砌块的厚度、层数及块长等应合理选择,使通过砌块间咬合下传的压力较符合实际地重新分布。

图 2-9(d)为加载于一层坚硬且厚度较大的岩层,其厚度及强度应通过计算,使其在开采过程中断裂距离接近于回采后的周期来压步距。

加载的性质及数量应根据具体情况来确定,当模拟位移量较大的采煤工作面或采动影响下的巷道矿压显现时,其顶部加载压力分布一般如图 2-10 所示,加载分布的主要参数为 q_1,q_2,q_p及 S_1,S_2。

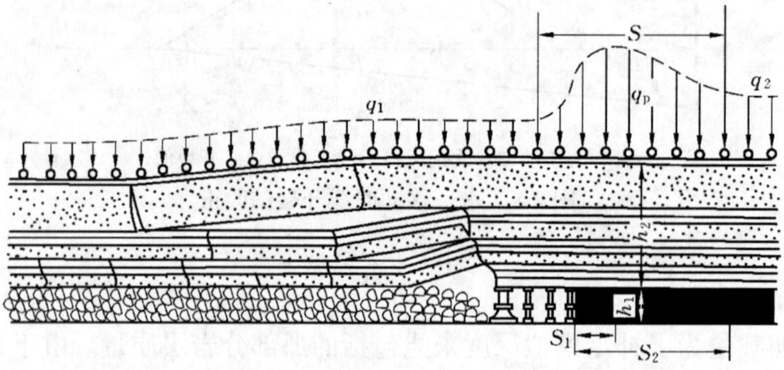

q_1—采空区上方压力;q_2—原岩压力;q_p—支承压力最大值;

S—支承压力带宽度;S_1—压力高峰离煤壁距离;S_2—恢复原岩压力处离煤壁距离

图 2-10 顶部加载压力的分布

载荷 q_1应由上覆岩层的柱状决定,若模型顶部为坚硬岩层,则 q_1为坚硬岩层至上部另一坚硬岩层下松软岩层的压力。

$$q_1 = \gamma_m h_1 \frac{1}{C_1} \tag{2-39}$$

式中 h_1——松软岩层厚度。

载荷 q_2由下式决定:

$$q_2 = \gamma_m (H - h_2) \frac{1}{C_1} \tag{2-40}$$

式中 H——开采深度;

h_2——模拟深度。

载荷 q_p 为原岩压力的 1.5 ~4 倍。距离煤层愈高,应力集中系数愈小,支承压力的范围 S 愈大。原岩压力恢复距离 S_2一般为 60 ~100 m。

(2) 液压缸加载

它是通过液压泵将油压入液压缸进行加载，其方式有下列两种：

① 集中加载。由一台油缸产生集中载荷，通过分配传力系统作用于模型侧面成均布载荷，使模型内形成一个均匀的应力场。这种结构使传力件之间可以有一定的转动，以适应模型表面变形的不均匀性，减少加荷的边界效应。

这种集中加载系统所用液压缸数量少，故易于采用出力稳定、泄漏小、加荷精度高的液压缸，但分配传力系统较复杂，且每台液压缸加载范围有限。

② 分散加载。采用多台千斤顶加载，其供液可采用集中油泵供液，另设增压器添加增压管路，按程序控制增压以形成支承压力，此法将多设置液压缸数量，且高压管路及阀件较多，控制各液压缸同步动作较困难。也可采用多泵分别供液，则可相对减少阀件数。

利用液压缸加载对液压系统有一定要求：

① 因实验常要持续数天甚至更长时间，故要求加荷稳定，且能长期维持不变，而油泵工作时间不宜太久。

② 液压缸应泄漏少，并使加载具有足够精度，出力示值偏差要小。

③ 当液压缸对面加压时，其对称性要好。

④ 调压方便，能自动调节，操作简便，管路漏损少。

⑤ 系统简单，管路、阀、缸数量少、经济。

(3) 液压枕或气枕加载(图 2-11)

在模型加压表面设置 1 排胶皮囊，每个长约 200 ~ 300 mm，外周边用构件封闭，利用液压泵或气泵加压。当岩层下沉时，气枕内气体膨胀而减压，使在一定程度上起到应力重新分布的作用，且柔性枕壳可与模型一起移动，减少了相互摩擦的不良作用。

这种加压方法设备简单，而且全面受力，故单位面积上受力相对减少。但若应用于压力较大的实验台尚有困难，且加压时同样难于观察模型变形情况。气枕的最高允许压力一般不大于 0.5 MPa，而金属板制成的液压枕，其厚度方向的变形量一般不大于 5 mm。

模型顶部加压值应为未能模拟的那部分岩层的质量，如图 2-12 所示。按原型此加载值应为：

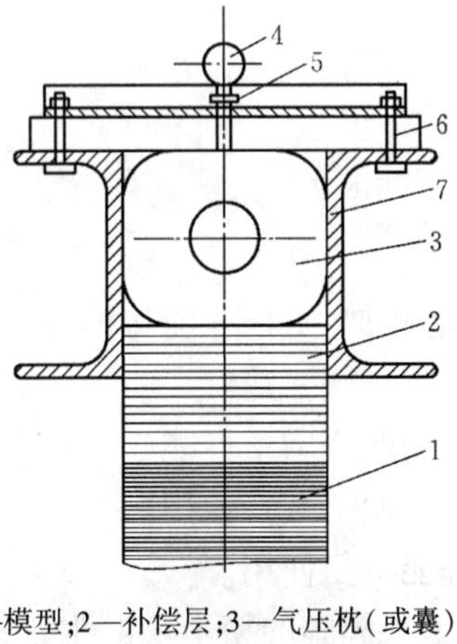

1—模型；2—补偿层；3—气压枕(或囊)；
4—集气管路；5—阀；6—厚木板；7—侧面槽钢

图 2-11　气枕加载

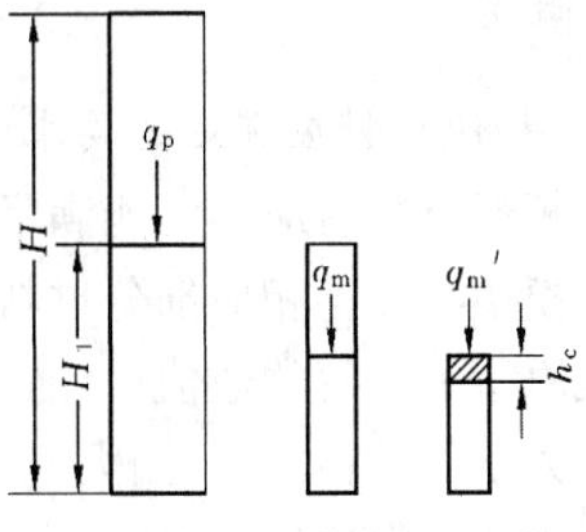

图 2-12　模型顶部加载值

$$q_m = \frac{q_p}{C_l \cdot C_\gamma} = \frac{\gamma_p(H - H_1)}{C_l \cdot C_\gamma} \tag{2-41}$$

式中 q_p——原型未模拟岩层压力,kPa;

H——采深,m;

H_1——模拟顶板岩层的高度,m;

γ_p——原岩容重,kN/m^3。

如设补偿层,厚度为 h_c,则上部加载 q_m'应为:

$$q_m' = q_m - \frac{\gamma_c h_c}{100} \tag{2-42}$$

式中 γ_c——补偿层容重,kN/m^3。

加上 q_m'后相当于增加补偿层的容重,成为假想容重 γ_c:

$$\gamma_c = \frac{100q_m}{h_c} = \frac{100\gamma_m(H - H_1)}{C_l h_c} \tag{2-43}$$

因

$$C_R = C_\gamma \cdot C_l$$

即

$$\frac{R_c}{R_m} = \frac{\gamma_0}{\gamma_m}$$

式中 R_c——补偿层抗压强度,kPa。

$$R_c = \frac{100\gamma_m(H - H_1)}{C \cdot h_c} \cdot \frac{R_m}{\gamma_m} = \frac{100(H - H_1)}{C_l^2 \cdot C_\gamma \cdot h_c} \cdot R_p \tag{2-44}$$

按上式可求得在不同厚度补偿层的条件下,其强度值及所需加载的数值 q_m'。

第四节　相似材料配比

相似模型反映实际情况的准确程度主要取决于相似条件的实现情况,而这又在很大程度上依靠正确地选择模型材料。国内外曾对相似材料的组成及其性质进行过广泛研究,积累了相当丰富的资料。

一、概述

(一)相似材料应满足的要求

选择相似材料时应尽可能满足下列要求:

(1)模型与原型相应部分材料的主要物理、力学性能相似,这样才能将模型上测得的数据换算成原型上求解的数值。

(2)力学指标稳定,不因大气温度、湿度变化的影响而改变力学性能。

(3)改变配合比后,能使其力学指标有大幅度变化,以便于选择使用。

(4)制作方便,凝固时间短,成本低,来源丰富,最好能重复使用。

(5)便于设置量测传感器,在制作过程中没有损伤工人健康的粉尘及毒性等。

(二)相似材料的强度模拟范围

为完成矿山压力各方面的研究任务,有必要广泛模拟从松软至坚硬的各种岩层。即使岩性相同的岩石,其物理力学参数的变化范围也很大,因此要求相似材料性质的范围相应较宽。

（三）相似材料成分的性质

煤系岩石的力学性质可划分为脆性的、弹性的和塑性的，这种性质随加载条件而有所变化，如是短时间加载还是长期加载，是单向受压还是三向受压。对这种特性模拟时，要通过正确选择相似材料来达到。相似材料是由胶结物和填料组合而成，而胶结料的力学性质在很大程度上决定了相似材料的力学性质。其力学性质可划分为四类：

（1）无机胶结料。如石膏、水泥、石灰、碳酸钙、水玻璃等，具有脆性破坏的特点。

（2）碳氢类石油产品。如石蜡、凡士林、地蜡、油类等，具有弹塑性和塑性变形的特点。

（3）合成树脂。如环氧树脂、尿素树脂等，其特性变化范围宽，由脆性直至塑性。

（4）天然胶质产品。如松香、沥青等，具有脆性特点。

所有这些胶结料大多数是通过对填料的固化化学反应实现黏结作用，若在冷却过程中实现胶结则性能稳定快，若胶结过程伴随着有水及有机溶剂等挥发物的蒸发则稳定过程慢。

填料中使用最广泛的是石英砂，也可利用尾矿砂或粉煤灰等。为改变材料特性可加入适当的掺料，如可以加入铁粉、重晶石粉、铅丹、磁铁矿粉等使材料的容重加大，也可加入浮石、锯末、炉渣等用以减少容重；为吸收材料中多余的水分可加入硅藻土；为增加材料的塑性可增加黏土等成分；为增加材料的弱面可将 $d=0.3\sim0.5$ mm 的云母粉加入填料中；若加入铝粉则可增加材料的热传导性。所有这些都应根据需要来选择。

胶结料是决定相似材料性质的主导成分。常用胶结料的特性如下：

（1）石膏。属于微气凝胶结料，常用的有建筑石膏或模型石膏，它是由天然生石膏（$CaSO_4 \cdot 2H_2O$）在 107～170 ℃温度下煅烧细磨后过筛而成，其相对密度为 2.60～2.75，密度为 800～1 000 kg/m^3，含水率 6.2%，又称烧石膏，是半水石膏和二水石膏的混合物。由于二水石膏的溶解度比半水石膏低，所以，当半水石膏溶于水后，马上就变成二水石膏而析出结晶，其化学反应方程如下。

$$CaSO_4 \cdot \frac{1}{2}H_2O + 1\frac{1}{2}H_2O \rightarrow CaSO_4 \cdot 2H_2O + 19.259\ \text{kJ/(g} \cdot \text{mol)}$$

随着混合物的凝结，最后具有高溶解性的二水石膏的细分散微粒进行重结晶，生成粗大的晶体，形成一个互相结合的单晶系石膏晶体网状结构，从而使其具有强度。烧石膏中二水石膏的含量愈多，则初凝与终凝时间愈短。故不同工厂出产的烧石膏初凝与终凝时间差别很大，一般为几分钟至十几分钟。此外，烧石膏若存放时间过长，则有可能接触空气，其强度将有所降低，如图 2-13 所示。

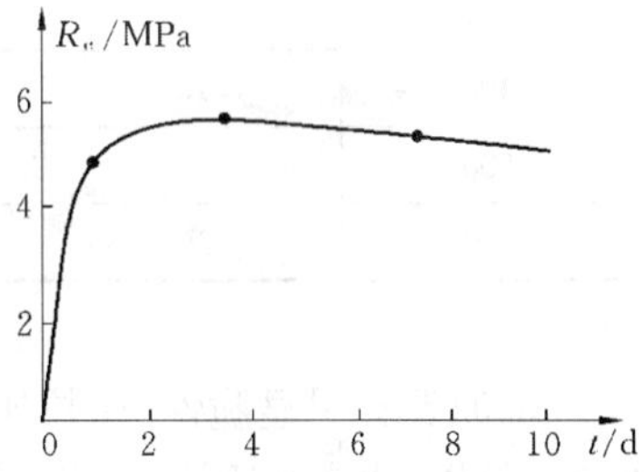

图 2-13　石膏强度变化曲线

石膏的物理、力学性能在很大程度上取决于水膏比的数值。根据理论计算，将半水石膏转化为二水石膏只需很少量的水，约为半水石膏质量的 18.6%。但考虑成型需要，即沙子和石膏混合时需要一定量的水，以保证混合均匀。水膏比愈大则强度愈低，容重愈小，弹性模量变小（见表 2-1），但泊松比却没有明显的变化。石膏的压拉强度比约为 4，凝固时间快，一般 6～11 min 凝固，一天就能达到稳定强度。凝固后强度随时间延长而处于不变或略有下降。石膏取材方便，广泛用于应力模型。

表 2-1　水膏比与强度关系表

水膏比(质量)	膏水比	R_c/MPa	R_t/MPa		R_b/MPa	E/GPa
			轴拉	劈拉		
0.8	1.25	6.15	1.43	0.55	2.03	5.21
1.0	1.00	3.83	0.78	0.37	1.39	3.16
1.3	0.77	2.43	0.56	0.31	1.02	2.28
1.4	0.71	2.30	0.50	0.23	0.98	—
1.5	0.67	2.21	0.47	—	0.74	1.96
1.6	0.63	1.51	—	0.19	—	—
1.8	0.56	1.16	—	—	—	—
2.0	0.50	0.91	0.29	0.10	0.44	1.22
2.5	0.40	0.44	0.16	0.05	0.18	1.00

在石膏凝结和硬化初期,其体积略有膨胀,约为 1%。因此,石膏浇筑的试块或模型比较密实。但是进一步硬化和干燥时,会略有收缩,而且随水膏比的增大更加显著。

(2) 水泥。水泥属水凝材料,在空气中加水后 80 min 初凝,并能在水中继续增长强度,其增长情况如图 2-14 所示,呈对数曲线增长,3 d 后达铭牌强度的 40% ~50% ,7 d 后达铭牌强度的 60% ~70% ,28 d 达到铭牌强度后仍能增加强度,其强度指标如表 2-2 所示。

表 2-2　水泥强度随时间而增长

水泥标号	抗压强度 R_c/MPa			抗拉强度 R_t/MPa		
	3 d	7 d	28 d	3 d	7 d	28 d
200	—	10	20	—	1.2	1.8
250	—	14	25	—	1.2	1.8
300	—	18	30	—	1.5	2.2
400	16	26	40	1.5	1.9	2.4
500	22	35	50	1.9	2.3	2.7
600	26	40	60	2.1	2.7	3.2

水泥具有明显脆性,压拉比为 8 ~20,标号愈高,压拉比愈大。影响水泥强度的因素有:细度、龄期、水灰比及湿度等。细度及水灰比在规定极限内增加,则强度增加,而水泥的龄期加大则强度降低;湿度也要影响材料的固化。

水泥作为相似材料的特点是强度大,制作简单,原料来源广。但缺点是硬化时间过长,强度持续变化,且湿度对强度的影响小。

(3) 碳酸钙。碳酸钙强度低,2 d 后强度曲线变缓,4 d 后抗压强度仅 70 kPa,抗拉强度仅 5 kPa,以后随着时间延长,强度增加不大,压拉比为 13,如图 2-15 所示。这种材料可作为相似材料中降低强度的成分。

(4) 石灰。石灰为气硬性材料,其抗压强度开始较低,但在干燥过程中强度会不断增

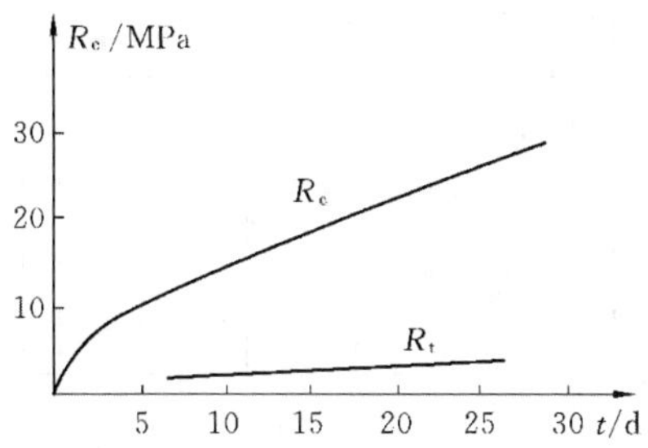

图 2-14　水泥强度变化曲线

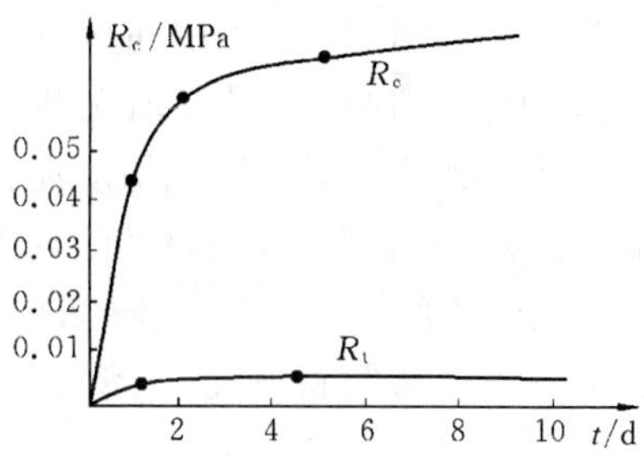

图 2-15　碳酸钙强度变化曲线

加，一般为 1 ~ 2 MPa。此材料的特点为脆性极明显，压拉比可达 40，可用以增加相似材料的脆性，如图 2-16 所示。

(5) 高岭土。高岭土强度较低，其抗压强度与碳酸钙相近，压拉比为 5.6，材料的可塑性较大，如图 2-17 所示。

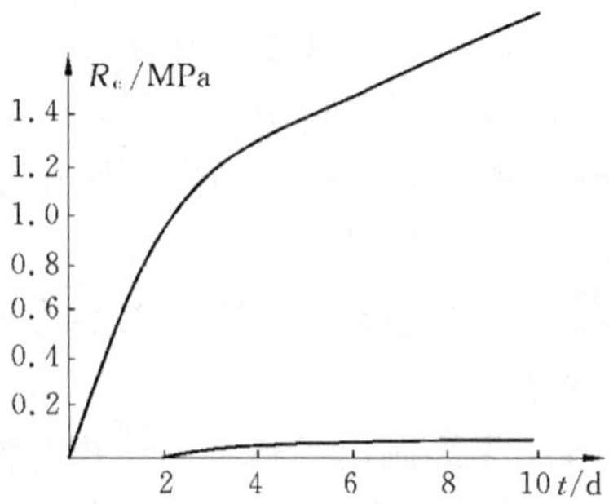

图 2-16　石灰强度变化曲线

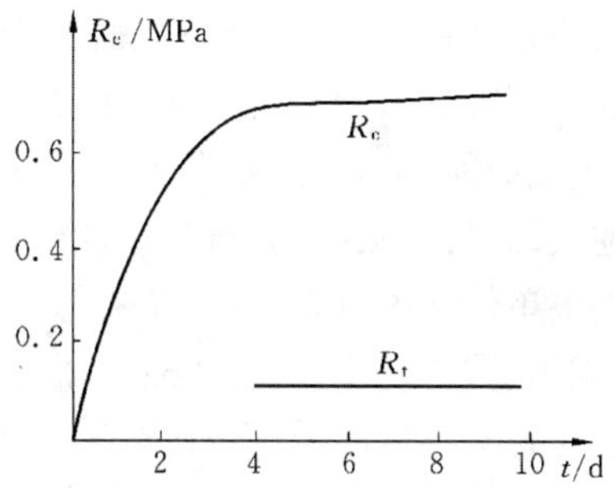

图 2-17　高岭土强度变化曲线

由以上分析可见：石膏强度高，凝固快，在相似材料中能起迅速成型和增加强度的作用，可作为主胶结料；水泥强度更高，压拉比大，故可作为大比例模型的胶结料；其他如碳酸钙、高岭土、石灰强度较低，可作为调节强度及变形性能之用。

二、相似材料配比

根据模拟的对象及模型比例不同，可采取不同种类及不同配比的相似材料。

(一) 石膏胶结料

以石膏作为主要胶结料广泛应用的有纯石膏及石膏—沙两种相似材料。

1. 纯石膏或石膏硅藻土材料

水利、建筑等部门广泛采用这种相似材料来模拟混凝土水坝及其他结构物。可以利用调节水膏比(m_w/m_p)为 0.6 ~ 4，使其弹性模量为 0.7 ~ 10 GPa，而弹性模量与抗压强度接近正比 $E/R_b \approx 450$[式中 R_b 为抗弯强度(图 2-18)]。其特点为脆性，凝固快，制作加工方便，线弹性好，容易在模型表面贴应变片，性能稳定，泊松比与混凝土相近。但缺点是压拉比不够，容重小，湿度对强度变形性质有影响。而且当水量较多时，在拌和与注模期间有水膏离析现象。为此，当 m_w/m_p 较大时，在石膏中可添加硅藻土，用以黏附水分且对其强度无影响。

为改善石膏相似材料的性能可加入必要的添加剂,如为提高弹性模量可加入沙土;为提高变形性可加入醋酸乙烯液体或橡皮泥;为增加容重可加入钡粉(硫酸钡)或铁粉及防锈剂,用以部分或全部代替硅藻土。

这种相似材料取材方便,成型容易,力学指标范围较大,弹性好,广泛用于测定应力的模型。但这种材料一般用于浇筑型模型,因为过量的水将导致模型呈多孔结构,在较大的围压下压缩变形过大,不如压实型模型更能模拟各向受压的岩体变形特征。

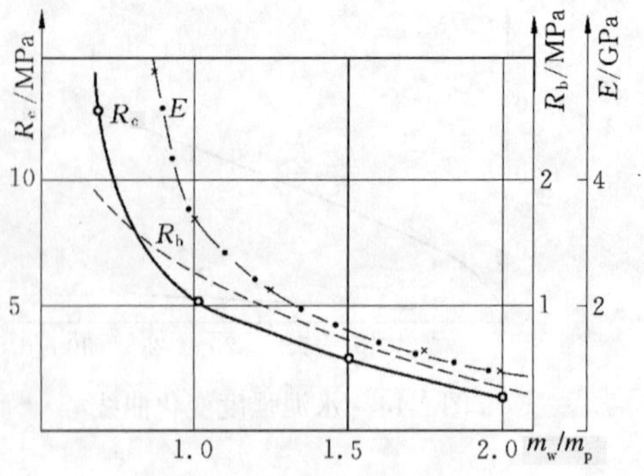

图 2-18　水膏比的影响曲线

2. 石膏加填料

根据成型方法可分为浇筑型及压实型,目前主要使用压实型成型法。填料通常用沙,经实验认为相似材料的内摩擦角完全取决于沙粒结构,石膏胶结料对其不起作用。可通过单独改变石膏胶结料的密度和沙粒结构,独立地控制 C 和 φ 值。在填料中可适量加入其他材料,如重晶石粉、滑石粉、粉煤灰、云母粉或黏土等,以改善其性能。在胶结料石膏中也可加入其他胶结料,如碳酸钙、石灰、可赛银等,以调整其强度范围及性能。

很多单位都做过系统的实验,总结出相应的配比表。例如辽宁工程技术大学所做的沙子、碳酸钙、石膏配比,见表 2-3;沙子、水泥、石膏配比,见表 2-4。

东北大学根据沙子、石膏、石灰的相似材料强度实验结果绘制出各种不同体积配比条件下的等强度线,如图 2-19 所示,可供选用所需的配比。图中以三角形内任一点表示该配比是由此点至某成分对边垂线长度之比,如图中 A 点沙：石膏：石灰为 6：2：2,此配比材料的抗压、抗拉、抗剪强度值可据 R_c、R_t、R_s 三角形内相应的点处于等值线的位置而定。

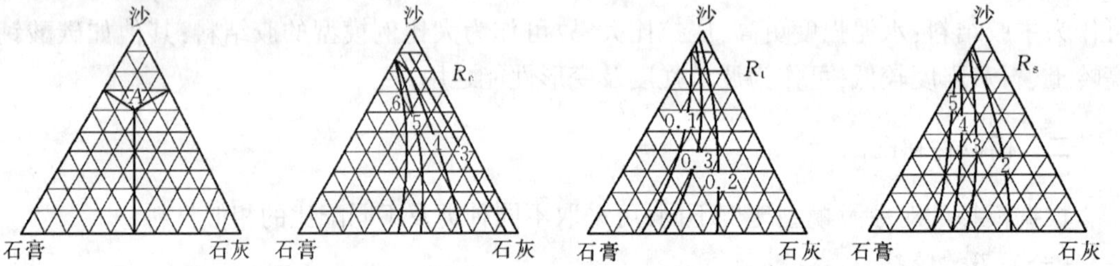

R_C—抗压强度;R_t—抗拉强度;R_s—抗剪强度

图 2-19　石膏、沙、石灰相似材料的等强度曲线图

河海大学曾以重晶石粉作为加重填料,石膏和淀粉为胶结料,水和甘油的溶液作为稀释剂的混合材料,用于制作地质力学模型。其中石膏用量增加,可使材料弹性、脆性、强度增加;相似材料中重晶石粉所占比例增加,则容重加大;甘油的比例增多,则塑性增加,弹性模量、容重及强度均下降;淀粉液增多,则容重、强度增加,而变形模量下降;当水占的比例增大时,则容重、弹性模量及强度均降低。

表 2-3　沙子、碳酸钙、石膏相似材料配比

配比号	水量	容重 /(kN·m^{-3})	σ_c/kPa	σ_t/kPa	σ_f/kPa	σ_t/σ_c	σ_f/σ_c	备　　注
337	1/7	15	283	56	124	1/5.05	1/2.3	试件干燥 3 d 后进行实验； 沙子为 河沙； 石膏为乙级建筑石膏； 缓凝剂为动物胶； 水中胶浓度 2%
355	1/7	15	202	36	81	1/5.6	1/2.5	
373	1/7	15	119	17	43	1/7.0	1/2.8	
437	1/9	15	222	40	97	1/5.6	1/2.3	
455	1/9	15	158	27	67	1/5.9	1/2.4	
473	1/9	15	90	14	37	1/6.4	1/2.4	
537	1/9	15	197	30	75	1/6.6	1/2.6	
555	1/9	15	141	22	54	1/6.4	1/2.6	
573	1/9	15	88	12	31	1/7.2	1/2.8	
637	1/9	15	164	22	55	1/7.5	1/3.0	
655	1/9	15	121	16	42	1/7.6	1/2.9	
673	1/9	15	78	11	32	1/7.1	1/2.4	
737	1/9	15	135	18	40	1/7.5	1/3.4	
755	1/9	15	103	14	35	1/7.5	1/2.9	
773	1/9	15	70	09	27	1/7.8	1/2.6	

表 2-4　沙子、水泥、石膏相似材料配比

配比号	σ_c/kPa	σ_t/kPa	σ_t/σ_c	弹性模量 E/GPa	泊松比 μ	备　　注
537	3 720	297	1/13	9.3	0.16	试件 γ = 17 kN/m^3； 试件干燥 9 ~ 11 d 后进行强度及变形实验； 水量为试件质量的 1/10； 水中硼砂的浓度为 1/10； 500 号矿渣水泥 水泥石膏相似材料标号 286； 骨料为石英细沙； 级配中 0.5 ~ 1.0 mm，1.5%； 级配中 0.25 ~ 0.5 mm，29.1%； 级配中 0.1 ~ 0.25 mm，67.0%； 级配中 0.01 mm，2.4%； 石膏为乙级建筑石膏
555	3 600	237	1/15	5.3	0.23	
573	2 034	118	1/17	4.0	0.25	
637	2 798	234	1/12	3.3	0.21	
655	2 325	224	1/13	5.5	0.19	
673	1 944	109	1/18	6.5	0.15	
737	2 118	178	1/10	5.1	0.19	
755	1 890	157	1/12	3.5	0.16	
773	1 550	98	1/16	3.7	0.18	
837	2 060	183	1/11	5.0	0.18	
855	1 760	143	1/17	2.3	0.22	
873	1 453	85	1/9.5	3.3	0.19	
937	1 230	130	1/5.2			
955	610	117	1/6.3			
973	388	62	1/27			

美国犹他大学(University of Utah)使用玻璃珠为填料、石膏为胶结料的相似材料。石膏的抗压强度为34.5 MPa,适于使用的水膏比为45%(质量分数),凝固时间为25~37 min。玻璃珠有两种,MSML型的粒度为0.05~0.01 mm,MSXP型为0.25~0.41 mm。其配比为填料总质量的0~60%,以20%为一级递增。材料的试样在300~390 ℉(149~199 ℃)温度下放置24 h,其强度及变形性质的变动范围为:抗压强度 $R_c=3.8\sim8.3$ MPa;抗拉强度 $R_t=0.5\sim1.2$ MPa;黏聚力 $C=0.7\sim1.6$ MPa;内摩擦角 $\varphi=47°\sim53°$;破坏应变0.2%~0.3%;弹性模量 $E=1.9\sim4.1$ GPa;泊松比 $\mu=0.16\sim0.2$;压拉比 $R_c/R_t=5.4\sim7.8$;模量比 $E/R_c=438\sim5\ 556$;密度为1.2~1.7 g/cm³。

将模型材料与原型岩石相比较,该材料可满足下列范围的相似比:应力比1/105~1/5;容重比1/2~1;几何比1/105~1/2.5;内摩擦角及泊松比在满足范围内,但弹性模量应减小,破坏应变及压拉比应增加。

(二)水泥胶结料

将水泥加入石膏混用后,可提高相似材料的强度,但水泥与石膏分属于水凝及气凝两种不同的性质,因此应避免混用,以免引起材料性质不稳定。

埃森研究中心使用的是水泥为主胶结料的相似材料。水泥是用矾土水泥与硅酸盐水泥两种混用,这在建筑业是忌用的,而作为相似模型材料正是利用其混合后能很快硬化并降低强度这一特性。以水泥作为主胶结料的相似材料,优点是强度高,可作1∶10的大比例模型实验。其填料是粉状,起初使用石英粉,后因对人体有害改为石灰石粉及电过滤粉,可用机械化方法铺设,每一分层可铺得很薄,最小3 mm厚,故岩层分层厚度的相似程度好。但缺点是硬化时间长,而且强度持续增长。因此,通常要在模型制作6周后才开始实验。

使用水泥为主胶结料时,可使用速凝剂。常用的速凝剂为千山牌速凝剂、石膏与碳酸钠。使用千山牌速凝剂时,用量为水泥量的2.5%~3%;使用碳酸钠时应使水中 Na_2CO_3 的浓度为12%~20%,如在水泥中加入水泥量1/10的石膏,则碳酸钠的浓度可降低为6%~7%。

(三)石蜡胶结料

在小比例模型中可采用以低熔点的石蜡作为胶结料,以细石英砂、云母粉和黏土等作为填料的材料,在1∶1 100至1∶50的模型中可以很近似地满足岩石的相似要求。

石蜡胶结材料有以下优点:

(1)岩层沿模型全长制作均匀。

(2)由于材料处于热态时塑性良好,模型中各层易压平,这就能保证在小比例模型中能较准确地模拟厚度不大的岩层。

(3)制作模型快,只要岩层压平后2~8 h,材料凝固,模型就完成了,而且实验完成后,材料还可复用。

(4)不管实验期多长,材料力学性质不受湿度影响而变化。

这种材料的缺点是:

(1)材料强度及压拉比较低;

(2)在一些情况下弹性模量偏低;

(3)塑性较高,因此不宜用于大比例模型中。

为制作低熔胶结料的相似材料必须备有加热器,能保证将材料加热至180 ℃左右,且能长时保温。其制作过程为：先将材料放在带电热源的混料器内加热和搅拌，转速约 32 r/min，且使温度保持固定，最高为 132 ℃，过低或过高的温度是不适当的。当温度为 5～80 ℃时石蜡凝固时黏度很快增加，材料不易均质，且不易碾压成型；但如过热至 150～160 ℃，能引起石蜡混合物变色，材料的力学性质发生改变，而且不均匀；最为均质的标准温度为 130 ℃±2 ℃。将拌好的材料由出料口卸出，装入模具或模型，先将材料弄碎耙平，可用带铁齿的刮板沿模板来回移动。最后，用抹子抹平后用滚筒碾平。通常，在材料凝固、拆掉模板后一昼夜即可进行实验。

（四）松香胶结料

松香胶结料也属于低熔胶结料。采用松香胶结填料时，需加温至 175～180 ℃，并要热态碾压才能得到较均质的材料。松香混合料黏性大，可以将它溶于酒精中作为胶结溶液，一种新的大容重相似材料就是采用这种胶结溶液的。

采用大容重的相似材料对研究地下结构围岩稳定性问题特别重要。这不但可使模型上因重力产生的矿山压力现象更为相似，而且当容重比加大后（$C_\gamma=1$），甚至当模型材料容重大于天然岩块的容重，即 $C_\gamma<1$ 时，则可减小所需的应力比及弹性模量比。即使这样，仍需要求制作低弹性模量的相似材料，使其符合相似条件并提高应力测量的精度。例如当 $C_\gamma=1$，又 $C_c=100\sim200$ 时，则 $C_\sigma=C_E=100\sim200$。假如天然岩块的弹性模量为 40 GPa，则模型材料的弹性模量须为 200～400 MPa，这是一般石膏相似材料难于做到的，因此，制作大容重、低弹性模量、低强度的材料是模型材料配比研究方面的一个重要课题。

加大相似材料的容重，降低其弹性模量及强度的途径为：

① 采用大容重的填料，但不能使弹性模量过分提高。

② 采用弱胶结料和加大孔隙率，但不能使容重和内摩擦角过分降低。

③ 掺入柔性的附加剂，但不能使容重显著降低及增大塑性。

原武汉水利电力学院研制出一种以胶膜铁粉、重晶石粉为填料，以松香酒精溶液为胶结料的组合材料，简称为 MIB 材料，其压制成的砌块干容重约为 35 kN/m³。其制作工艺为：

（1）先将铁粉与 20% 浓度的松香酒精溶液（铁粉重的 4%）搅拌，再倒入作为铁粉表面凹穴填充及防锈用的红丹粉（铁粉重的 14%），搅拌均匀。

（2）分三次在红丹粉处理过的铁粉中加入氯丁胶黏结剂（黏稠状液体），其加胶量分别为铁粉质量的 9%、6% 及 5%，每次加胶后迅速搅拌均匀，使铁粉成为加柔性外膜的散粒状。

（3）将块状松香研成粉末，并以松香∶酒精＝1∶9～1∶5（质量比）的配比倒入酒精中溶解，制成 10%～16.6% 浓度的松香酒精溶液作为胶结剂，浓度大则制出的材料强度大，反之则低。

（4）将胶膜铁粉、重晶石粉、松香溶液按质量比 1∶0.42∶0.06 称出，先将胶膜铁粉与重晶石粉干搅均匀，加入松香溶液，再次搅拌均匀呈润湿散粒状，倒入钢制模具，以 2 MPa 压力加压成砌块状。

（5）将压成标准尺寸的砌块黏结成模型，黏结剂为松香酒精溶液，当酒精挥发干燥后松香才起黏结作用。根据砌块面的平整情况可采用几种不同的黏结方法：当接触面平整密合时，只需在接触面上喷上少量酒精后加压黏接；当接触面不很密合时，可用松香酒精液与重晶石粉调成糨糊状作黏合剂；当接触面粗糙时，可在砌块间缝隙中填入新拌和的与砌块配比相同的材料作为黏合剂。

MIB 材料为一种大容重、低弹性模量、低强度的模型材料。其特性为：

① 容重可达 35～38.5 kN/m^3，平均弹性模量为 146 MPa，单轴抗压强度约 850 kPa，单轴抗拉强度为 85 kPa。

② 其三轴压缩特性接近于多数天然岩件。

③ 这种材料压模成型后，在室温下 3～4 d 即可干燥使用，故可缩短模型实验周期。

④ 材料中各种成分在胶结成型后不产生化学反应，将干燥后的模块研碎并加入适量酒精拌匀，再压成模块，其力学性能无多大变化，故可重复使用。

⑤ 此材料利用铁粉加膜厚度来调节其弹性模量，利用松香胶结料的浓度调节其强度，利用成型压强调整弹性模量、容重及内摩擦角，可在较广的范围内调整各种主要参数的变化要求，所以，是一种有发展前途的新型相似材料。缺点是所使用的氯丁胶黏结剂中有甲苯溶剂，对人体有害，在操作时须实行防护措施。

（五）塑料胶结料

美国犹他大学使用浇筑型工业塑料（No.1）作为胶结料，以玻璃珠为填料加上水组合成相似材料，其填料配比为$\dfrac{\text{填料重}}{\text{填料重+胶结料重}}$由 29% 增至 80%，按 20% 间距递增。水重为 70% 胶结料重+15% 填料重。

这种相似材料的强度及变形性能如下：抗压强度 1.1～1.8 MPa；抗拉强度 0.2～0.3 MPa，黏聚力 0.2～0.4 MPa；内摩擦角 43°～47°；破坏应变 0.1%～0.2%；弹性模量 0.9～1.5 GPa；泊松比 0.17～0.24，压拉比 4.2～5.0，模量比 $E/R_c=485\sim1336$；密度 1.1～1.6 g/cm^3。这种材料的强度随填料比例的增加而减小。

以上所述是以胶结料为分类的各种相似材料。目前，在我国岩石力学模拟研究中应用最广泛的是以石膏为胶结料的浇筑型材料及以石膏—沙为主的压实型材料。为此，应进行主要物理力学性质的对比，以研究其各自的适用范围。

洛阳某实验室两种材料的地下硐室平面应变模型实验结果表明，模型的破坏形态是不同的：石膏材料模型中硐室两帮下部的软层向内突然挤出，而石膏沙材料模型则在两帮逐渐形成整个楔形体片帮，且上部严重。

经两种材料的三轴实验，结果为：

（1）石膏材料的极限应力圆随着围压的增加大小不变，或逐渐变小，或先增后降。而石膏沙材料是一直增加的。

（2）由应变测量的结果，石膏材料在不同围压作用下一般总呈体积压缩的状态，均不出现体积应变的拐点。而石膏沙材料一般是应力达到破坏前会出现体应变由压缩变为膨胀的拐点。过拐点后再稍加载荷，试件才最终破坏。

（3）石膏材料在较大的围压作用下仍呈现脆性。而石膏沙材料在较大围压下呈现由脆性向塑性的过渡，符合岩石的三向压缩实验结果。

（4）石膏材料在三向等压实验中，当加荷到相当于单轴抗压强度的 60% 时，试件突然失去承载能力，表现出很大变形。而石膏沙材料加载至三倍单轴抗压强度时仍能承载，且卸载后又有较大的变形恢复。

因此认为：

（1）石膏材料可模拟混凝土一类地面建筑结构，且可采取浇筑方式制作，加工方便。

（2）石膏材料因加水量大，且大部分水干燥蒸发后形成孔隙，使容重较小；而压实成型的石膏沙材料可使密度增加，其内摩擦角取决于沙的孔隙率及压实程度。

（3）石膏材料拉压比过大，而石膏沙材料甚至可小至1/20。

（4）石膏沙材料能很好模拟材料的剪切扩容性，与岩石特性相似。

总之，石膏材料宜于用在平面应力条件下处于弹性阶段的应力模型，如地面建筑物等，而模拟三向受力岩体的变形、破坏、垮落等，则以石膏沙材料为佳。

三、相似材料配比实验

1. 实验目的与要求：掌握按一定比例配置相似材料的方法。

2. 仪器设备：模具、量杯、烘箱、兆欧表、水分测定仪、抗剪仪、电动抗折实验仪、数据采集仪、低强度材料实验机(100 kN)。

3. 实验步骤：

（1）按一定比例计算各种材料的质量，称料、拌和、加水、搅拌、入模、振动捣固、脱模（称湿质量）、干燥（先自然干燥1 d，再放入烘箱40 ℃至恒质量）。

（2）量测主要力学性质，包括抗压、抗拉、抗弯等极限强度，变形模量、弹性模量、泊松比，应力—应变曲线。

（3）量测主要物理性质，包括含水率、容重、绝缘度（>100 MΩ）。

4. 强度测定方法：

（1）抗压强度：试件尺寸为70.7 mm×70.7 mm×70.7 mm或100 mm×100 mm×100 mm，加载速度为0.03～0.08 MPa/s。

（2）抗拉强度：可按轴向抗拉或劈裂法（试块ϕ50 mm×25 mm）。

$$R = \frac{20P}{\pi Dt} \tag{2-45}$$

（3）抗弯强度：如图2-20所示，试件尺寸40 mm×40 mm×160 mm。

$$R_{弯} = \frac{3P(l-a)}{3bh^2} \tag{2-46}$$

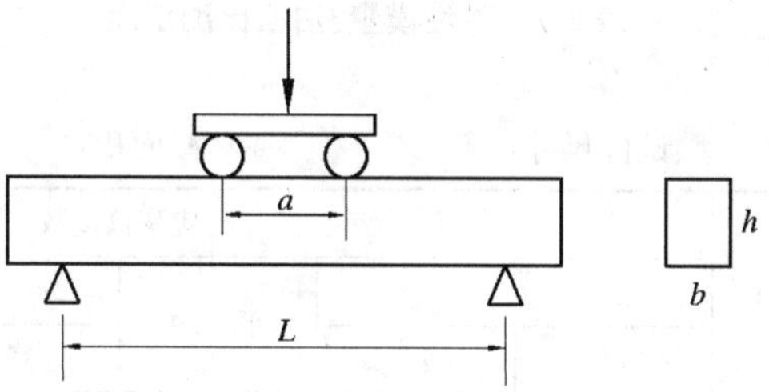

图2-20　抗弯实验示意图

（4）变形模量与弹性模量：试件尺寸ϕ75 mm×150 mm，在试件中部对应两侧画样线，各贴竖向及横向电阻丝应变片后量测。低弹性模量的试件宜用机测。

（5）计算各种强度指标及弹性常数的平均值、偏离值、偏离度。

实验结果记录于表2-5、表2-6、表2-7中。

表 2-5　选用一定配比相似材料的主要物理性质

成分		总质量		配比		成分质量	
相似材料配比	粉煤灰						
	水泥						
	石膏						
	$CaCO_3$						
	掺和料						
指标	制作时	1 d	2 d	3 d	4 d	5 d	6 d
测定的含水率							
容重							
绝缘度							

表 2-6　强度测定表

种类	试件号	试件尺寸 直径 D/cm	试件尺寸 厚度 h/cm	破坏载荷 P/kN	强度 /MPa	平均强度 /MPa	偏离值 M/MPa	偏离度 /%
抗压	1#							
	2#							
	3#							
抗拉	1#							
	2#							
	3#							
抗弯	1#							
	2#							
	3#							

表 2-7　弹性模量、泊松比测定表

试件名称：　　　　　　试件尺寸：　　　　　截面积：

载荷值/kg	压应力/kPa	应变仪读数 ε_1 1#	ε_1 2#	平均	ε_c 3#	ε_c 4#	平均

第三章　预备引导实验

实验1　传　感　器

一、传感器的组成

传感器按其定义一般由敏感元件、变换元件和测量电路三部分组成。除自源传感器外，还需外加辅助电源。

二、传感器的分类

用于测控技术的传感器种类繁多，一种被测量可以用不同传感器来测量，而同一原理的传感器通常又可测量多种非电量。

（一）按输入量分类

按输入量可分为温度、压力、位移、速度、湿度等传感器。

（二）按测量原理分类

按电阻定律分，相应的有电位计式、应变式传感器；按变磁阻原理可分为电感式、差动变压器式、电涡流式等传感器；按半导体理论可分为半导体力敏、热敏、光敏、气敏等固态传感器；按光学原理可分为光纤、红外线、超声波传感器等。

（三）按输出量分类

按输出量分类有模拟式传感器和数字式传感器。

三、对传感器的要求

（1）传感器的工作范围或量程应足够大，具有一定过载能力。

（2）与测量或控制系统相匹配性好，转换灵敏度高和线性程度好。

（3）反应快，工作可靠性好。

（4）精度适当，稳定性好。

（5）适用性和适应性强，使用安全等。

（6）经济实用，成本低，寿命长，易于使用、维修和校准。

四、传感器及应用

1. 电阻式传感器

电阻式传感器是将被测量如位移、变形、力、加速度、湿度、温度等物理量转换成电阻值的装置。

电阻式传感器具有一系列的特点，如结构简单、输出精度较高、线性和稳定性好等；缺点是受环境温度影响较大、分辨力不高等。

电阻式传感器种类较多，主要有变阻器（电位器）式、电阻应变式和固态压阻式传感器等三种类型。前两种传感器一般采用的敏感元件是弹性敏感元件，传感元件分别是电位器和电阻应变片；而压阻式传感器的敏感元件和传感元件均为半导体（如硅）。变阻器式传感器结构简单、价格便宜、输出信号功率大、被测量与转换量间容易实现线性或其他所需要的函数关系。但由于电位器可靠性差、干扰（噪声）大、使用寿命短，比其他类型的电阻式传感器性能要差一些。

（1）电位器式传感器

电位器式传感器由电位器内电阻元件及电刷等零件组成，工作原理是电刷相对于电阻元件的运动可以是直线运动、转动和螺旋运动，因而可以将直线位移或角位移转换为与其成一定函数关系的电阻或电压输出。它除了用于线位移和角位移测量外，还用于测量压力、加速度等物理量。

（2）电阻应变式传感器

应变片式传感器种类和结构形式很多，它们的主要区别是弹性元件结构形状不同、弹性元件上应变片粘贴位置和受载方式不同。根据弹性元件上粘贴应变片的变形特点，测力和称重常用拉压式、弯曲和剪切弹性元件；测压力用圆形薄板（膜片）式弹性元件；测位移与测力原理相同，但弹性元件刚性小，常用梁式、弓形和弹簧组合式弹性元件；测加速度常用等强度臂梁自由端加质量块的弹性元件；测扭矩常用扭力式剪切弹性元件结构等。

在实际工作中，通常都是将应变片先贴在弹性元件上，电阻应变片接入电桥中作为电桥的桥臂，可接成半桥单臂、半桥双臂或全桥形式，弹性元件在外力的作用下产生应变，从而使电阻值随之发生相应的变化。它可以直接用来测定结构的应力或应变。若将电阻应变片贴于弹性元件上，利用电阻式传感器可进行多种物理量的测量，主要用于位移、应变、力矩、压力、加速度、液位和液体流量等参数的测量，被广泛用于机械、冶金、石油化工、水利电力、航空航天等行业。

应变式传感器工作原理为利用金属的电阻应变效应。当金属丝在外力作用下发生机械变形时，其电阻值将发生变化，这种现象称为金属的电阻应变效应。

$$R = \rho \frac{L}{S} \tag{3-1}$$

式中　ρ——电阻丝的电阻率；

L——电阻丝的长度；

S——电阻丝的截面积。

当电阻丝受到拉力作用时电阻丝将伸长，横截面积相应减小，电阻率发生变化引起电阻的变化。

电阻应变片把机械应变信号转换成电阻值的变化后，由于应变量及其应变电阻变化一般都很微小，既难以直接精确测量，且不便直接处理。因此，必须采用转换电路或仪器，把应变片的电阻变化转换成电压或电流变化，常由测量电桥完成。

应变片的测量电桥，结构简单，具有灵敏度高、测量范围宽、线性好、精度高和容易实现温度补偿等优点，因此能很好地满足应变测量的要求，电桥的种类较多，按其供桥电源的性质可分为直流和交流电桥两大类。直流电桥(图3-1)的优点是信号不会受各元件和导线的分布电感及电容的影响,抗干扰能力强,但由于机械应变所引起电桥的输出太小,要求有很大的放大倍数和具有高稳定性能的放大器进行放大,故在一些场合(如电阻应变仪中)采用交流电桥(图3-2)为多。

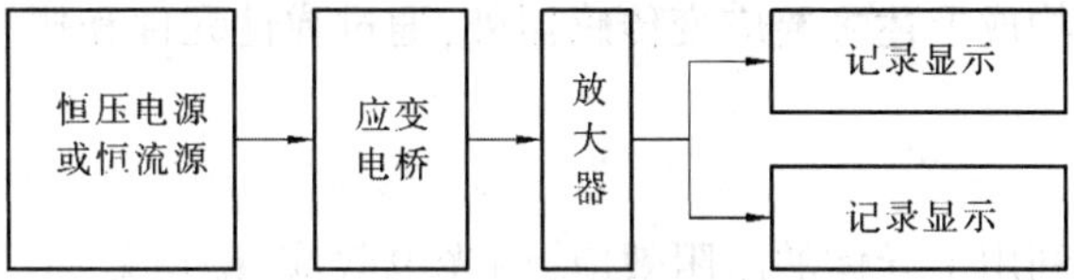

图3-1　直流电桥测量电路

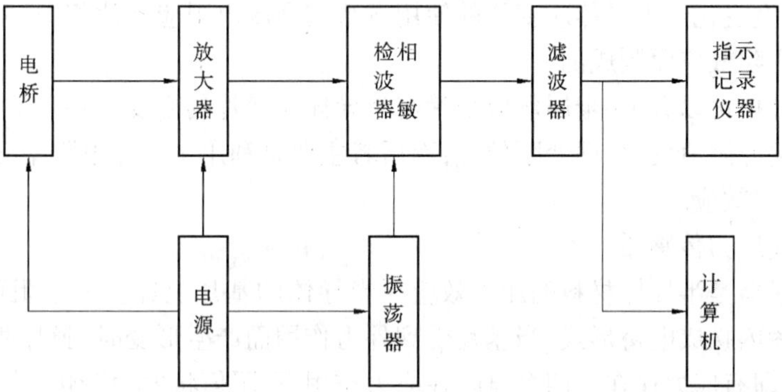

图3-2　交流电桥测量电路

① 电阻应变位移传感器

应用电阻应变片可制成测量位移的传感器。其原理是将应变片粘贴在弹性构件上组成桥路,当弹性元件变形(产生位移)时,电桥就有电信号输出,测量电桥的作用是将应变片的电阻变化转变为电阻或电压信号,应用记录仪就可测出所需位移量。

② 称重和测力应变传感器

这种测力传感器的结构由应变片、弹性元件和一些附件等组成。视弹性元件结构形式如柱形、筒形、环形、梁式等和受载性质如拉、压、弯曲和剪切等的不同,有许多种类。

③ 应变式压力传感器

应变式压力传感器主要用来测量物体的动态或静态压力。如应变片压力传感器大多采用膜片式或管式弹性元件。实验室所用的压力盒即是采用圆形应变花联成全桥连接粘贴在不锈钢弹性钢体内表面,上下面为平面圆形钢体,当压力盒受到压力时,应变片阻值将随弹性体一同发生变形,从而使应变片的电阻发生变化。通过电阻应变仪即可测出其发生应变值的大小。

④ 应变式加速度传感器

应变式加速度传感器主要用于物体加速度的测量。其工作原理是:物体运动的加速度与作用在它上面的力成正比,与物体的质量成反比。如在等强度梁自由端安装质量块,另一端固定在壳体上,等强度梁上粘贴四个电阻应变敏感元件,应变片贴在膜片内壁,调节振动系统阻尼系数,在壳体充满硅油。测量时,将传感器壳体与被测对象刚性连接,当被测物体以加速度运动时,质量块受到一个与应变加速度方向相反的惯性力作用,使悬臂梁变形,该变形被粘贴在悬臂梁上的应变片感受到并随之产生应变,电阻的变化引起应变片组成的桥路出现不平衡,从而输出电压,即可得出加速度值的大小。

⑤ 应变式扭矩传感器

利用应变片除可构成上述主要应变传感器外,通过弹性元件和扭矩应变片,可测得物体的扭矩。

2. 半导体传感器

半导体传感器是利用半导体的压阻效应、内光电效应、磁电效应、半导体与气体接触产生物质变化等原理制成,主要用于温度、湿度、压力、加速度、磁场和有害气体的测量。

半导体应变片的工作原理是利用半导体材料的压阻效应,当半导体材料受到外力作用时,电阻率会发生变化。半导体应变片的使用方法与金属电阻应变片相同,力传感器是根据半导体材料的压阻效应而制成的。

通过上述分析可以看出,金属丝应变片与半导体应变片的主要区别在于:前者是利用金属丝变形而引起的阻值变化,即变阻效应;而后者主要是利用半导体电阻率变化而引起电阻值的变化,即压阻效应。

(1) 压阻式压力传感器

压阻式传感器是半导体材料的压阻效应在半导体的基片上经扩散电阻而制成的器件,扩散电阻在基片内接成电桥形式,当基片受到外力作用而产生形变时,膜片两边就出现压力差,膜片上各点即有应力存在。四个电阻在应力作用下,阻值将发生变化,使电桥失去平衡,这样,通过测得的不平衡电桥的输出电压,就可求得膜片所受压力差的大小,即所受压力。压阻式传感器主要用于压力和加速度的测量。

压阻式传感器优点:灵敏度非常高,有时传感器的输出不需放大可直接用于测量。它的频率响应高、输出功率大、分辨力高、测量范围广、机械滞后量小等。它的最大缺点是温度误差较大,故需温度补偿或在恒温条件下使用。

(2) 压磁式压力传感器

铁磁材料具有结晶体的构造,在晶体形成的过程中也就形成了磁畴。铁磁材料在外力的作用下,引起内部发生形变,产生应力,使各磁畴之间的界限发生移动,磁畴磁化强度矢量转动,从而也使材料的磁化强度发生相应的变化。这种应力使铁磁材料的磁性质变化的现象,称为压磁效应。

铁磁材料在受外力时,内部产生应力,引起磁导率变化。当铁磁材料上绕有线圈时,将引起线圈阻抗变化。当铁磁材料上同时绕有激励绕组和输出绕组时,磁导率的变化将导致绕组间耦合系数变化,从而使输出电势变化,这样就把作用力变换成电量输出。

(3) 磁电式传感器

磁电式传感器是通过磁电作用将被测量(如振动、位移、转速等)转换成电信号的一种传感器。其工作原理是基于电磁感应原理,它是利用导体和磁场发生相对运动而在导体两端输出感应电动势的。当变化的磁通穿过线圈时,则线圈中产生电动势。当线圈匝数一定时,磁通变化率与磁场强度、磁路磁阻、线圈运动时切割磁力线的速度等有关,故若改变其中任一因素,都会引起线圈中感应电势的变化。因而磁电式传感器有动圈式、变磁阻式等形式。

磁电感应式传感器、霍尔式传感器和磁极式传感器都是磁电式传感器，又称为电动式传感器。它们的工作原理并不完全相同，各有各的特点和应用范围，下面将分别讨论。

磁电感应式传感器是一种机—电能量变换型传感器，不需要供电电源，电路简单、性能稳定、输出阻抗小，又具有一定的频率响应范围，适用于振动、转速、扭矩、流量等的测量。但这种传感器的尺寸和质量都较大。

(4) 振弦式传感器

振弦式传感器是以被拉紧了的钢弦作为敏感元件，其振动频率与拉紧力的大小、弦的长度有关。当振弦的长度确定后，弦振动频率的变化量便表示拉力的大小，即输入是力，输出是频率。

振弦式传感器的优点是：结构简单牢固、测量范围大、灵敏度高、测量线路简单，因此，广泛用于大压力的测试，也可用来测量位移、扭矩、力和加速度等。

(5) 电子秤传感器

传感器选用电阻应变式压力传感器。组成电桥的四个电阻均为粘贴在弹性元件上的应变片；不受力时，应变片的阻值不变，电桥平衡，输出为0。当电桥因受重力作用而引起应变片的应变丝伸长或缩短时，其阻值变化，电桥不再平衡，输出电压的大小和受力大小成正比。因此，只要测量输出电压即可测量质量的大小。

(6) 霍尔传感器

霍尔传感器是基于霍尔效应的一种传感器。霍尔传感器广泛用于电磁测量、压力、加速度、振动等方面的测量。

霍尔效应：置于磁场中的静止载流导体，当它的电流方向与磁场方向不一致时，载流导体上平行电流和磁场方向上的两个面之间产生电动势，这种现象称为霍尔效应，该电势称霍尔电势。

① 霍尔式微位移传感器

霍尔元件具有结构简单、体积小、动态特性好和寿命长的优点，它不仅用于磁感应强度、有功功率及电能参数的测量，也在位移测量中得到广泛应用。

霍尔式位移传感器的工作原理：磁场强度相同的两块永久磁铁，同极性相对放置，霍尔元件处在两块磁铁的中间。由于磁铁中间的磁感应强度为零，因此霍尔元件输出的霍尔电势也等于零，此时位移为零。若霍尔元件在两磁铁中产生相对位移，霍尔元件感受到的磁感应强度也随之改变，这时不为零，其量值大小反映出霍尔元件与磁铁之间相对位置的变化量。

② 霍尔式压力传感器

任何非电量只要能转换成位移量的变化，均可利用霍尔式位移传感器的原理变换成霍尔电势。霍尔式压力传感器就是其中的一种。它首先由弹性元件（可以是波纹管或膜盒）将被测压力变换成位移，由于霍尔元件固定在弹性元件的自由端上，因此弹性元件产生位移时将带动霍尔元件，使它在线性变化的磁场中移动，从而输出霍尔电势。

3. 电学式传感器

电学式传感器常用的有电阻式传感器、电容式传感器、电感式传感器、磁电式传感器及电涡流式传感器。

(1) 电容式传感器

电容式传感器是利用改变电容的几何尺寸或改变介质的性质将被测物理量转换成相应电容量变化的装置。当物体的振动作为输入量时便引起电容传感器的电容量发生相应的变化,导致振荡器的振动频率发生变化并输出相应的调频波由电路转换为相应的电压变化,最后放大输出。

电容式传感器具有零漂小、结构简单、动态响应快、抗干扰性强、灵敏度高等优点,可测微小位移的变化,易实现非接触测量等,因此,电容式传感器越来越广泛地应用于位移、振动、压力、液位、厚度、水分含量等参数的测量。

(2) 电感式传感器

电感式传感器是利用电磁场的变化引起线圈的电感量或互感量的变化,实现非电量与电量的转换,再由测量电路转换为电压或电流的变化量输出。它们能把输入的物理量,如位移、振动、加速度、力、压力、扭矩以及流量等转换成电量。电感式传感器包括变磁阻式(自感式)、电涡流式、互感型和差动变压器式等。

① 电感式传感器(变气隙式):传感器的活动衔铁和铁芯都由截面积相等的高导磁材料做成,线圈绕在铁芯上,衔铁和铁芯间有一气隙。当活动衔铁纵向位移时,气隙发生变化,从而使铁芯磁路中的磁阻发生变化,磁阻的变化使线圈的电感量发生变化就可以测得位移量的大小。

② 电感式传感器(变导磁面积型):其气隙厚度保持不变,而铁芯与衔铁之间相对覆盖面积随被测量的变化而改变,故成变面积型电感传感器。

③ 电感式传感器(单螺管线圈型):当铁芯在线圈中有一位移时,使磁阻发生变化,导致线圈自感产生相应的变化。当线圈参数和衔铁尺寸一定时,电感相对变化量与衔铁插入长度的相对变化量成正比。但由于线圈内磁场强度分布的不均匀性,其输出特性并不是严格线性的且灵敏度较低。不过这种传感器结构简单,制造容易,在要求测量精度不太高的情况下,适用于较大位移量的测量。

从上述三种形式的电感式传感器的分析中可看出,变间隙型灵敏度最高,仅适于小位移量的测量。变面积型灵敏度次之,而线性好,量程较大,使用较为广泛。螺管线圈型灵敏度最低,量程最大且结构简单,便于制作,因而在测量较大位移量时应用广泛。

(3) 电涡流式传感器

电涡流式传感器的变换原理是利用金属导体在变磁场中的涡电流效应。工作原理是当传感器线圈中通以高频电流时,线圈周围就产生一个交变磁场,导致原线圈的电感量、阻抗和品质因数等发生改变。

涡流式电感传感器可用于动态非接触测量,这种传感器具有结构简单、使用方便可靠等优点,因而在位移、振动、厚度、硬度测量,无损探伤与材质鉴别等方面得到广泛的应用。

(4) 互感型——差动变压器式传感器

差动变压器式传感器的工作原理是应用电磁原理中的互感现象,若在线圈中通以交变电流时,线圈中将产生感应电势与电流成正比。互感式传感器又称变压器式传感器,它与电感式传感器不同之处,在于互感式传感器是先把被测非电量的变化转换成线圈相互的互感量的变化,然后再经过变换,成为电压信号而输出。互感式传感器就是将被测位移量转换为线圈互感变化的一种装置,测量线性范围大,稳定性好,使用方便,测量精度高,分辨力高,可广泛用于直线位移测量。

(5) 电荷传感器

电荷传感器是利用压电效应原理制成的。压电效应是指某些电介质在沿一定方向上受到外力的作用而变形时,其内部会产生极化现象,同时在它的两个相对表面上出现正负相反的电荷。当外力去掉后,它又会恢复到不带电的状态,这种现象称为正压电效应。当作用力的方向改变时,电荷的极性也随之改变。相反,当在电介质的极化方向上施加电场,这些电介质也会发生变形,电场去掉后,电介质的变形随之消失,这种现象称为逆压电效应,或称为电致伸缩现象。依据电介质压电效应研制的一类传感器称为压电传感器。

4. 光电传感器

光电式传感器的工作原理是:首先把被测量的变化转换成光信号的变化,然后通过光电转换元件变换成电信号。主要用于光强、光通量、位移、浓度等参数的测量。

在光线作用下,物体的电导性能改变的现象称为内光电效应,如光敏电阻等就属于这类光电器件。在光线作用下,能使电子逸出物体表面的现象称为外光电效应,如光电管、光电倍增管就属于这类光电器件。在光线作用下,能使物体产生一定方向的电动势的现象称为光生伏特效应,即阻挡层光电效应,如光电池、光敏晶体管等就属于这类光电器件。

光学元件一般情况下具有非接触、高分辨力、响应快、结构简单、使用方便,有较高的可靠性,而且光电测量方法灵活多样,可测参数众多,加之激光光源、光栅、光学码盘器件、光导纤维等的相继出现和成功应用,使得光电传感器的内容极其丰富,因此在自动检测、计算机和控制系统中,应用非常广泛。

(1) 光纤传感器

光导纤维简称为光纤,目前基本上还是采用石英玻璃,中心的圆柱体叫纤芯,围绕着纤芯的圆形外层叫作包层,纤芯和包层主要由不同掺杂的石英玻璃制成,纤芯的折射率略大于包层的折射率,在包层外面还常有一层保护套,多为尼龙材料。光纤的导光能力取决于纤芯和包层的性质,而光纤的机械强度由保护套维持。

众所周知,光在空间是直线传播的。在光纤中,光的传输限制在光纤中,并随光纤能传送到很远的距离。光纤的传输是基于光的全内反射。

光纤传感器可以分为两大类:一类是功能型(传感型)传感器;另一类是非功能型(传光型)传感器。功能型传感器是利用光纤本身的特性把光纤作为敏感元件,被测量对光纤内传输的光进行调制,使传输的光的强度、相位、频率或偏振态等特性发生变化,再通过对被调制过的信号进行解调,从而得出被测信号。非功能型传感器是利用其他敏感元件感受被测量的变化,光纤仅作为信息传输介质。

由于光导纤维具有很多优点,因此用它组成的光纤传感器与常规传感器相比就有很多特点。

① 不受电磁干扰。常用光纤工作时利用光子传输信息,因而不怕电磁场干扰,加之电磁干扰噪声的频率与光频相比很低,对光波无干扰。此外,光波易于屏蔽,外界光频性质的干扰也很难进入光纤。

② 灵敏度高。很多光纤传感器的灵敏度都优于同类常规传感器,有的甚至高数个数量级。

③ 质量轻,体积小,可挠曲。光纤直径只有数微米到数百微米,同时光纤柔软,可深入机器内部或人体弯曲的内脏进行检测,使光波沿需要的途径传输。

④ 便于遥测,耐腐蚀,电绝缘,防爆性好,易与微机连接。

由于光纤传感器的这些独特优点和广泛的潜在应用,多年以来已研制多种光纤传感器,被测量遍及温度、压力、应变。光纤传感器所用光纤有单模光纤和多模光纤。单模光纤的纤芯直径通常为 2 ~ 12 pm,很细的纤芯半径接近于光源波长的长度,仅能维持一种模式传播。一般相位调制型和偏振调制型的光纤传感器采用单模光纤;光强度调制型或传光型光纤传感器多采用多模光纤。为了满足特殊要求,出现了低偏光纤、低双折射光纤、高双折射光纤等。

(2) 红外传感器

红外线是一种不可见光,由于是位于可见光中红色以外的光线故称红外线。工程上又把红外线所占据的波段分为四部分,即近红外、中红外、远红外和极远红外辐射,它的物理本质是热辐射。

一个炽热物体向外辐射的能量大部分是通过红外线辐射出来的。物体的温度越高,辐射出来的红外线越多,辐射的能量就越强。而且,红外线被物体吸收时,可以显著地转变为热能。

红外辐射和所有电磁波一样,是以波的形式在空间直线传播的。它在大气中传播时,大气层对不同波长的红外线存在不同的吸收带,红外线气体分析器就是利用该特性工作,空气中对称的双原子气体,如 N_2、O_2、H_2 等不吸收红外线。而红外线在通过大气层时有三个波段透过率高,统称它们为“大气窗口”。这三个波段对红外探测技术特别重要,因为红外探测器一般都工作在这三个波段之内。

红外传感器一般由光学系统、探测器、信号调理电路及显示器等组成。红外探测器是红外传感器的核心,红外探测器种类很多,常见的有热探测器和光子探测器两大类。

红外传感器常应用于以下几方面:

① 红外辐射计,用于辐射和光谱辐射测量。

② 跟踪系统,用于搜索和跟踪红外目标。

③ 热成像系统,可产生整个目标红外辐射的分布图像,如红外图像仪、多光谱扫描仪等。

④ 红外测距和通信系统。

⑤ 混合系统,是指以上各类系统中的两个或多个的组合。

(3) 热探测器

热探测器是利用红外辐射的热效应,探测器的敏感元件吸收辐射能后引起温度升高,通过测量物理参数的变化,便可确定探测器所吸收的红外辐射。与光子探测器相比,热探测器的探测率比光子探测器的峰值探测率低,响应时间长。

热探测器主要优点是响应波段宽,响应范围可扩展到整个红外区域,可以在室温下工作,使用方便,应用仍相当广泛。

热探测器主要类型有热释电型、热敏电阻型、热电偶型和气体型探测器。

(4) 光栅传感器

光栅式传感器的基本原理是利用光栅的莫尔条纹现象进行测量。

(5) 激光式传感器

激光是在 20 世纪 60 年代初问世的。由于激光具有方向性强、亮度高、单色性好等特点,使激光不仅作为一种新颖光源,而且还发展成一种新技术——激光技术,广泛应用于工农业生产、国防军事、医学卫生、科学研究等各个领域,如用来测距、通信、定向,进行难溶材料打孔、切割、焊接,用来精密检测、定位等,还有可能作为长度基准和光频标准。

由于激光器、光学零件和光电器件所构成的激光测量装置能将被测量(如长度、流量、速度等)转换成电信号,因此广义上也可将激光测量装置称为激光式传感器。

激光干涉传感器以激光为光源,测量精度高,分辨力强。它可用作普通干涉系统,用来测长度,也可用作全息干涉系统,用来检测复杂表面。

(6) 超声波传感器

为了以超声波作为检测手段,必须产生超声波和接收超声波。完成这种功能的装置就是超声波传感器,习惯上称为超声波换能器,或超声波探头。超声波发射探头发出的超声波脉冲在介质中传到界面经过反射后,再返回到接收探头,这就是超声波测距原理。超声波探头常用的材料是压电晶体和压电陶瓷,这种探头统称为压电式超声波探头,它是利用压电材料的压电效应来制作的。逆压电效应将高频电振动转换成高频机械振动,以产生超声波,可作为发射探头;而利用正压电效应则将接收的超声振动转换成电信号,可作为接收探头。

实验 2 静态电阻应变仪

静态电阻应变仪是测量不随时间变化或变化要求不高的参数的仪器,其测量电路是按惠斯通电桥原理设计的,功能是将应变电桥的输出电压放大,在显示部分以刻度或数字形式显示应变的数值,或者向记录仪输入模拟应变变化的电信号。

静态电阻应变仪的种类很多,常见有指针读盘摆动显示、数字直接显示及计算机程控显示等几种。

如图 3-3 所示,TS3890A 型静态电阻应变仪是一种装有微处理芯片的数字式应变仪,通过 USB 接口与计算机通信,在 Windows 系统上进行操作,由计算机来控制、显示、处理、打印测量数据。该仪器具有高速、多点采集功能,是结构应力测量分析的重要工具,可广泛应用于多个领域。

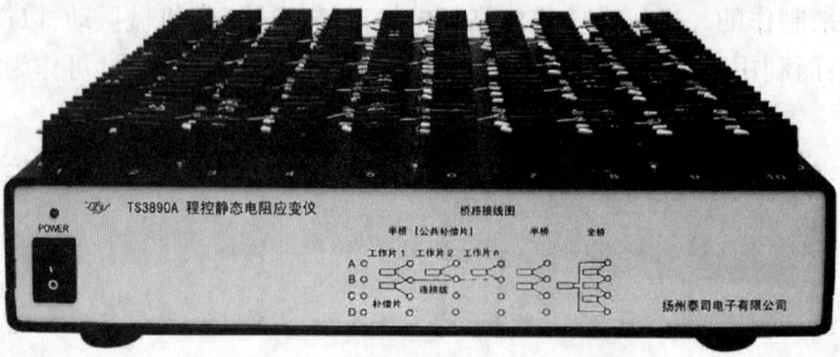

图 3-3 TS3890A 型静态电阻应变仪

一、TS3890A 型静态电阻应变仪特点

(1) 中文 Windows 操作系统。

(2) 每台的测点数为 50 点,采样速率 50 点/s。

(3) 最大系统配置达 1 000 点,由 20 台仪器并行采集,在 1 s 内完成。

(4) 采用无触点(电子开关)切换,可靠性高。

(5) 采用工频跟踪和软件相结合的方法,实现积分型 AD 采集,抗干扰能力强。

(6) 恒流激励,无非线性误差,无须长导线补偿。

(7) 可与应变计、应变式传感器、电压输出型传感器直接连接。

(8) 在计算机上完成测试条件的设置、测量、曲线显示、文件保存的功能。

(9) 大容量数据存储。

(10) 文件可转换为 MS—Excel 可调用格式。

(11) 可同时监视 50 点测量值。

(12) 系数、泊松比、弹性模量设置功能。

(13) 应变花计算功能。

(14) 每个通道系数、桥路形式均可设置。

(15) 定时测量。

(16) 既可测应变,也可测应力。

(17) 可打印测量数据。

(18) 采用 USB 接口与计算机通信,多台连接采用 RS485 接口,通信距离可达 200 m。

(19) 外包装采用铝合金箱。

二、TS3890A 型静态电阻应变仪技术参数

(1) 桥路形式:双片共补、双片、全桥。

(2) 桥路电阻:120 Ω ~ 1 kΩ。

(3) 桥路激励:恒流源 3 ~ 8 mA,自动切换。

(4) 测量范围:$0 \sim \pm 20\,000 \times 10^{-6}$。

(5) 分辨率:$\pm 1 \times 10^{-6}$。

(6) 准确度:±0.3%,$\pm 3 \times 10^{-6}$。

(7) 采样速率:50 次/s。

(8) 初始值记忆:$\pm 20\,000 \times 10^{-6}$(不平衡量)。

(9) 测量点数:每台 50 点,台与台相互接连可扩展至 1 000 点。

(10) 稳定性:

① 零点漂移不大于 $\pm 4 \times 10^{-6}$/4 h。

② 读数值变化不大于 ±0.3%,$\pm 3 \times 10^{-6}$/4 h。

③ 温度变化影响:不大于 $\pm 1 \times 10^{-6}$/℃。

(11) 输出方式:采用 USB 接口与计算机通信,多台接连采用 RS485 接口,通信距离可达 200 m。

(12) 电源:AC 220 V,50 Hz。

(13) 工作环境温度:0 ~ 40 ℃。

(14) 外形尺寸:280 mm(宽)×260 mm(深)×60 mm(高)。

(15) 质量:约 5 kg。

三、工作原理

本仪器由精密恒流源、多路切换开关、前置放大器、低通滤波器、A/D 转换器、单片机控制电路、电源等组成,见方框图 3-4。

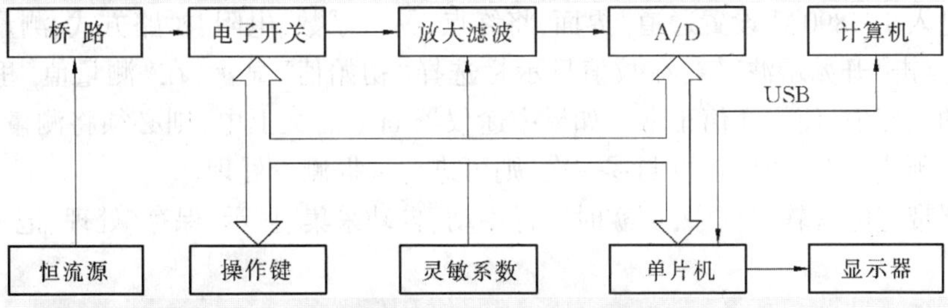

图 3-4　TS3890A 型静态电阻应变仪工作原理图

四、使用方法

（一）应变仪的接线方法

在测量应变时，把粘贴在构件上的应变片接入电桥，电桥可调整初始平衡，当构件受力发生变形时，应变片随之产生电阻值的变化，从而破坏了电桥的平衡，产生输出电压，由计算机显示出应变的数值。该静态电阻应变仪一台可同时测量50个点的应变。如果要测量更多点的应变，可同时连接多台静态电阻应变仪进行测量。

当使用半桥公共补偿片时，应将所有测点的“B”端用导线连接，各接线端子的功能如下：“A”端相当于桥压正极；“B”端桥路输出；“C”端相当于桥压负极（所有“C”端在仪器内部已连接）；“D”端桥路输出（指全桥）。

（二）显示初始值

每个测量通道初始不平衡值在计算机上显示。若某个测量通道的初始不平衡值大于10 000×10^{-6}，则可认为该通道对应的传感器有问题，应予以解决。

（三）关于指示灯

电源开关打开，指示灯亮。如果不亮，请检查电源，或重新开机，直到指示灯亮为止。在采集数据时，指示灯会闪动，灯灭时表示正在采集，灯亮时表示空闲。

五、测量前准备

将TS3890A应变仪随机所带的电缆连接到另一台TS3890A应变仪上。TS3890A后面板的两个插座是并联的，可按图3-5将多台应变仪连接起来：

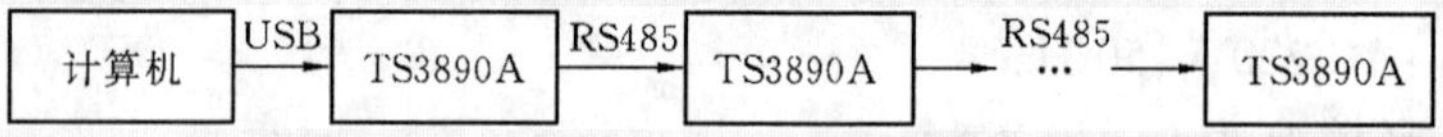

图3-5

（1）先打开TS3890A的电源，将USB通信电缆分别连接到TS3890A应变仪的USB插座以及计算机的USB插座，注意与计算机通信的应变仪机箱号必须置为“00”。如果不是，请先拔掉USB连接线，将仪器设置为“00”后，重新先打开TS3890A的电源。再用USB线与计算机相连。

（2）进入TS3890A“设置通道”界面，将终点、灵敏系数、电阻、桥路方式、测量模式等参数设置时，点击“开始示波”键，在数值显示栏选择“初始值”显示，在“测量值”里逐点检查每个通道的应变值、使应变值正常。如果中途仪器断电后又上电，则必须将测量软件退出，重新进入。预热半个小时后，再调零一次，则可进行数据测量处理。

该仪器带有电脑软件程序，可实时进行手动、自动采集、显示、保存、处理、记录。

实验3　动态电阻应变仪的原理及使用

动态电阻应变仪的特点是测量随时间变化的应变,可以快速地捕捉变化峰值,为了记录动态信号,必须配有记录仪器。应变仪将电桥的输出电压信号放大后送给记录仪器。动态仪只能采取直读法,动态仪不能用轮换接入的方法进行多点测量,因此动态仪均设计成多通道的,能同时测量数路信号。而且要求应变变化频率很高时,频率响应很快,实现了多通道并行同步采样。下面我们以 TS3832 型动态应变仪为例进行介绍,如图 3-6 所示。

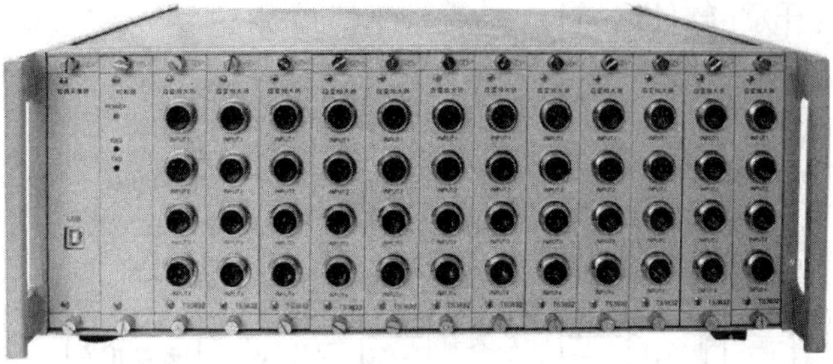

图 3-6　TS3832 型动态应变仪

TS3832 型动态应变仪是用插件式、高可靠多通道放大器计算机硬件为基础的数据采集分析系统。它提供了传感器的激励源、信号放大、调平衡、滤波等功能,所有参数均可程控。该放大器技术先进、性能稳定,与数据采集器同装在一个机箱内组成新一代动态应变信号采集仪,具有极高的性价比。该机可应用于航天、航空、机械、土建、水利、矿井、车辆、船舶、铁路、桥梁等工程领域对构件动、静态应力进行测量和分析。

一、技术指标

(一) 应变放大器单元

(1) 通道数:每插件 8 通道。

(2) 桥路形式:1/4 桥(二线、三线限 120 Ω);半桥;全桥。

(3) 应变片电阻:60 ~ 1 000 Ω。

(4) 供桥电压:1 V、2 V、5 V、10 V DC(可程控);精度:±0.2%。

(5) 平衡方式:电子自动调平衡。

平衡范围:$\pm 10\,000\times10^{-6}$。

平衡精度:$\pm 5\times10^{-6}$。

(6) 灵敏度(表 3-1)。

表 3-1　桥压—灵敏度选取对照表

桥压/V	灵敏度/[mV · $(100\times10^{-6})^{-1}$]	桥压/V	灵敏度/[mV · $(100\times10^{-6})^{-1}$]
1	5,15,50,150	2	10,30,100,300
5	25,75,250,750	10	50,150,500,1 500

（二）数据采集单元（选件）

（1）通道数：1 ~ 8 通道。
（2）A/D 转换器：16 bit。
（3）采样速度：22 S/s ~ 200 kS/s。
（4）放大器增益：1，2，4，8，16（软件选择）。
（5）频率响应：DC ~ 200 kHz。
（6）采样方式：采样保持方式，多通道巡回采样。
（7）采集长度：任意（软件选择）。
（8）触发方式：手动触发、峰值电平触发（程控电平）。

二、使用方法

测量桥路的连接如图 3-7 所示。

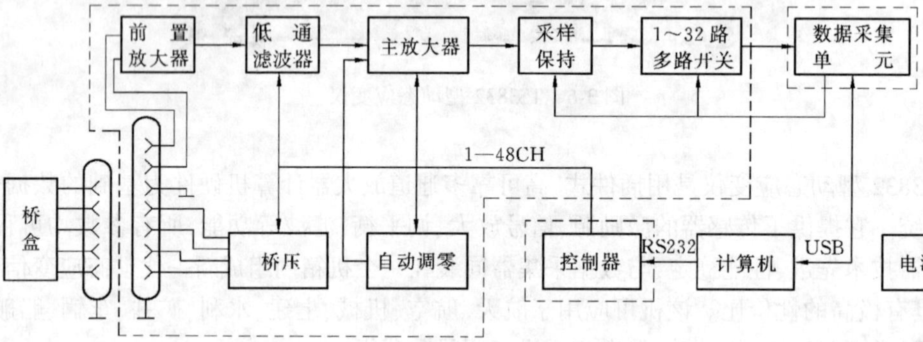

图 3-7　测量桥路的连接图

应变测量分拉伸压缩应变、弯曲应变、扭矩应变等三种类型，不同的工作片数和贴片方式又影响到桥路输出灵敏度、温度补偿、导线热效应等方面的问题。

动态电阻应变仪带有电脑软件，均可程控，可实时进行多通道观察、记录与处理。

实验4 光谱仪的使用

单色平行光通过光栅缝的衍射和各缝间的干涉,形成暗条纹很宽、明条纹很细的图样,这些锐细而明亮的条纹称作谱线。谱线的位置随波长而异,当复色光通过光栅后,不同波长的谱线在不同的位置出现而形成光谱。光通过光栅形成光谱是单缝衍射和多缝干涉的共同结果。光谱仪是将成分复杂的光分解为光谱线的仪器,由棱镜或衍射光栅等构成,利用光谱仪可测量物体表面反射的光线。通过光谱仪对光信息的抓取、以照相底片显影,或电脑化自动显示数值仪器显示和分析,从而测知物品中含有何种元素。这种技术被广泛应用于空气污染、水污染、食品卫生、金属工业等的检测中。

光谱仪基本特性有光谱范围、色散率和分辨率等。基于干涉原理设计的光谱仪具有很高的色散率和分辨本领,可以实现对光谱快速连续测量,从而解决了光谱实时测量时,既要求测量周期短又要求灵敏度高的问题。改变定位转盘与光电开关的相对位置,可以方便地得到所需波段的光谱。根据不同的应用要求,改变电机转速、光栅刻线数目、入射和出射狭缝宽度,可以改变光谱仪光谱分辨率,以满足不同光谱测量的要求。加不同的滤光片或改变同步信号的位置,可以只得到所需特殊段的光谱。先进的软件使光谱仪读数更方便。

光谱仪有多种类型,除在可见光波段使用的光谱仪外,还有红外光谱仪和紫外光谱仪。按色散元件不同可分为棱镜光谱仪、光栅光谱仪和干涉光谱仪等。按探测方法分有直接用眼观察的分光镜,用感光片记录的摄谱仪以及用光电或热电元件探测光谱的分光光度计等。

一、主要功能

如图 3-8 所示,测量波长在 600 ~ 1 750 nm 范围内的光电平,最小分辨率为 0.07 nm。但在 1 550 nm 波段,分辨率可达 0.05 nm。电平测试范围是 -90 ~ +10 dBm,如果使用内部衰减器,则可以增加到 +23 dBm。测试性能随波长范围变化而不同,如分辨率、平均值、平滑度和测量点数等可根据测量目的而设定。

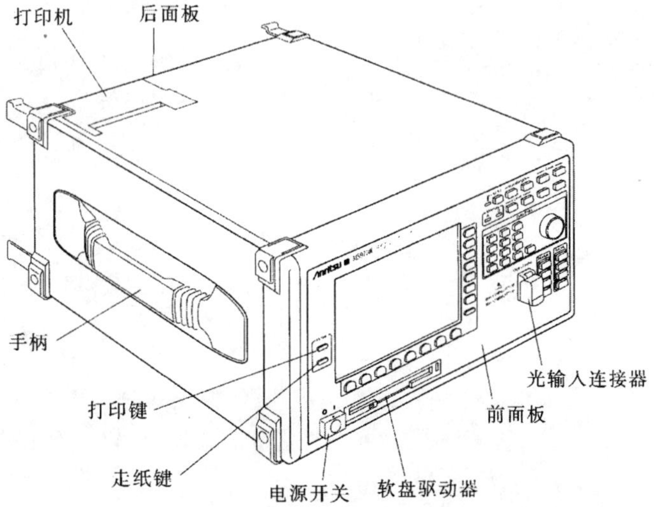

图 3-8 光谱仪主体结构示意图

另外,可测定波峰和波谷值,可进行光谱分析并可测定谱宽和 SMSR(边模抑制比)等。而且,在 WDM(波分复用)的测试中的多个峰值可以通过设置区域标志来进行分析。当使用可选的参考波长校准本仪表时,波长精度是±20 pm(1 530 ~ 1 570 nm),特别适用于在评估 WDM 系统时精确的高稳定测试。已调制光波和脉冲光源可以通过外部信号同步功能进行测试。测得数据和波形可以 MS9710C 数据格式、MS—DOS 文本或 MS—Windows 图存储到软盘。

二、性能

MS9710C 的性能如下:

(1) 在 1.55 μm 波段测量速度快而准确,并具有良好的极性相关性和线性度。

(2) 宽动态范围(70 dB),高灵敏度(-90 dBm),使用光衰减器可测至+23 dBm。

(3) 内置计算功能进行光峰值检测和分析。

(4) 数据存于 FD,可用 M59710C 格式,MS—DOS 文本和 MS—Windows 位图格式。

(5) 通过 GP—IB 和 RS—232C 接口进行外部控制。

(6) 可选的内置光源,用于波长校准。

(7) 使用 MG9637/MG9638 可调光源联动测试。

实验5 材料实验机的使用

材料实验机是所有岩石(煤)进行力学性质测试时最基本的实验设备。

无论是岩石试块,还是相似材料试块,要测试力学性质,都需要在材料实验机上进行实验,测得破坏载荷,而后通过计算得出各类强度数据。

一、实验机的结构组成

实验机主要由加载架、上下平台、加载系统和量测系统组成,如图3-9所示。

图3-9

(一)加载架

也称反力架,是对试块进行加压时的反力机构,一般由两根或四根钢柱或丝杠组成。

(二)上下平台

是对试件或实验模具直接施加载荷的台面。不同的实验机,其台面的大小、形状各不相同,有圆形、方形或长方形。一般一个面是固定的,另一个面可上下移动。

(三)加载系统

液压式材料实验机是采用液压马达输出压力油使油缸工作而带动上下压板移动。

电子式材料实验机是由电动机带动丝杠转动而使上下压板移动。

电子式材料实验机的规格有10 N~1 000 kN的各种型号,液压式材料实验机的规格有1~20 000 kN各种型号。

(四)量测系统

材料实验机的量测系统有度盘指针式、数显式、电脑数显存贮式。一般液压材料实验机都用度盘指针式。它有两根指针,一根为主动指针,它随着压力的增减而转动。另一根为被动指针,由主动指针推动运转。一旦压力减小,被动指针就停止运转,即可测读最大压力值。

数显式量测系统,是在液压式材料实验机的加压油路上,装有液压传感器,或在上下压板上装有荷载传感器,通过电路转换把压力值转换为数字显示出来。

电脑显示存贮式量测系统为通过电脑使实验机工作,同时实时显示并存贮加载过程中试块所受的压力值。

二、实验机的分类

从压力来源分为液压材料实验机和电子式材料实验机。

从控制方式分为手动控制和微机控制。

手动控制是通过手动操作开关来控制加载速度的快慢。

微机控制是通过编制程序自动控制加载全过程。可以有各种加载形式,如恒位移速度、恒变形速度、恒压力速度进行工作。

按实验机的性能分为普通材料实验机、刚性材料实验机、伺服实验机。在普通材料实验机上,如果实验机的刚度小于试件的刚度,当压力值达到岩石强度极限的瞬间往往会产生"爆裂"现象,以致很难测得接近及达到峰值时的应力—应变关系,更无法获得峰值后的任何信息。而试件在刚性实验机或伺服控制的实验机上进行加载实验时,能测得试件加载过程中的全程应力—应变关系,即不但能测得试件破坏前的应力—应变关系,还能测得试件过了最大破坏载荷后的应力—应变关系,这对研究破裂岩体的承载能力极为重要。

按加载方向分实验机有单轴实验机、三轴实验机。

三、实验机的选用

根据不同的目的和要求选取不同的实验机。

(1) 根据试件的破坏载荷选择实验机的规格。

$$0.2P_e < P_{max} < 0.8P_e \tag{3-2}$$

式中 P_e——实验机的最大出力值;

P_{max}——试件的最大破坏载荷。

(2) 根据试件实验的要求选择不同性能的实验机。

如是普通实验,一般材料实验机即可完成。如要求测试全程应力—应变曲线,则需在刚性实验机或伺服控制的材料实验机上进行实验。

(3) 根据试件的受力状态可选择单轴实验机和三轴实验机。

四、实验机的使用过程

以 300 kN 电子万能材料实验为例加以说明。

(1) 实验前的准备工作:

① 开机:实验机→计算机。

② 选择相应的加载软件。

③ 把试件放在下压板的中央位置。

④ 在试件上安装好位移传感器。

⑤ 输入相关的参数:试件尺寸、加载方式、加载速度等。

(2) 手动移动下压板,使试件上端面逐步接近上压板。快接近时点动上升开关,并不停活动半球形的下压板,最终使试件在微小载荷时上端面与上压板面面接合。

(3) 按动运行命令,使实验按照设定程序进行。

(4) 当试件完全破坏后,按动停止命令,记录实验结果,清理破坏岩块。

第四章 基本实验

第一节 煤和岩石物理性能测定实验

实验1 煤和岩石真密度测定实验

一、实验目的与要求

煤(岩石)真密度是指煤(岩石)固相物质的质量与其体积的比值。煤(岩石)真密度是煤(岩石)基本的物理性质参数。通过本实验,要了解煤(岩石)真密度测试程序及测试仪器设备,掌握煤(岩石)真密度测试过程及计算方法。

二、仪器、设备及工具

(1) 岩石粉碎机。
(2) 瓷钵或玛瑙钵。
(3) 岩石研粉机,出料粒度0.2~0.3 mm。
(4) 分样筛,孔径0.2 mm。
(5) 天平,最小分度值0.001 g。
(6) 烘箱。
(7) 干燥器。
(8) 沙浴或水浴。
(9) 真空抽气装置,真空度至少可达0.001 MPa(约7 mmHg)。
(10) 短颈比重瓶,带磨口毛细管塞,容量100 mL。
(11) 移液管,容量10 mL(量筒)。
(12) 磁铁。
(13) 恒温器,能保持20±0.5 ℃的恒温。
(14) 温度计,量程0~50 ℃,最小分度值0.2 ℃。

三、试样制备

对于磁性岩石,取有代表性岩样100 g左右,用瓷钵或者玛瑙钵研碎,并使其全部通过孔径0.2 mm的分样筛。

对于非磁性岩石或煤块,取有代表性的试样300 g左右,用粉碎机碎成小块,然后用研粉机研成粉末,并使其全部通过0.2 mm分样筛。用磁铁洗净混入岩粉中的铁屑。

将制备好的岩样在105~110 ℃下干燥24 h后取出放在干燥器中冷却至室温。

四、实验原理

用天平测量试样质量,通过比重瓶精确测量试样体积,根据试样质量同试样体积的比值即可求得所测试样的真密度。

五、实验内容

(1) 了解煤(岩石)真密度测试原理及测试过程,熟练掌握相关测试仪器设备操作方法。

(2) 学会煤(岩石)真密度测试方法及相关计算方法。

六、注意事项

(1) 记录所测煤(岩石)岩性及初始状态。

(2) 严格按照实验步骤中实验时间要求实验。

七、实验步骤

1. 岩样测试步骤

(1) 将蒸馏水煮沸并冷却至室温。

(2) 取瓶颈与瓶塞相符的100 mL比重瓶,用蒸馏水洗净,注入1/3的蒸馏水,擦干瓶的外表面。

(3) 用四分法缩分并称取15 g试样粉末(精确至0.001 g),借助漏斗小心倒入盛有1/3蒸馏水的比重瓶中,注意勿使粉末洒落或粘在瓶颈上。

(4) 将盛有蒸馏水和岩粉的比重瓶放在沙浴或水浴上煮沸后再继续煮1~1.5 h。

(5) 在煮沸过程中既要使试样粉末充分沸腾,又不要使试样粉末飞溅或外溢。飞溅在瓶壁上的试样粉末,用滴定管沿瓶壁注水将其冲下。

(6) 如用真空抽气法,则将上述比重瓶放入真空抽气装置内。抽气的真空度为0.001 MPa(约7 mmHg)。开动真空泵抽气,直至瓶内无气泡发生为止,且抽气时间不小于1 h。然后由三通开关放入空气。以下步骤与沙浴煮法相同。

(7) 含有水溶性矿物的岩石,应用煤油代替蒸馏水来测定,在这种情况下,只能用真空抽气法,而不能用沙浴煮沸法。

(8) 将煮沸后的比重瓶自然冷却至室温,然后注入蒸馏水,使页面与瓶塞刚好接触,注意不得留有气泡。擦干瓶的外表面,在天平上称重得M_1(若比重瓶有刻度线,液面的弯月线应与刻度线齐平)。

(9) 校正比重瓶,称瓶水合重得M_2,精确至0.001 g。

2. 煤样测试步骤

(1) 将准确称取粒度小于0.2 mm的煤粉分析样2 g(精确至±0.001 g),通过无颈小漏斗全部仔细地移入比重瓶中。

(2) 用量筒向比重瓶中注入浓度为2%的十二烷基苯磺酸钠或十二烷基硫酸钠溶液

3 mL,并注意将瓶壁上附着的煤粒冲入瓶中,轻轻转动比重瓶,放置 15 min 使试样浸透。然后沿瓶壁加入 25 mL 蒸馏水。

(3) 把比重瓶移到水浴或沙浴中煮沸 20 min,以排除吸附的气体。

(4) 取出比重瓶,加入新煮沸的蒸馏水至水面低于瓶口约 1 cm 处,并冷却至室温。然后置于 20±0.5 ℃或略低于室温的恒温器中,恒温 1 h(也可以在室温下放置 3 h 以上;如用十二烷基硫酸钠溶液最好过夜),并记录下室温。

(5) 用吸管沿瓶颈加煮沸过的 20 ℃或室温蒸馏水至瓶口,盖上瓶塞,使过剩的水从瓶塞上的毛细管上溢出(这时瓶中和毛细管内不应有气泡存在,否则应重新加水盖瓶塞)。

(6) 迅速擦干比重瓶,立即称出比重瓶加煤粉样加润滑剂加水的质量。

八、数据处理

比重瓶法数据按如下公式计算测定结果:

$$\rho = \frac{M\rho_s}{M + M_2 - M_1} \tag{4.1-1}$$

式中 ρ——试样真密度,g/m^3;

M——试样质量,g;

M_1——比重瓶、岩样和蒸馏水合重;或比重瓶、煤样、润滑剂和蒸馏水合重,g;

M_2——比重瓶和满瓶蒸馏水合重,g;

ρ_s——室温下蒸馏水的密度,g/m^3。

当采用煤油代替蒸馏水进行测定时,则式中的 M_1 改为比重瓶、岩样和煤油合重或比重瓶、煤样、润滑剂和煤油合重,M_2 改为比重瓶和满瓶煤油合重,蒸馏水的密度 ρ_s 改为煤油的密度 ρ_m 即可计算测定结果。.

平行测定两次,取算术平均值,计算结果取三位有效数字。若两次测定结果差值超过 0.02 g/m^3 应重做。

表 4.1-1.1　岩石真密度测定记录表

测定日期：　　　　　　　　　　岩石名称：
岩样编号：　　　　　　　　　　比重瓶编号：

测定次数	试样质量 M/g	比重瓶、试样和蒸馏水合重 M_1/g	比重瓶和满瓶蒸馏水合重 M_2/g	实验室温度 t/℃	室温下蒸馏水密度 ρ_s/(g·m^{-3})	岩样真密度 ρ/(g·m^{-3})	岩石平均真密度 ρ_p/(g·m^{-3})	备注

测定：　　　　　　　　计算：　　　　　　　　校核：

表 4.1-1.2　煤真密度测定记录表

测定日期：　　　　　　　　　　　　煤样名称：

煤样编号：　　　　　　　　　　　　比重瓶编号：

测定次数	试样质量 M/g	比重瓶、煤样、润滑剂和蒸馏水合重 M_1/g	比重瓶和满瓶蒸馏水合重 M_2/g	实验室温度 t/℃	室温下蒸馏水密度 $\rho_s/(g\cdot m^{-3})$	煤样真密度 $\rho/(g\cdot m^{-3})$	煤平均真密度 $\rho_p/(g\cdot m^{-3})$	备注

测定：　　　　　　　　计算：　　　　　　　　校核：

实验2　煤和岩石块体密度测定实验

一、实验目的与要求

煤(岩石)块体密度是指煤(岩石)试件质量与其体积的比值。煤(岩石)块体密度包括天然块体密度(试件在天然含水状态下的密度)、自然块体密度(试件制备后,在下部贮水的干燥器内存放1~2 d的块体密度)、干块体密度(试件在105~110 ℃温度下干燥24 h后的块体密度)和饱和块体密度(试件在饱和水状态下的块体密度)。通过本实验,要了解煤(岩石)块体密度测试程序及测试仪器设备,掌握煤(岩石)块体密度测试过程及计算方法。

二、仪器、设备及工具

(1) 试样加工机械,包括钻石机、切石机、磨石机和砂轮机。
(2) 烘箱。
(3) 干燥器。
(4) 天平,最小分度值0.01 g。
(5) 百分表架,百分表。
(6) 游标卡尺,量程200 mm,最小分度值0.02 mm。
(7) 真空抽气装置,真空泵要求能达到0.001 MPa(约7 mmHg)。

三、试样制备

试样采用做力学性质测定的试件,试件取三个。
试件尺寸测量要求如下:
(1) 直径:测量两端和中间三个断面相隔120°的三个直径(共九个),取其算术平均值。
(2) 高度:测量试件中心和四周的五个高度,取其算术平均值。
试件尺寸误差要求如下:
(1) 所有尺寸测量时,卡口和所测面应保持垂直或平行,不应歪斜。
(2) 沿试件高度,直径或边长的误差不应大于0.3 mm。
(3) 试件两端面不平行度误差不应大于0.05 mm。
(4) 断面垂直试件轴线,最大偏差不应大于0.25°。
(5) 方柱体或立方体试件相邻两面应互相垂直,最大偏差不应大于0.25°。

四、实验原理

用游标卡尺测量试件尺寸并计算其体积,用天平测量试件在各个状态下的质量,根据试样不同状态下的质量同试样体积的比值即可求得所测试样的不同状态的块体密度。

五、实验内容

(1) 了解煤(岩石)块体密度测试原理及测试过程,熟练掌握相关测试仪器设备操作方法。

(2) 学会煤(岩石)块体密度测试方法及相关计算方法。

六、注意事项

(1) 记录所测煤(岩石)岩性及初始状态。

(2) 严格按照实验步骤中实验时间要求实验。

七、实验步骤

1. 煤(岩样)干块体密度

用游标卡尺测量试件边长(直径)并计算其截面积 F,测量试件高度 h。

将试样在 105 ~ 110 ℃下干燥 24 h 后取出,放在干燥器中冷却至室温,称干重得 M。

2. 煤(岩样)饱和块体密度

(1) 用游标卡尺测量试件边长(直径)并计算其截面积 F,测量试件高度 h。

(2) 将试件放在真空抽气罐内带孔的板上,间距不小于 2 cm。

(3) 接上抽气系统,所有连接处均不应漏气。

(4) 开动真空泵,抽气 20 ~ 30 min,然后打开三通活塞,慢慢将水注入真空抽气罐内,至水面高出试件 2 ~ 3 cm,继续抽气直至试件表面不再有气泡冒出,且抽气时间不少于 1 h。关闭真空泵,扭转三通活塞,使真空抽气罐与大气相通。抽气的真空度应保持在 0.001 MPa(约 7 mmHg)。

(5) 从真空罐中取出试件,全部浸入盛水的容器中,静置 4 h 以上。

(6) 取出饱和试件,用湿毛巾擦去表面水分,称饱和试件重 M_b。

3. 煤(岩样)自然块体密度

(1) 用游标卡尺测量试件边长(直径)并计算其截面积 F,测量试件高度 h。

(2) 将试件放在下部贮水的干燥器内存放 1 ~ 2 d,注意试样不应与水接触,使其保持自然含水状态。将试件取出称重得 M_z。

八、数据处理

按如下公式计算测定结果:

$$\left.\begin{aligned}\rho_g &= \frac{M}{Fgh}\\ \rho_b &= \frac{M_b}{Fgh}\\ \rho_z &= \frac{M_z}{Fgh}\end{aligned}\right\} \tag{4.1-2}$$

式中 ρ_g——岩石的干块体密度,g/m³;

ρ_b——岩石的饱和块体密度,g/m³;

ρ_z——岩石的自然块体密度,g/m³;

M——试件烘干后的质量,g;

M_b——试件饱水后的质量,g;

M_z——试件自然含水状态下的质量,g;

F——试件截面积,cm^2;

h——试件的高度,cm。

平行测定三次,取算术平均值,计算结果取三位有效数字。三次测定结果最大差值不应超过0.05 g/m^3,否则只能报各试件单个测值,而不报出平均值。

表4.1-2　块体密度测定记录表

测定日期:　　　　　　　　　　　试件名称:

试件编号:　　　　　　　　　　　试件含水状态:

试件编号	试件尺寸/cm			面积 F/cm^2	体积 Fgh $/cm^3$	质量 M/g	试件块体密度 $\rho/(g\cdot cm^{-3})$	试件平均块体密度 $\rho_g/(g\cdot cm^{-3})$
	长/直径	宽	高					

测定:　　　　　　　　　　计算:　　　　　　　　　　校核:

实验3　煤和岩石孔隙率计算方法

一、实验目的与要求

煤(岩石)孔隙率分为煤(岩石)总孔隙率和煤(岩石)有效孔隙率。煤(岩石)总孔隙率是指煤(岩石)孔隙体积与其总体积之比。煤(岩石)有效孔隙率是指煤(岩石)开口孔隙体积与其总体积之比。其中开口孔隙是指在材料表面与外界连通的孔隙。闭合孔隙是指在材料内部被封闭的孔隙。通过本实验,要掌握煤(岩石)孔隙率的概念及计算方法。

二、数据处理

1. 煤或岩石的总孔隙率按如下公式计算:

$$n = \left(1 - \frac{\rho_g}{\rho}\right) \times 100\% \qquad (4.1\text{-}3.1)$$

式中　n——煤或岩石的总孔隙率,%。

ρ_g——煤或岩石的干块体密度,g/m^3;

ρ——煤或岩石的真密度,g/m^3。

煤或岩石的真密度与干块体密度按实验1、实验2进行测定,计算结果取两位小数。

2. 因煤或岩石有效孔隙率的数值等于煤或岩石强制(饱和)吸水率的数值,可通过实验4测定煤或岩石的强制吸水率 w_q,则:

$$n_y = w_q \qquad (4.1\text{-}3.2)$$

式中　n_y——煤或岩石的有效孔隙率;

w_q——煤或岩石的强制吸水率,g/m^3。

实验4 煤和岩石吸水性测定实验

一、实验目的与要求

煤和岩石吸水率分为强制吸水率和自然吸水率。煤和岩石自然吸水率是指煤和岩石在标准大气压力和室温条件下吸入水的质量与试件固体质量的比值。煤和岩石强制吸水率是指煤和岩石在强制状态下最大吸入水的质量与试件固体质量的比值。通过本实验,要了解煤(岩石)自然吸水率及强制吸水率测试程序及测试仪器设备,掌握煤(岩石)自然吸水率和强制吸水率测试过程及计算方法。

二、仪器、设备及工具

(1) 试样加工机械,包括钻石机、切石机、磨石机和砂轮机。

(2) 烘箱。

(3) 干燥器。

(4) 天平,最小分度值0.01 g。

(5) 水中称量装置。

(6) 测量平台。

(7) 真空抽气设备和煮沸设备。

(8) 盛水容器。

三、试样制备

从试样中选取具有代表性的边长4~5 cm的近似立方体岩块三个作为试件,也可采用做力学性质测定的试件,清除表面上的黏着物和易掉落岩屑,注意不应造成人为裂隙。

四、实验原理

用天平测量试件在自然饱和吸水后的质量,测量强制吸水后的质量,测量烘干后的质量,采用相应公式进行计算。

五、实验内容

(1) 了解煤(岩石)自然吸水率和强制吸水率测试原理及测试过程,熟练掌握相关测试仪器设备操作方法。

(2) 学会煤(岩石)自然吸水率和强制吸水率测试方法及相关计算方法。

六、注意事项

(1) 记录所测煤(岩石)岩性及初始状态。

(2) 严格按照实验步骤中实验时间要求实验。

七、实验步骤

1. 自然吸水率的测定

（1）将试件放在 105 ~ 110 ℃的烘箱中干燥 24 h，取出试件，放在干燥器中冷却至室温，称重得 M。

（2）在盛水容器中放置几根直径相同的玻璃棒，每根玻璃棒间距 1 ~ 2 cm，将岩块架在玻璃棒上，每个试件间距 1 ~ 2 cm。

（3）向容器中注水至试件的 1/4 高度，以后每隔 2 h 注水一次，每次注水量为使容器液面升高数值等于试件高度的 1/4，直至最后液面高出试件 1 ~ 2 cm 为止。

（4）24 h 后将试件取出，用湿毛巾擦去表面水分，第一次称重。称重后仍放回盛水容器中，以后每隔 24 h 称重一次，直至前后两次质量差不超过 0.01 g 为止。最后一次的称重即为试件吸水后的质量 M_1。

2. 强制吸水率的测定

（1）将试件放在 105 ~ 110 ℃的烘箱中干燥 24 h，取出试件，放在干燥器中冷却至室温，称重得 M。

（2）将烘干的试件放在真空抽气罐内的带孔板上，间距不应小于 2 cm。

（3）接上抽气系统，所有连接处均不得漏气。

（4）开动真空泵，抽气 20 ~ 30 min，然后打开三通活塞，慢慢将水注入真空抽气罐内，至水面高出试件 2 ~ 3 cm，继续抽气直至试件表面不再有气泡冒出，且抽气时间不少于 4 h。关闭真空泵，扭转三通活塞，使真空抽气罐与大气相通。抽气的真空度应保持在 0.001 MPa（约 7 mmHg）。

（5）从真空罐中取出试件，放入水位超过试件顶部的盛水容器中，静置 4 h 以上。

（6）取出饱和试件，用湿毛巾擦去表面水分，称饱和试件重 M_2。

八、数据处理

自然吸水率按如下公式计算测定结果：

$$w_z = \left(\frac{M_1}{M} - 1\right) \times 100\% \tag{4.1-4.1}$$

式中　w_z——煤或岩石的自然吸水率，%；

M——试件烘干后的质量，g；

M_1——试件自然饱和吸水后的质量，g；

平行测定三次，取算术平均值，计算结果取两位小数。实验报告中，列出各单个试件的测值及三个测值的算术平均值。

强制吸水率按如下公式计算测定结果：

$$w_q = \left(\frac{M_2}{M} - 1\right) \times 100\% \tag{4.1-4.2}$$

式中　w_q——煤或岩石的强制吸水率，%；

M——试件烘干后的质量，g；

M_2——试件强制吸水后的质量，g；

平行测定三次,取算术平均值,计算结果取两位小数。实验报告中,列出各单个试件的测值及三个测值的算术平均值。

表 4.1-4 煤或岩石吸水性测定记录表

测定日期:　　　　　　　　试样名称:　　　　　　　　试样编号:

试件编号	试件干质量 M/g	试件自然饱和吸水后的质量 M_1/g	试件强制吸水后的质量 M_2/g	自然吸水率 w_z/%		强制吸水率 w_q/%		备注
				实测	平均	实测	平均	

测定:　　　　　　　　　　计算:　　　　　　　　　　校核:

实验5 煤和岩石含水率测定实验

一、实验目的与要求

煤或岩石含水率是指煤或岩石在天然状态下所含水分的质量与其烘干后的质量之比。通过本实验,要了解煤(岩石)含水率测试程序及测试仪器设备,掌握煤(岩石)含水率测试过程及计算方法。

二、仪器、设备及工具

(1) 天平,最小分度值0.01 g。
(2) 烘箱。
(3) 干燥器。
(4) 钢丝刷、小锤。
(5) 具有密封盖的试样盒。

三、试样制备

所选用试样尺寸要求大于组成岩石最大矿物颗粒直径的10倍且质量不小于50 g的三个试件。

四、实验原理

用天平测量天然含水状态下的试样质量,测量烘干后试样的质量,采用相应公式进行计算。

五、实验内容

(1) 了解煤(岩石)含水率测试原理及测试过程,熟练掌握相关测试仪器设备操作方法。
(2) 学会煤(岩石)含水率测试方法及相关计算方法。

六、注意事项

(1) 记录所测煤(岩石)岩性及初始状态。
(2) 严格按照实验步骤中温度及时间要求实验。

七、实验步骤

(1) 取保持天然含水状态、尺寸大于组成岩石最大矿物颗粒直径的10倍且质量不小于50 g的三个试件,立刻称重得M_1。
(2) 将不含结晶水的试样放在105~110 ℃的烘箱内烘干24 h,放在干燥器内冷却至室温,称重得M_2。
(3) 将含结晶水的试样放在55~65 ℃的烘箱内烘干24 h,放在干燥器内冷却至室温,

称重得 M_2。

八、数据处理

按如下公式计算测定结果：

$$w = \left(\frac{M_1}{M_2} - 1\right) \times 100\% \tag{4.1-5}$$

式中 w——煤或岩石的自然吸水率，%；

M_1——保持天然水分的试件质量，g；

M_2——烘干的试件质量，g；

平行测定三次，取算术平均值，计算结果取两位小数。实验报告中，列出各单个试件的测值及三个测值的算术平均值。

表 4.1-5　煤或岩石含水率测定记录表

测定日期：　　　　　　试样名称：　　　　　　试样编号：

试件编号	试件描述	试件天然含水质量 M_1/g	试件烘干质量 M_2/g	试件含水率 w/%	试件平均含水率 w_p/%	备注

测定：　　　　　　计算：　　　　　　校核：

实验6 岩石膨胀率测定方法

一、实验目的与要求

岩石膨胀率分为岩石自由膨胀率和岩石侧向约束膨胀率。岩石自由膨胀率是指岩石试件在浸水后产生的径向和轴向变形量分别与试件原直径和高度之比,以百分数表示。岩石侧向约束膨胀率是指岩石试件在侧向约束条件下,轴向受有限(或零)载荷时,浸水后产生的轴向变形量与试件原高度之比,以百分数表示。通过实验要了解、掌握岩石膨胀率测定所需仪器设备、试件规格、测定步骤及相关的数据计算方法。

二、仪器、设备及工具

(1) 钻石机、切石机、磨石机。
(2) 测量平台和万能角度尺。
(3) 游标卡尺,量程 200 mm,最小分度值 0.02 mm。
(4) 干湿温度计,量程 0 ~ 50 ℃,最小分度值 0.2 ℃。
(5) 自由膨胀率实验仪。
(6) 侧向约束膨胀率实验仪。
(7) 位移传感器或千分表。

三、试件规格、数量、含水状态

(1) 自由膨胀率实验的试件:圆柱体试件的直径宜为 50 ~ 60 mm,试件高度宜等于直径,两端面应平行,试件断面的平面度公差应小于 0.05 mm,断面对于试件轴线垂直度偏差不应超过 0.25°。

(2) 侧向约束膨胀率实验的试件:可根据膨胀仪水盒规格加工。标准试件采用圆柱体,高度宜为 20 mm,径高比等于或大于 2.5,高度应大于岩石最大颗粒直径的 10 倍,端面不平行度应小于 0.05 mm,端面对于试件轴线垂直度偏差不宜超过 0.25°。

(3) 每种状态下同一层岩石的试件数量一般不应少于 3 个。

(4) 试件应该在现场采取,并保持天然含水状态;不应采用爆破法或湿钻法取样,试件应采用干法加工,加工过程中天然含水率的变化不宜超过 1%。

四、实验步骤

1. 自由膨胀率的测定

(1) 将试件放入自由膨胀率实验仪内,试件上下放置透水板,顶部放置一块金属板。

(2) 在试件上部和四侧对称的中心部位分别安装千分表,四侧千分表与试件接触处,宜放置一块薄铜片。

(3) 读记千分表读数,每隔 10 min 读记 1 次,直至 3 次读数不变。

(4) 缓缓地向盛水容器内注入蒸馏水,直至淹没上部透水板。

(5) 在第 1 h 内,每隔 10 min 测读变形 1 次,以后每隔 1 h 测读变形 1 次,直至 3 次读数差不大于0.001 mm为止。浸水后实验时间不应小于48 h。

(6) 实验过程中应保持水位不变,水温变化不应大于2 ℃。实验过程中及实验结束后应详细描述试件的崩解、掉块、表面泥化或软化等现象,并填入记录表内。

2. 侧向约束无轴向载荷下膨胀率的测定

(1) 在膨胀仪水盒的试件环内壁涂上凡士林,再将试件放入试件环中,在试件两端均放置滤纸和透水板,顶部放上金属板。

(2) 安装千分表,记录千分表初始读数。

(3) 分3次或4次向水盒内缓缓地注入蒸馏水使空气逐步排出,水面高出试件5 mm。

(4) 实验开始后的1 h内,每隔10 min记录1次千分表读数,1 h以后,每隔1 h记录1次千分表读数;12 h以后,每隔3 h记录1次千分表读数,直至两次读数差值小于0.001 mm为止。实验时间不应小于48 h。

(5) 记录稳定后的千分表读数。

(6) 实验过程中应保持水位不变,水温变化不应大于2 ℃。实验过程中及实验结束后应详细描述试件的崩解、掉块、表面泥化或软化等现象,并填入记录表内。

3. 侧向约束不同轴向载荷下膨胀率的测定

(1) 在膨胀仪水盒的试件环内壁涂上凡士林,再将试件放入试件环中,在试件两端均放置滤纸和透水板,顶部放上金属板。

(2) 用砝码或杠杆式加载装置施加轴向载荷。

(3) 按侧向约束无轴向载荷下膨胀率的测定步骤(2)~步骤(6)进行。

五、数据计算

按下式分别计算岩石轴向自由膨胀率、岩石径向自由膨胀率和岩石侧向约束膨胀率:

$$\left.\begin{aligned} V_{\mathrm{H}} &= \frac{\Delta H}{H} \times 100\% \\ V_{\mathrm{D}} &= \frac{\Delta D}{D} \times 100\% \\ V_{\mathrm{HP}} &= \frac{\Delta H_1}{H} \times 100\% \end{aligned}\right\} \tag{4.1-6}$$

式中 V_{H}——岩石轴向自由膨胀率,%;

V_{D}——岩石径向自由膨胀率,%;

V_{HP}——岩石侧向约束膨胀率,%;

ΔH——试件轴向变形量,mm;

H——试件高度,mm;

ΔD——试件径向平均变形量,mm;

D——试件直径,mm;

ΔH_1——有侧向约束试件的轴向变形量,mm。

计算值取3位有效数字。当测定侧向约束不同轴向载荷下的膨胀率时,应标明施加的载荷值。

表 4.1-6 岩石膨胀率测定记录表

送样单位：　　　　采样地点：　　　　采样时间：　　　　测定日期：

岩样编号	岩样名称	试件编号	试件含水状态	试件规格/mm			自由膨胀率测定						侧向约束膨胀率测定					备注
				直径 D /mm	高 H /mm	面积 F /mm^2	时间 /h	千分表读数 /mm	试件轴向变形量 ΔH/mm	试件径向平均变形量 ΔD/mm	轴向自由膨胀率 V_{H}/%	径向自由膨胀率 V_{D}/%	时间 /h	千分表读数 /mm	载荷 /N	有侧向约束试件的轴向变形量 ΔH_1/mm	侧向约束膨胀率 V_{HP}/%	

测定：　　　　计算：　　　　校核：

实验7 岩石膨胀应力测定方法

一、实验目的与要求

岩石膨胀应力是指岩石试件遇水后为保持体积不变所需的单位面积上的压力。岩石膨胀应力测定有平衡加压法和压力恢复法,其中平衡加压法适用于衬砌状态下围岩膨胀应力的测定。压力恢复法适用于矿山巷道底鼓膨胀应力的测定。通过实验要了解并掌握岩石膨胀应力测定所用仪器设备、试件规格、测定步骤和数据计算。

二、仪器、设备及工具

(1) 膨胀应力测定仪。
(2) 压力传感器。
(3) 应变仪。
(4) 千分表及磁性表座。
(5) 测量平台。
(6) 干湿温度计。

三、试件规格、数量、含水状态

(1) 试件可根据膨胀仪水盒规格加工。标准试件采用圆柱体,高度宜为 20 mm±0.2 mm,径高比等于或大于 2.5,高度大于岩石最大颗粒直径的 10 倍,端面不平行度应小于 0.05 mm。

(2) 每种状态下同一层岩石的试件数量一般不少于 3 个。

(3) 试件应该在现场采取,并保持天然含水状态;不应采用爆破法或湿钻法取样,试件应采用干法加工,加工过程中天然含水率的变化不宜超过 1%。

四、实验步骤

1. 平衡加压法

(1) 在膨胀仪水盒的试件环内壁涂上凡士林油,再将试件放入试件环中,在试件两端均放置滤纸和风干透水板,顶部放上金属透水板,并将水盒置于膨胀应力测定仪底座上。

(2) 在加载杆上安装压力传感器并连接应变仪。

(3) 转动膨胀应力测定仪加载手轮,给试件施加 0.01 MPa 的压力,使仪器各部分接触,不应出现偏心载荷,然后将压力减到 0.001 MPa。

(4) 安装千分表,记录千分表初始读数和应变仪初始读数 $\mu_{\varepsilon 0}$,填入记录表内。

(5) 分 3 次或 4 次向水盒注入蒸馏水使空气逐步排出,水面高过试件 5 mm。

(6) 观察千分表读数,每当变化值超过 0.001 mm 时,转动膨胀应力测定仪手轮,给试件施加压力至千分表恢复初始读数,使试件体积在整个实验过程中始终保持不变。

(7) 在实验开始的 1 h 内,每隔 10 min 记录 1 次应变仪读数;1 h 后,每隔 1 h 记录 1 次应变仪读数;12 h 后,每隔 2 h 记录 1 次应变仪读数,直到连续 3 次应变仪读数相同为止,可认为稳定并记录应变仪的最大读数 μ_ε。每次都应在千分表恢复初始读数状态下测取应变仪读数。

(8) 测定膨胀应力最大时试件的含水率。

(9) 测定过程中,应保持水位不变,水温变化不应大于 2 ℃。实验结束后,应描述试件表面的泥化和软化现象。

2. 压力恢复法

(1) 按平衡加载法步骤(1) ~ (5)进行。

(2) 在实验开始的 1 h 内,每隔 10 min 记录 1 次千分表读数;1 h 后,每隔 1 h 记录 1 次千分表读数;12 h 后,每隔 2 h 记录 1 次千分表读数,直到连续 3 次读数差小于 0. 001 mm 时,可认为稳定并记录千分表最大读数。

(3) 转动膨胀应力测定仪加载手轮,给试件施加载荷,同时观察千分表,使其恢复初始读数,试件恢复浸水前的高度,并读取应变仪读数 μ_ε。

(4) 其余步骤按平衡加载法(8) ~ (9)进行。

五、数据计算

测定结果按下式计算:

$$p = \frac{(\mu_\varepsilon - \mu_{\varepsilon 0})C}{F} \tag{4.1-7}$$

式中　p—试件浸水后的最大膨胀应力,MPa;

μ_ε——试件膨胀稳定后的应变仪读数;

$\mu_{\varepsilon 0}$——应变仪初始读数;

C——压力传感器标定值,N;

F——试件面积,mm^2。

计算值取 3 位有效数字。

表 4.1-7　岩石膨胀应力测定记录表

送样单位：　　　　采样地点：　　　　采样时间：　　　　测定日期：　　　　标定系数 C=

煤样编号	岩石名称	试件编号	试件含水状态	试件规格			膨胀试验					备注
				直径 D/mm	高 H/mm	面积 F/mm^2	时间/h	应变仪读数	膨胀应力/MPa	千分表读数 mm	平均膨胀应力/MPa	

测定：　　　　计算：　　　　校核：

实验8　岩石耐崩解性指数测定方法

一、实验目的与要求

岩石耐崩解性是指岩石抵抗软化和崩解作用的能力。岩石耐崩解性指数是指试件在承受干燥和浸润两个标准循环后,残留质量与原质量的百分比。该指标反应岩石抵抗软化和崩解作用的能力。通过实验要了解和掌握岩石耐崩解性指数测定的实验仪器设备、试件规格、测定步骤和数据计算。

二、仪器、设备及工具

(1) 耐崩解仪。

(2) 烘箱。

(3) 干燥器。

(4) 天平,最大称量 1 000 g,最小分度值 0.01 g。

(5) 温度计。

三、试件规格

(1) 在现场采取试样后应立即装入塑料袋内密封,以防失水。加工前试件应处于天然含水及密封状态。每个试件质量为 40 ~ 50 g,每组试件 10 个,总质量为 400 ~ 500 g。试件中的颗粒最大尺寸应小于 2 mm。

(2) 试件形状大致为球形。

四、实验步骤

(1) 按规定选择岩样,试件应采用干法加工将试件棱角磨圆,应仔细核对试件名称及编号,并填入记录表内。

(2) 将试件放入清洁的耐崩解仪实验圆筒中,再将圆筒放入烘箱,在 105 ~ 110 ℃温度下干燥 24 h 后取出,放入干燥器内冷却至室温,称量实验圆筒和试件,其质量总和为 A,称量精确至 0.1 g。

(3) 将装有试件的圆筒放入耐崩解仪水槽中,安装好圆筒并连接电机。

(4) 向水槽内注入水,使水位在圆筒轴心以下 20 mm。

(5) 启动耐崩解仪,使圆柱形筛筒以 20 r/min 的转速转动 10 min。实验过程中,水温应保持在 20 ℃±2 ℃范围内。

(6) 从水槽中将圆筒取出,并将装有试件残留部分的圆筒放入烘箱,在 105 ~ 110 ℃温度下干燥 24 h 后取出,冷却至室温,称量实验圆筒和试件残留部分,其质量总和为 B,称量精确至 0.1 g。

(7) 重复步骤(3) ~ (6),称重并记录实验圆筒和试件残留部分的质量总和 C。

(8) 倒出圆筒中残留试件,将圆筒擦干净,称重并记录其质量 D,称量精确至 0.1 g。

(9) 实验结束后,应对残留试件、水的颜色和水中沉积物进行描述。

五、数据计算

岩石耐崩解性指数按下式计算：

$$I_{d,2} = \frac{C - D}{A - D} \times 100\% \tag{4.1-8}$$

式中 $I_{d,2}$——岩石试件二次循环耐崩解性指数,%；

C——第二次循环后实验圆筒和试件残留部分的质量总和,g；

A——测定前实验圆筒和试件的质量总和,g；

D——实验圆筒的质量,g。

计算结果取3位有效数字。

表4.1-8　岩石耐崩解性指数测定记录表

送样单位：　　　　采样地点：　　　　采样时间：　　　　测定日期：

试件编号	岩石名称	实验圆筒与筒内样品的质量和/g			实验圆筒质量 D/g	耐崩解性指数 $I_{d,2}$/%	备注
		实验前 A	第一循环后 B	第二循环后 C			

测定：　　　　计算：　　　　校核：

第二节 煤和岩石力学性能测定实验

实验1 煤和岩石抗压强度实验

一、实验目的与要求

岩石在单轴压缩荷载作用下所能承受的最大压应力称为岩石单轴抗压强度。岩石的单轴抗压强度实验是研究岩石性质的最基本的方法。通过本实验,要了解标准试件的加工机械、加工过程及检测程序,掌握岩石单向抗压强度的测试过程及计算方法。

二、仪器、设备及工具

(1) 试件加工机械。钻石机或车床、锯石机、磨石机或磨床,如图4-1~图4-3所示。

图4-1 钻石机

图4-2 磨石机

图4-3 锯石机

(2) 检验工具。水平检测台、百分表架及百分表、游标卡尺(精度0.02 mm)、直角尺,如图4-4~图4-6所示。

(3) 材料实验机。

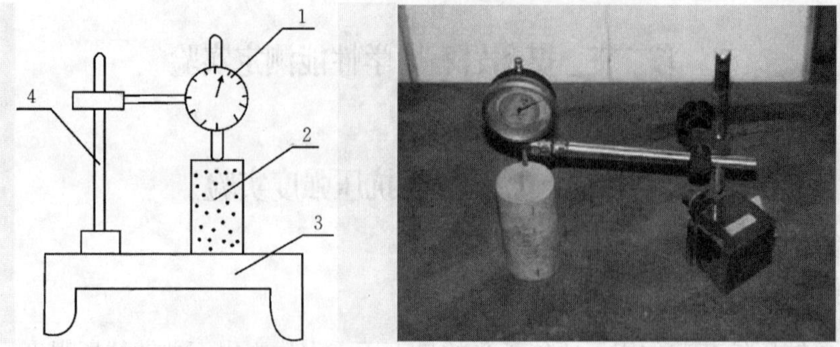

1—百分表;2—试件;3—水平检测台;4—百分表架

图 4-4　检验工具 1

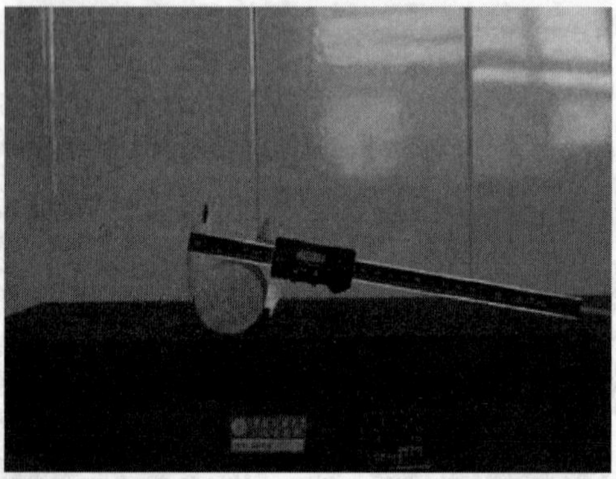

图 4-5　检验工具 2

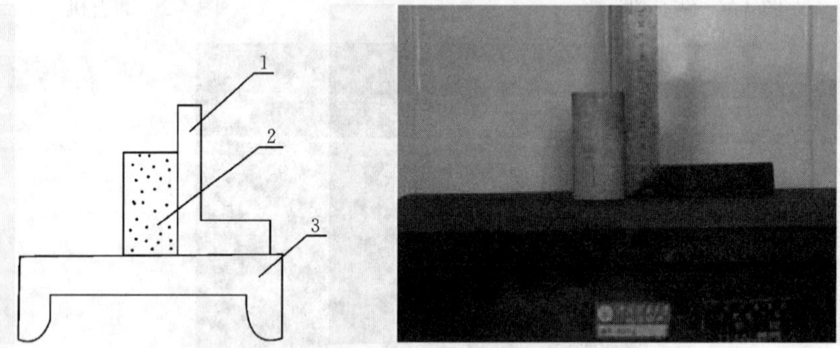

1—直角尺;2—试件;3—水平检测台

图 4-6　检验工具 3

三、试件规格、加工精度、数量与含水状态

(一) 标准试件规格

标准试件采用直径为 $5^{+0.6}_{-0.2}$ cm 的圆柱体,高径比为 2±0.2。如没有条件加工圆柱体试件时,可采用 5 cm×5 cm×10 cm 的方柱体。对于砾岩等特大颗粒岩石,试件尺寸应放大,其直

径应大于岩石最大颗粒尺寸的 10 倍，高径比不小于1.8。由于特殊原因（例如岩石松软）不能制取标准试件时，应在实验结果中加以说明。标准试件如图 4-7 所示。

图 4-7　标准试件

根据实验目的的要求，不宜采用标准试件时，其试件规格可由有关主管部门另定。

（二）试件加工精度及检查方法

（1）试件两端面不平行度不得大于 0.01 cm，其检查方法如图 4-4 所示。

（2）试件上、下端直径偏差不得大于 0.02 cm（用游标卡尺检查）。

（3）轴向偏差检查。将试件立放在水平检测台上，用直角尺紧贴试件垂直侧边，要求两者之间无明显缝隙，如图 4-6 所示。

（三）试件数量

每种状态下同一层煤或岩石试件的数量一般不少于 3 个。当实验目的对试件数量有专门要求时，试件数量可根据该实验目的与要求另行确定

（四）试件含水状态

测定时可根据需要，选择下列各种含水状态的试件：

（1）自然含水状态：试件制备后，放在底部有水的干燥器内 1 ~2 d，以保持一定的湿度，但试件不得接触水面。

（2）干燥状态：将试件在 105 ~110 ℃下干燥 24 h。

（3）水饱和状态：按照《岩石视密度测定方法》（MT 40—87）第 1.3.2 ~1.3.6 款的规定进行水饱和处理。

（4）其他含水状态按委托单位的要求确定，但在实验报告中应加以说明。

四、实验原理

垂直或平行岩层层理方向对试块进行加载（如图 4-8 所示），试件的破坏载荷与试件的横截面积之比即为岩石的单向抗压强度。

五、实验装置

实验装置如图 4-9 所示。

六、实验内容

（1）了解标准试件的加工机械、检测机具，规程对尺寸和精度的要求及检测方法。

（2）学会材料实验机的操作方法。

（3）学会岩石试件单向抗压强度的测试及计算方法。

七、注意事项

（1）记录岩石试件的完整状态及加工精度。

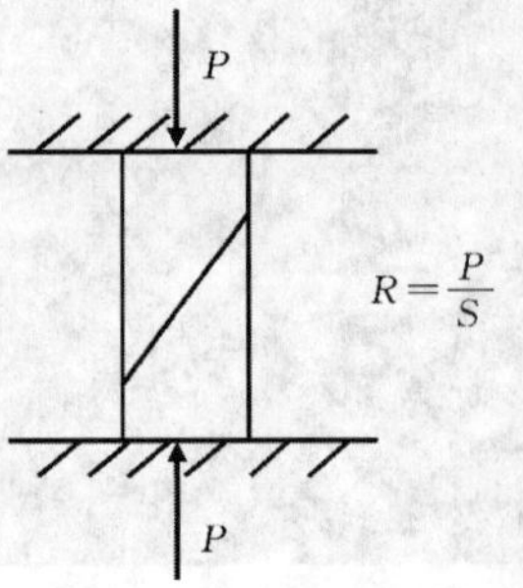

图 4-8　实验受力示意图

图 4-9　实验装置图

(2) 选择合适的材料实验机及合适的实验机度盘值。

(3) 要让试件的上端面与实验机的上压板面面接合。

(4) 要在试件处加上保护罩。

(5) 选择合适的加载速率。

八、实验步骤

(1) 测定前核对岩石名称和岩样编号,对试件颜色、颗粒、层理、节理、裂隙、风化程度、含水状态以及加工过程中出现的问题等进行描述,并填入记录表内(表 4.2-1)。

(2) 检查试件加工精度,测量试件尺寸(应在试件高度中部两个互相垂直的方向测量其直径,取算术平均值)填入记录表内(表 4.2-1)。

(3) 选择材料实验机度盘时,一般应满足下式:

$$0.2P_0 < P_{max} < 0.8P_0 \tag{4.2-1.1}$$

式中　P_{max}——预计最大破坏载荷,kN;

P_0——材料实验机度盘最大值,kN。

(4) 开动材料实验机,使其处于可用状态。将试件置于材料实验机承压板中心,调整球形座,使试件上下面受力均匀。试件为脆性岩石时,应加设保护外罩。

(5) 以 0.5 ~ 1.0 MPa/s 的速度加载直至破坏。如遇到软岩石时,加载速度应适当放慢。

(6) 记录破坏载荷以及加压过程中出现的现象,并对破坏后的试件进行描述或摄影。

非干燥状态试件破坏后,应立即取出部分碎块用塑料袋封存,尽快测定其含水率(必要时尚应测定干视密度),并填入记录表内(表 4.2-1)。

九、数据处理

计算试件单向抗压强度:

$$R = \frac{P}{F} \times 10 \tag{4.2-1.2}$$

式中　R——试件单向抗压强度,MPa;

P——试件破坏载荷,kN;

F——试件初始截面积,cm^2。

计算结果取小数点后一位,实验报告中列出每个试件的测量值。

表 4.2-1 岩石单向抗压强度测定记录表

送样单位:　　　　　　　　　　采样地点:　　　　　　　　　　测定日期:

岩样编号	岩石名称		采样深度(距地表 m 至 m)	试件编号	试件描述		试件含水状态	试件尺寸/cm				试件截面积 F/cm^2	破坏载荷 P/kN	抗压强度 R/MPa	含水率/%	备注
	原定名	实验室定名			测定前	测定后		长	宽	直径	高					

测定:　　　　　　　　　　计算:　　　　　　　　　　校核:

实验 2　岩石的抗拉强度实验

一、实验目的与要求

岩石在单轴拉伸荷载作用下达到破坏时所能承受的最大拉应力称为岩石的单轴抗拉强度，简称抗拉强度。通常所说的抗拉实验是指直接拉伸破坏实验，如金属拉伸实验。由于进行直接拉伸实验在准备试件方面要花费大量的人力、物力和时间，因此采用间接拉伸实验方法来测试岩石的抗拉强度。劈裂法是最基本的方法。

通过本实验要了解标准试件的加工机械、加工过程及检测程序，实验所用夹具的具体要求，掌握岩石单向抗拉强度的测试过程及计算方法。

二、设备和量具

(1) 钻石机或车床，锯石机，磨石机或磨床。
(2) 劈裂法实验夹具，或直径 2.0 mm 钢丝数根。
(3) 游标卡尺(精度 0.02 mm)，直角尺，水平检测台，百分表架和百分表。
(4) 材料实验机。

三、试件规格、加工精度、数量和含水状态

(1) 试件规格

标准试件采用圆盘形，直径 $5^{+0.6}_{-0.2}$ cm，厚 2.5±0.2 cm。也可采用 5 cm×5 cm×2.5 cm(公差±0.2 cm)的方形试件。

根据实验目的的要求，不宜采用标准试件时，其试件规格可由有关主管部门另定。

(2) 试件加工精度、数量和含水状态应符合《煤和岩石单向抗压强度及软化系数测定方法》(MT44—87)中第 2.2 ~2.4 条之规定。

四、实验原理

图 4-10(b)显示的是在压应力的作用下，沿圆盘直径 y—y 的应力分布图。在圆盘边缘处，沿 y—y 方向(σ_y)和垂直 y—y 方向(σ_x)均为压应力，而离开边缘后，沿 y—y 方向仍为压应力，但应力值比边缘处显著减少，并趋于均匀化；垂直 y—y 方向(σ_x)变成拉应力。并在沿 y—y 的很长一段距离上呈均匀分布状态。从图 4-10(b)可以看出，虽然拉应力的值比压应力值低很多，但由于岩石的抗拉强度很低，所以试件还是由于 x 方向的拉应力而导致试件沿直径的劈裂破坏，破坏是从直径中心开始，然后向两端发展，反映了岩石的抗拉强度比抗压强度要低得多的事实。

五、实验装置

实验装置如图 4-11 所示。

六、实验内容

(1) 了解试件的加工机具、检测机具，规程对精度的要求及检测方法。

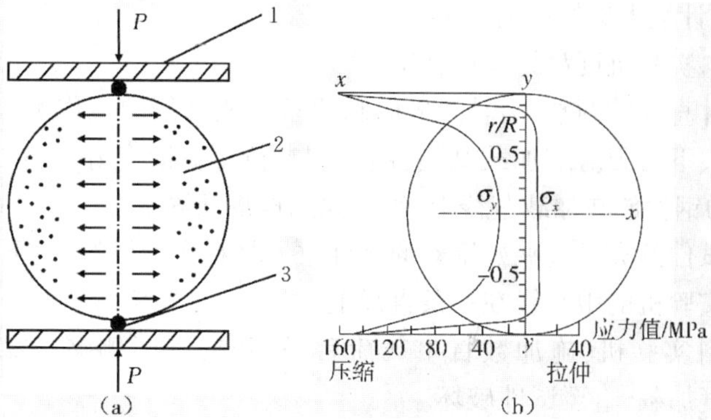

1—承压板;2—试件;3—钢丝

图 4-10　劈裂实验加载和应力分布示意图

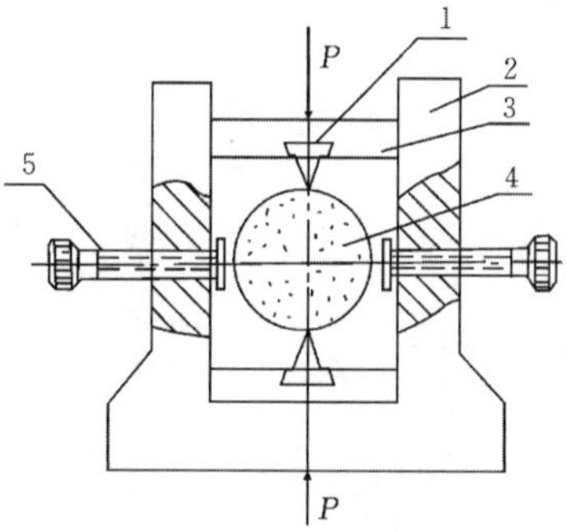

1—尖端为 R_1 的刀刃;2—夹具座;3—刀承;4—试件;5—夹持螺钉

图 4-11　劈裂法抗拉夹具

(2) 学会材料实验机的操作方法及抗拉夹具的使用方法。

(3) 学会间接法测试岩石抗拉强度及数据处理方法。

七、注意事项

(1) 记录岩石试件的完整状态及加工精度。

(2) 选择合适的材料实验机及合适的实验机度盘值。

(3) 夹具对试件的加载方向要与试件的轴线在一个平面上。

(4) 选择合适的加载速率。

八、实验步骤

(1) 测定前核对岩石名称和岩样编号,对试件颜色、颗粒、层理、裂隙、风化程度、含水状态以及加工过程中出现的问题进行描述,并填入记录表内(表 4.2-2)。

(2) 检查试件加工精度,测量试件尺寸,填入记录表内。

(3) 选择材料实验机度盘时,一般应满足下式:

$$0.2P_0 < P_{max} < 0.8P_0 \tag{4.2-2.1}$$

式中 P_{max}——预计最大破坏载荷,kN;

P_0——材料实验机度盘最大值,kN。

(4) 通过试件直径的两端,沿轴线方向画两条互相平行的线作为加载基线。把试件放入夹具内,夹具上、下刀刃对准加载基线,用两侧夹持螺钉固定好试件(如图4-11),或用两根直径2.0 mm的钢丝放在加载基线上,钢丝间用橡皮筋固定。

(5) 把夹好试件的夹具或夹好钢丝的试件放入材料实验机的上、下承压板之间,使试件的中心线和材料实验机的中心线在一条直线上。

(6) 开动材料实验机,施加数百牛载荷后,松开夹具两侧夹持螺钉,然后以0.03～0.05 MPa/s的速度加载,直至试件破坏。

(7) 记录破坏载荷,对破坏后的试件进行摄影或描述。

非干燥状态试件破坏后,应取出部分碎块立即用塑料袋封存,并尽快测定其含水率(必要时尚应测定干视密度),填入记录表内(表4.2-2)。

九、数据处理

计算试件单向抗拉强度:

$$R_1 = \frac{2P}{\pi DL} \times 10 \tag{4.2-2.2}$$

式中 R_1——试件的抗拉强度,MPa;

P——试件破坏载荷,kN;

D——试件直径,cm;

L——试件厚度,cm。

注:用方形试件时,D为试件高度。

计算结果取小数点后两位。实验报告中列出每个试件的测量值。

表4.2-2 单向抗拉强度测定记录表

送样单位: 采样地点: 测定日期:

岩样编号	岩石名称	采样深度(距地表 m至 m)	试件编号	试件描述		试件含水状态	试件尺寸/cm		破坏载荷 P/kN	抗拉强度 R_1/MPa	含水率/%	备注
				测定前	测定后		直径 D	厚度 L				

测定: 计算: 校核:

实验3 岩石的剪切强度实验

一、实验目的与要求

岩石在剪切荷载作用下达到破坏前所能承受的最大剪应力称为岩石的抗剪切强度,是反映岩石力学性质的重要参数之一。剪切实验根据剪切面上有无正应力分为直剪实验和压剪实验。通常采用压剪实验即角模压剪实验测得岩石的内摩擦角和黏聚力。

通过本实验要了解标准试件的加工机械、加工过程及检测程序,了解岩石抗剪实验所用模具的结构组成、掌握实验过程及实验数据处理的方法。

二、仪器、设备及工具

(一) 设备

(1) 材料实验机。

(2) 岩石试样加工机械:锯石机、磨石机或磨床。

(3) 变角剪切夹具(如图4-12所示)。

(二) 量具

(1) 游标卡尺,精度0.02 mm。

(2) 钢板尺。

(3) 直角尺。

(4) 百分表架。

(5) 百分表。

(6) 水平检测台。

三、试件规格、加工精度、数量和含水状态

(1) 标准试件采用正立方体,规格5 cm×5 cm×5 cm。

(2) 加工精度:

① 试件各边长公差不得超过$^{+0.3}_{-0.1}$ mm。

② 两端面不平行度不大于0.1 mm。

③ 相邻两平面的不垂直度:将试件放在水平检测台上,用直角尺紧贴试件垂直侧边,要求两者之间无明显缝隙。

(3) 试件数量应根据实验方式确定,当取5个以上的剪切角度,每个角度下做1个试件的剪切实验时,所需试件最低数量为5个;当取3个剪切角度,每个角度下做3个试件的剪切实验,取其算术平均值时,所需试件最低数量为9个。当采取第二种实验方式时,在计算平均值的同时,应计算偏离度。若偏离度超过20%,则应增补试件数量,使偏离度不大于20%。

(4) 试件含水状态按《煤和岩石单向抗压强度及软化系数测定方法》(MT44—87)第2.4条规定执行。

四、实验原理

通过变角剪切夹具作用在试块上的力 P 可分解为与剪切面垂直的正应力 σ 和与剪切面平行的剪应力 τ。当 P 大到某一值时，剪应力 τ 大于岩石的黏聚力 C 与因正应力 σ 而产生的摩擦力之和时，岩石即被剪切破坏。此时，可通过已知的 α 值和破坏载荷 P，计算得到几组正应力 σ 和剪应力 τ，最终通过绘图和计算求得岩石的黏聚力 C 与内摩擦角 φ。

五、实验装置

实验装置如图 4-12 所示。

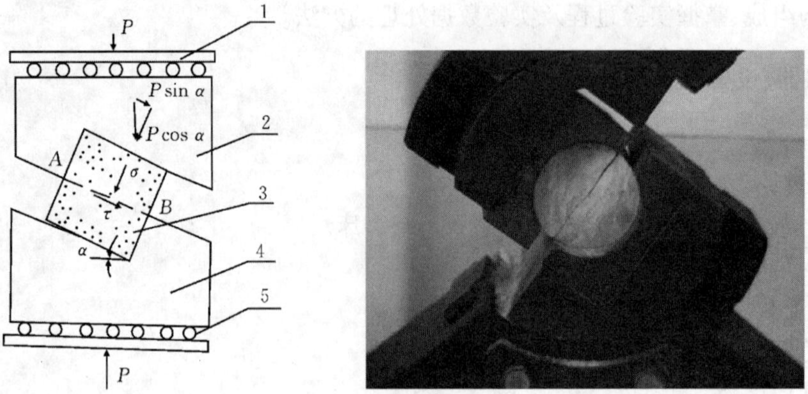

1—钢垫板；2—变角剪切夹具上座；3—规则试件；
4—变角剪切夹具下座；5—滚柱

图 4-12　变角剪切夹具

六、实验内容

(1) 了解试件的加工机具、检测机具，规程对精度的要求及检测方法。

(2) 学会材料实验机的操作方法及变角剪切模具的使用方法。

(3) 学会变角剪切实验方法，岩石的内摩擦角 φ 及黏聚力 C 的计算方法。

七、注意事项

(1) 记录岩石试件的完整状态及加工精度。

(2) 选择合适的材料实验机或度盘值。

(3) 选择合适的倾角 α。$\alpha<40°$ 时试件可能因在过大的 σ 作用下，不按预定的剪切面破坏，呈现单向压缩时的破坏现象。$\alpha<65°$ 时可能引起拉应力，使试块呈现拉伸破坏。

(4) 选择合适的加载速率。

八、实验步骤

(1) 核对岩石名称和岩样编号，对试件颜色、颗粒、层理、节理、裂隙、风化程度、含水状态以及加工过程中出现的问题进行描述，并填入记录表内(表 4.2-3)。

(2) 在45°～65°范围内选择3个或5个以上剪切角度。按照不同的剪切角度将试件分组编号，并在试件上画出剪切线。

(3) 检查试件加工精度，测量试件尺寸，按剪切方向长、宽各测量二次，取算术平均值，填入记录表内。

(4) 选择压力机度盘时，一般应满足下式：

$$0.2P_0 < P_{max} < 0.8P_0 \tag{4.2-3.1}$$

式中　P_{max}——预计最大破坏载荷，kN；

P_0——材料实验机度盘最大值，kN。

(5) 调整材料实验机度盘指针为零，使材料实验机处于工作状态。

将已调好角度的变角剪切夹具下座放在材料实验机上，使其中心线与承压板中心线重合，装上试件并安好夹具上座，调整承压板球形座，使变角剪切夹具受力均匀。按操作规程开动材料实验机，施加数百牛载荷，检查试件及变角夹具放置是否良好，若产生偏载需卸载重调。

(6) 夹具与试件调整好后，以0.5～1.0 MPa/s的速度加载直至试件破坏。加载时，人员应离开工作台，并采取适当的保护措施。

(7) 对试件破坏情况进行描述或摄影。

非干燥状态试件破坏后，应取出部分碎块立即用塑料袋封存，并尽快测定其含水率(必要时尚应测定干视密度)，填入记录表内(表4.2-3)。

九、数据处理

(一) 剪切破坏面AB上正应力σ和剪应力τ(见图4-12)的计算

(1) 单个试件剪切破坏面AB上的正应力σ和剪应力τ按下式计算：

$$\sigma = \frac{P}{F} \cdot \cos\alpha \times 10 \tag{4.2-3.2}$$

$$\tau = \frac{P}{F} \cdot \sin\alpha \times 10 \tag{4.2-3.3}$$

式中　σ——正应力，MPa；

τ——剪应力，MPa；

P——试件剪断破坏载荷，kN；

F——剪切面面积，cm^2；

α——试件与水平面的夹角。

(2) 每个剪切角度下试件破坏时剪切面上平均正应力σ_p和剪应力τ_p按下式计算：

$$\sigma_p = \frac{1}{n}\sum_{i=1}^{n}\sigma_i \tag{4.2-3.4}$$

$$\tau_p = \frac{1}{n}\sum_{i=1}^{n}\tau_i \tag{4.2-3.5}$$

式中　σ_i——每个剪切角度下第i个试件破坏时，剪切面上的正应力，MPa；

τ_i——每个剪切角度下第i个试件破坏时，剪切面上的剪应力，MPa；

n——每个剪切角度下一组试件的个数。

（二）计算每个实验角度下实验结果的偏离度

偏离度按下式计算：

$$V_\sigma = \frac{M_\sigma}{\sigma_p} \times 100\% \tag{4.2-3.6}$$

$$V_\tau = \frac{M_\tau}{\tau_p} \times 100\% \tag{4.2-3.7}$$

式中 V_σ——正应力偏离度；

V_τ——剪应力偏离度；

M_σ——正应力的标准差；

$$M_\sigma = \sqrt{\frac{\sum_{i=1}^{n}(\sigma_i - \sigma_p)^2}{n-1}} \tag{4.2-3.8}$$

M_τ——剪应力的标准差。

$$M_\tau = \sqrt{\frac{\sum_{i=1}^{n}(\tau_i - \tau_p)^2}{n-1}} \tag{4.2-3.9}$$

注：当测定角度在5个以上，每个测角下只做一个试件的实验时，则不计算测值的平均值和偏离度。

（三）绘制岩石强度曲线

（1）将各测定角度下的平均正应力和平均剪应力值画在 τ—σ 直角坐标系中，用曲线板连成曲线（如图4-13所示）。A、B、C、D 各点分别为不同角度下的平均测值。

注：当测定角度在5个以上，每个测角下只做一个试件的剪切实验时，τ—σ 直角坐标上所标各点为各测角下单个试件的测值。

（2）为便于工程上的应用，可将岩石强度曲线简化为直线，简化后可以下列方程表示：

$$\tau = C + \sigma \cdot \tan\varphi \tag{4.2-3.10}$$

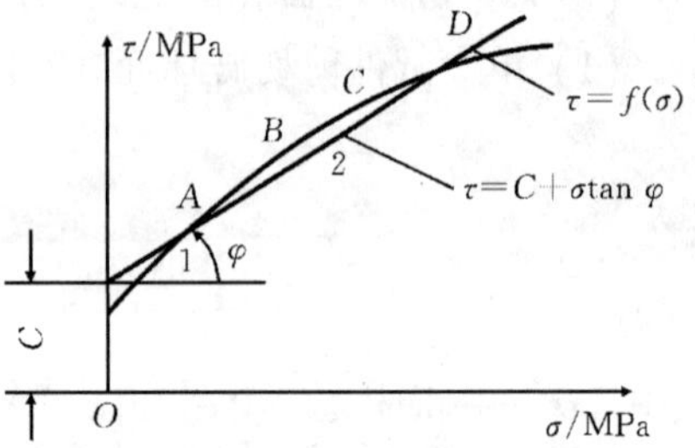

图4-13 岩石剪切强度曲线

式中 C——岩石强度曲线在 τ 轴上的截距，即岩石的黏聚力；

φ——岩石强度曲线的倾角，即岩石的内摩擦角。

岩石强度曲线的简化方法：在曲线上之 A、B、C、D……各点间试作直线，使该直线通过的点为最多，并使不在直线上的点均匀分布在直线的两侧，各点距直线距离最小，该直线即为反映实验结果的最佳直线。

（四）C 和 φ 值的计算

在简化后的直线上任意取1点和2点（如图4-13中所示），求出剪应力 τ_1 和 τ_2，正应力 σ_1 和 σ_2，代入下面公式，即可求出 C 和 φ 值。

$$C = \tau_2 - \sigma_2 \cdot \tan\varphi \tag{4.2-3.11}$$

$$\varphi = \arctan \frac{\tau_2 - \tau_1}{\sigma_2 - \sigma_1} \tag{4.2-3.12}$$

C 值计算结果取到小数点后一位，φ 最小位数取到分。

表 4.2-3　岩石抗剪实验记录表

送样单位：　　　　　　　　　　采样地点：　　　　　　　　　　测定日期：

岩样编号	岩石名称	岩样采取深度（距地表 m 至 m）	试件编号	试件描述		试件含水状态	试件尺寸/cm		剪切面积 F/cm²	剪切角度 α/(°)	破坏载荷 P/kN	最大正应力 σ/MPa	最大剪应力 τ/MPa	含水率/%	平均最大正应力 σ_p/MPa	平均最大剪应力 τ_p/MPa	备注
				测定前	测定后		长	宽									
内摩擦角 φ=												黏聚力 C=					

测定：　　　　　　　　　　计算：　　　　　　　　　　校核：

实验4　岩石的弹性模量实验

一、实验目的与要求

岩石在荷载作用下,会发生变形。随着荷载的不断增加或在恒定荷载作用下,随着时间的增长,岩石变形逐渐增大,最终导致岩石破坏。岩石变形有弹性变形、塑性变形和黏性变形。

岩石的弹性模量是指岩石在弹性变形阶段其应力与应变变化值之比。

通过实验要了解标准试件的加工机械、加工过程及检测程序,掌握岩石弹性模量的测试及数据处理、图形绘制的方法。

二、仪器、设备及工具

(一) 仪器

(1) 电阻应变仪(静态或动静态)。

(2) 电桥、万用表。

(3) 数据采集仪或 x—y 函数记录仪。

(4) 压力传感器。

(二) 设备

(1) 材料实验机。

(2) 钻石机、车床、锯石机、磨石机或磨床。

(三) 材料

(1) 电阻应变片,标距为 3×16 mm ~ 3×20 mm,电阻值约为 120 Ω。

(2) 胶结剂、防潮剂、清洁剂(丙酮纱布之类)。

(四) 检验工具

游标卡尺(精度 0.02 mm),直角尺,水平检测台,百分表架及百分表。

三、试件规格、加工特点、数量及含水状态

与岩石抗压强度实验相同。

四、实验原理

电阻应变片是一种把机械位移转化为电量变化的传感器。应变片粘贴于岩石试件上。试件受压时,电阻丝跟着缩短,截面增加,电阻值减小。试件受拉时,电阻丝跟着伸长,其截面缩小,电阻值增加。应变片电阻值 R 的变化量 ΔR 与试件的应变 ε 成正比,即 $\frac{\Delta R}{R}=K\varepsilon$。电阻应变仪为直接把电阻值的变化转为应变量的仪器。因此通过测量得到电阻应变片的应变值 ε 也即测得试件在受压过程时的纵向应变值 ε_{L} 和横向应变值 ε_{d},进而可通过计算得出岩石的弹性模量与泊松比。

五、实验装置

实验装置如图 4-14 所示。

图 4-14 实验装置图

六、实验内容

(1) 了解试件的加工机具、检测机具,规程对精度的要求及检测方法。

(2) 学会材料实验机的操作方法。

(3) 学会岩石试件的防潮处理及电阻应变片的粘贴、接线、焊接技术。

(4) 学会电阻应变仪的测读方法,岩石弹性模量的计算方法。

七、注意事项

(1) 记录岩石的完整状态,颗粒大小及加工精度。

(2) 选择合适的电阻应变片及黏结剂,做好防潮和绝缘工作。

(3) 选择合适的材料实验机和度盘值。

(4) 选择合适的加载速率。

(5) 要在试件外加上保护罩。

八、实验步骤

(1) 测定前核对岩石名称和岩样编号,描述试件颜色、颗粒、层理、节理、裂隙、风化程度、含水状态以及加工过程中出现的问题等,逐项填入记录表内(表 4.2-4)。

(2) 检查试件加工精度,量测试件尺寸(试件直径应在其高度中部两个互相垂直的方向量测,取算术平均值),填入记录表内。

(3) 选择压力机度盘,一般应满足下式:

$$0.2P_0 < P_{max} < 0.8P_0 \tag{4.2-4.1}$$

式中 P_{max}——预计最大破坏载荷,kN;

P_0——压力机度盘最大值,kN。

(4) 开动压力机,使其处于可用状态。将试件放在承压板中心。

(5) 将电阻应变仪接上电源,预热 30 min,连接线路,预调平衡,接线方式可用全桥或半桥。施加初载荷,检查仪器工作情况,同时观察两边的应变值是否接近,如两边应变值相差较大,则必须调整试件位置和球形座,使试件受力均匀。

(6) 按 0.5 ~ 1 MPa/s 的速度逐级加载,按估计破坏载荷的 1/10 间隔读一次数,记录载荷与应变值,直至试件破坏,每个测定过程读数不得少于 7 个点,同一试件的所有应变值应尽量同时测出。

(7) 记录破坏载荷值以及加载过程中出现的现象,并对试件的破坏情况进行描述和摄影。

九、数据处理

(1) 检查测定结果,废弃可疑数据,分别计算应力值、纵向应变和横向应变的平均值以及体积应变值。

① 应力按下式计算:

$$\sigma = \frac{10P}{F} \tag{4.2-4.2}$$

式中 σ——应力,MPa;

P——与应变相对应的载荷,kN;

F——试件初始面积,cm^2。

② 纵向应变和横向应变取各应变测值的平均值。

③ 体积应变按下式计算:

$$\varepsilon_v = \varepsilon_l - 2\varepsilon_d \tag{4.2-4.3}$$

式中 ε_v——体积应变值;

ε_l——纵向应变值;

ε_d——横向应变值。

(2) 绘制应力—纵向应变曲线和应力—横向应变曲线,必要时尚应绘制应力—体积应变曲线。应力—应变曲线如图4-15所示。

(3) 根据破坏载荷计算单向抗压强度 R:

$$R = \frac{P}{F} \tag{4.2-4.4}$$

式中 P——破坏载荷,kN;

F——试件初始截面积,cm^2。

(4) 在应力—纵向应变曲线上,原点与50%抗压强度点连线的斜率即为割线模量 E_{50}。

(5) 在应力—纵向应变曲线上直线段的斜率为切线模量 E_t(通称弹性模量)。

两种模量取值到百位数。

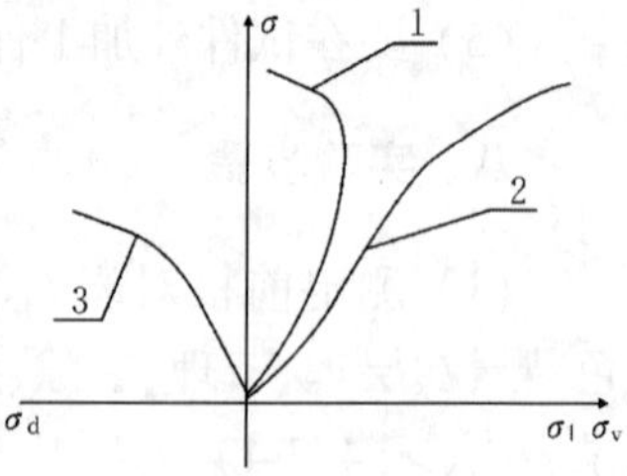

1—σ 与 ε_v 曲线;
2—σ 与 ε_l 曲线;
3—σ 与 ε_d 曲线

图4-15 应力—应变曲线

(6) 根据应力—纵向应变和应力—横向应变两曲线上对应直线段部分纵向和横向应变的平均值计算泊松比 μ:

$$\mu = \frac{\varepsilon_{d平均}}{\varepsilon_{l平均}} \tag{4.2-4.5}$$

式中 $\varepsilon_{d平均}$——应力—横向应变曲线上对应直线段部分应变的平均值;

$\varepsilon_{l平均}$——应力—纵向应变曲线上对应直线段部分应变的平均值。

计算结果取两位小数。

最后计算出每组试件各变形参数的算术平均值。

(7) 每组试件测定结果均应计算偏离度。

偏离度按下式计算:

$$V = \frac{M}{E_p} \times 100\% \tag{4.2-4.6}$$

式中　V——偏离度；

M——变形模量的偏离值；

$$M = \sqrt{\frac{\sum_{i=1}^{n} (E_i - E_p)^2}{n-1}} \tag{4.2-4.7}$$

E_p——试件平均变形模量，MPa；

$$E_p = \frac{1}{n}\sum_{i=1}^{n} E_i \tag{4.2-4.8}$$

式中　E_i——单个试件的变形模量，MPa；

n——每组试件个数。

注：变形模量包括 E_{50}，E_t，应分别计算各自的偏离度。

表 4.2-4　变形参数测定记录表

送样单位：　　　　试件直径：

采样地点：　　　　试件高度：

岩石名称：　　　　试件截面积：

岩样编号：　　　　试件含水状态：

试件编号：　　　　测定日期：

试件描述		序号	纵向载荷/kN	纵向应力 σ/MPa	纵向应变 $\varepsilon_l/10^{-6}$			横向应变 $\varepsilon_d/10^{-6}$			体积应变	备注
测定前	测定后				1片	2片	平均	1片	2片	平均		

破碎载荷 $P=$　　　　抗压强度 $R=$

变形参数：$E_{50}=$　　　　$E_t=$　　　　$\mu=$

测定：　　　　计算：　　　　校核：

实验5　煤的坚固性系数测定方法

一、实验目的与要求

煤的坚固性系数(普氏系数)是煤块抵抗破坏能力的综合性指标。通过实验要了解煤的坚固性系数采样与制样要求,掌握煤的坚固性系数的测试步骤及数据处理方法。

二、仪器、设备及工具

(1) 捣碎筒。

(2) 计量筒。

(3) 分样筛(孔径20 mm、30 mm和0.5 mm各一个)。

(4) 天平(最大称量1 000 g,感量0.5 g)。

(5) 小锤、漏斗、容器。

三、试件规格

(1) 沿新暴露的煤层厚度的上、中、下部各采取块度为10 cm左右的煤样两块,在地面打钻取样时应沿煤层厚度的上、中、下部各采取块度为10 cm的煤芯两块;煤样采出后应及时用塑料袋或塑料纸及胶带包裹密封,使其保持自然含水状态。

(2) 煤样要附有标签,注明采样地点、层位、时间等。

(3) 在煤样携带、运送过程中应注意不得摔碰,不应产生人为裂隙。

(4) 把煤样用小锤碎制成20～30 mm的小块,用孔径为20 mm或30 mm的筛子筛选。

(5) 称取制备好的试样50 g为一份,每5份为一组,共称取三组。

四、实验步骤

(1) 将捣碎筒放置在水泥地板或2 cm厚的铁板上,放入试样一份,将2.4 kg重锤提高到600 mm高度,使其自由落下冲击试样,每份冲击3次。把5份捣碎后的试样装在同一容器中。

(2) 把每组(5份)捣碎后的试样一起倒入孔径0.5 mm分样筛中筛分,筛至不再漏下煤粉为止。

(3) 把筛下的粉末用漏斗装入计量筒内,轻轻敲打使其密实,然后轻轻插入具有刻度的活塞尺与筒内粉末面接触。在计量筒口相平处读取数L(即粉末在计量筒内实际测量高度,读至毫米)。

当$L\geqslant 30$ mm时,冲击次数n即可定为3次,按以上步骤继续进行其他各组的测定。

当$L<30$mm时,第一组试样作废,每份试样冲击次数n改为5次,按以上步骤进行冲击、筛分和测量,仍以每5份作一组,测定每份高度L。

五、数据计算

坚固性系数按下式计算:

$$f=\frac{20n}{L} \tag{4.2-5}$$

式中　f——坚固性系数；

n——每份试样冲击次数，次；

L——每组试样筛下煤粉的计量高度，mm。

测定平行样 3 组（每组 5 份），取算数平均值，计算结果取 2 位有效数字。实验报告中列出每组测定结果及 3 组的算术平均值。

表 4.2-5　煤的坚固性系数测定记录表

送样单位：　　　　　采样地点：　　　　　采样时间：　　　　　测定日期：

煤样编号	煤种类别	试样编号	冲击次数 n	计量筒读数 L/mm	坚固性系数 f	f 的平均值	备注

测定：　　　　　　计算：　　　　　　校核：

实验6　煤和岩石点载荷强度指数测定方法

一、实验目的与要求

点载荷强度指数是指在点载荷作用下煤和岩石的强度指标。通过实验要了解规则试件点载荷强度指数及低强度不规则试件点载荷强度指数测定实验方法及数据计算方法。

二、仪器、设备及工具

(1) 点载荷仪。
(2) 锯石机、钻石机。
(3) 游标卡尺,最小分度值0.02 mm。
(4) 地质锤。

三、试件规格

1. 规则试件

(1) 试件可用钻孔岩芯或从岩石露头、勘探坑槽、平硐、巷道中采取的岩块。试件在采取和制备过程中,应避免产生裂缝。

(2) 当采用岩芯试件做径向实验时,试件直径为48~56 mm,高径比为0.8~1.4,对两端平行度无特别要求;做轴向实验时,加载两点间距与直径比宜为0.3~1.0。

(3) 每种试件视其含水状态和均质程度取10~15个。

(4) 取自然含水状态,其他状态要加以说明。

2. 不规则试件

(1) 采取现场不规则煤块或岩块,加载两点间距(D)宜为30~55 mm,加载两点间距与加载处平均宽度(b)之比宜为0.3~1.0,试件长度(L)应不小于加载两点间距。

(3) 每组试件视其含水状态和均质程度取15~25个。

(4) 取自然含水状态,其他状态要加以说明。

四、实验步骤

1. 规则试件点载荷强度指数测定

(1) 测定前应仔细核对岩石名称和试件编号,对试件颜色、颗粒、层理、节理、裂隙、风化程度、含水状态及加工过程中出现的问题等应进行描述。并填入记录表内。

(2) 用卡尺测量试件尺寸并填入记录表内。

(3) 径向实验时,将岩芯试件放入点载荷仪的加载锥,使上下锥端与试件直径两端紧密接触,接触点与试件两端头的距离大致相等,量测加载点距离。

(4) 轴向实验时,将岩芯试件放入两加载锥之间,使上下锥端位于岩芯试件的圆心处并与试件紧密接触。量测加载点间距及垂直于加载方向的试件宽度。

(5) 均匀地施加载荷,使试件在10~60 s内破坏,记录破坏荷载,并对加载过程中出现的现象和破坏后的试件进行描述。

(6) 破坏面贯穿整个试件并通过两加载点为有效实验。

2. 低强度不规则试件点载荷强度指数测定

(1) 测定前应仔细核对岩石名称和试件编号,对试件颜色、颗粒、层理、节理、裂隙、风化程度、含水状态及加工过程中出现的问题等应进行描述。并填入记录表内。

(2) 用卡尺测量试件的最小尺寸并在该处做标记,将测得数据填入记录表内。

(3) 将试件放在点荷载仪的加载锥之间,沿试件的最小尺寸加载,使上下锥端位于试件中心处并与试件紧密接触。接触点距试件自由端的距离不应小于加载点间距的 0.5 倍。

(4) 均匀地施加载荷,使试件在 10～60 s 内破坏,记录破坏荷载,并对加载过程中出现的现象和破坏后的试件进行描述。

(5) 破坏面贯穿整个试件并通过两加载点为有效实验。

五、数据计算

(1) 按式(4.2-6.1)计算试件点荷载强度指数:

$$I_s = \frac{P}{D_e^2} \tag{4.2-6.1}$$

式中　I_s——未经过修正的点荷载强度指数,MPa;

P——破坏载荷,N;

D_e——等价岩芯直径,mm。

(2) 按式(4.2-6.2)和式(4.2-6.3)计算等价岩芯直径 D_e:

$$D_e^2 = D^2 \tag{4.2-6.2}$$

$$D_e^2 = DD' \tag{4.2-6.3}$$

式中　D——加载点间距,mm;

D'——上下锥端发生贯入后,试件破坏瞬间的加载点间距,mm。

(3) 轴向和不规则块体实验时,应按式(4.2-6.4)和式(4.2-6.5)计算等价岩芯直径 D_e:

$$D_e^2 = \frac{4bD}{\pi} \tag{4.2-6.4}$$

$$D_e^2 = \frac{4bD'}{\pi} \tag{4.2-6.5}$$

式中　b—通过两加载点最小截面的宽度(或平均宽度),mm。

(4) 按式(4.2-6.6)计算每组试件点荷载强度指数的算术平均值:

$$\bar{I}_s = \frac{1}{n}\sum_{i=1}^{n} I_{si} \tag{4.2-6.6}$$

式中　$\bar{I}_s$——试件平均点载荷强度指数,MPa;

I_{si}——第 i 个试件的点载荷强度指数,MPa;

n——当一组有效的实验数据不超过 15 个时,应舍去最高值和最低值,n=有效实验个数-2;当一组有效实验数据超过 15 个时,可舍去前两个高值和后两个低值,n=有效实验个数-4。

(5) 按式(4.2-6.7)计算每组试件点载荷指数的偏离度:

$$V = \frac{M}{\bar{I}_s} \times 100\% \tag{4.2-6.7}$$

式中　V——偏离度；

M——点载荷强度指数的标准差，MPa，按式(4.2-6.8)计算。

$$M = \sqrt{\frac{\sum_{i=1}^{n}(I_{si} - \bar{I}_s)^2}{n-1}} \tag{4.2-6.8}$$

(6) 当加载两点间距不等于 50 mm 时，应对计算值进行修正。当其实验数据较多，且同一组试件中的等价岩芯直径具有多种尺寸，而加载两点间距不等于 50 mm 时，应根据实验结果，绘制 D_e^2 与破坏载荷 P 的关系曲线，并在曲线上查找 $D_e^2 = 2\ 500\ \text{mm}^2$ 对应的 P_{50} 值，按式(4.2-6.9)计算岩石点载荷强度指数：

$$I_{s(50)} = \frac{P_{50}}{2\ 500} \tag{4.2-6.9}$$

式中　$I_{s(50)}$——经尺寸修正后的点载荷强度指数，MPa；

P_{50}——$D_e^2 = 2\ 500\ \text{mm}^2$ 时的 P 值，N。

(7) 当加载两点间距不等于 50 mm，且其实验数据较少，不宜采用上述(6)方法修正时，应按式(4.2-6.10)和式(4.2-6.11)计算点载荷强度指数：

$$I_{s(50)} = FI_s \tag{4.2-6.10}$$

$$F = \left(\frac{D_e}{50}\right)^m \tag{4.2-6.11}$$

式中　F——修正系数；

m——修正指数，由同类岩石的经验值确定，一般可取 0.45。

表 4.2-6　煤和岩石点载荷强度指数测定记录表

送样单位：　　　　采样地点：　　　　采样时间：　　　　测定日期：

试样编号	岩石名称	试样描述	试件规格/mm					加载方式	试件破坏载荷 P/N	未经修正的点载荷强度指数 I_S/MPa	平均点载荷强度指数 $\bar{I}_s$/MPa	每组试件偏离度/%	经尺寸修正后的点载荷强度指数 $I_{s(50)}$/MPa	试件破坏特征	备注
			长 L	等价岩心直径 D_e	加载双点间距 D	上下锥端发生贯入后试件破坏瞬间加载点间距 D'	通过两加载点最小截面的宽度(或平均宽度) b								

测定：　　　　计算：　　　　校核：

第三节 围岩结构及支护体材料实验

实验1 锚杆力学性能测试

一、实验目的与要求

通过该实验明确锚杆是由一套系统构件组成,从而认识锚杆。同时通过实验了解锚杆的基本力学性能、变形特征以及相关测试方法。学会测量锚杆的屈服载荷、破坏载荷及延伸率。

锚杆概念:通过锚固剂锚固在煤、岩体内,对煤岩层起锚固作用的一套构件的统称。包括杆体、托盘、扭矩螺母、球垫、减摩垫圈和树脂锚固剂,如图4-16所示。

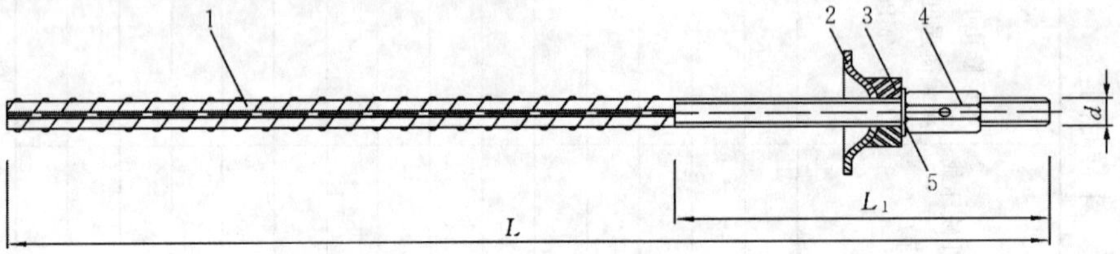

1—杆体;2—托盘;3—球垫;4—扭矩螺母;5—减摩垫圈;

L—杆体长度;L_1—尾部螺纹长度;d—锚杆直径

图4-16 螺纹钢杆体及其附件

二、实验仪器及工具

(1) 100 kN 材料实验机。

(2) 数据采集仪。

(3) 液压千斤顶。

(4) 分别选取螺纹钢型号为 HRB335、HRB400、HRB500 的 $\phi18$ mm、$\phi20$ mm、$\phi22$ mm 的锚杆各2根。

三、实验步骤

破断载荷、屈服强度与延伸率实验,按 GB/T 228—2002 规定进行。

1. 锚杆的破断载荷实验

(1) 用万能材料实验机配以特制拉力架(见图4-17)进行实验。

(2) 实验时,万能材料实验机上钳口夹住拉力架一端,实验机下钳口夹紧锚杆尾部杆体。

(3) 加载时,以10~20 kN/min速度,逐渐加载直至杆体屈服、破断,或尾部螺纹、螺母破坏,或托盘压缩量达到其高度30%时的实验载荷,为锚杆破断载荷。

2. 锚杆杆体屈服强度与延伸率实验

(1) 用万能材料实验机配以特制拉力架进行实验。

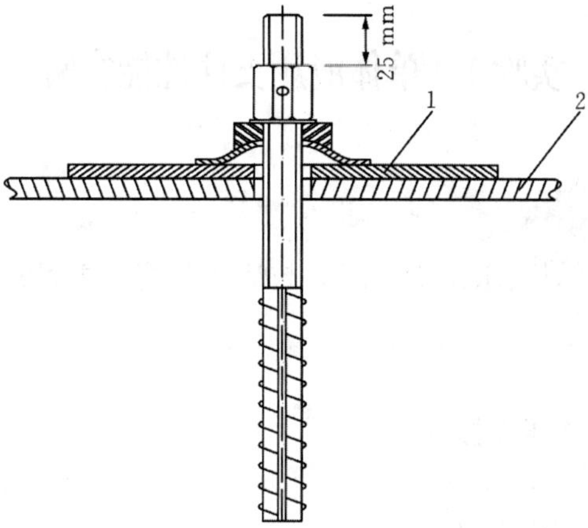

1—调节板;2—拉力架底座

图 4-17　锚杆尾部、螺母和托盘承载力实验装置

(2) 实验时,万能材料实验机上钳口夹住锚杆杆体的上端,实验机下钳口夹紧锚杆尾部杆体。

(3) 加载时,以 10 ~ 20 kN/min 速度,逐渐加载直至杆体屈服时的实验载荷即为锚杆杆体的屈服载荷,同时用游标卡尺测量杆体的变形长度。

四、实验现象及数据记录

(1) 根据所测数据绘出锚杆应力载荷—变形曲线。

(2) 计算杆体的屈服强度:将屈服载荷除以杆体的横截面积即可得到杆体的屈服强度。

(3) 计算杆体的延伸率:将游标卡尺测量得到的变形长度除以被测杆体的长度即可得到锚杆杆体的延伸率。

表 4.3-1　破断载荷、屈服强度与延伸率实验记录表

螺纹钢牌号	公称直径/mm	屈服强度 σ_s/MPa	屈服载荷/kN	抗拉强度 σ_b/MPa	破断载荷/kN	延伸率 δ_s/%
HRB335	18	335	85	490	125	16
	20		105		155	
	22		130		190	
HRB400	18	400	100	570	145	14
	20		125		180	
	22		150		220	
HRB500	18	500	144	630	180	12
	20		160		200	
	22		190		240	

实验2 单体液压支柱性能实验

一、实验目的与要求

了解单体液压支柱的结构,求出支柱阻力与活柱下缩量之间的关系。

二、实验仪器及工具

(1) 外注式或内注式液压支柱。
(2) 万能材料实验机。
(3) 荷重传感器及动态应变仪。
(4) 位移变送器及记录仪。

三、实验原理

(一) 支柱阻力及其类型

支柱对顶板的主动作用力称为支柱的撑力,支柱受顶板压力作用而反映出来的力称为支柱的阻力,又称工作阻力。

P_0'——初撑力:支架支设时,将活柱升起,托住顶梁,利用升柱工具和锁紧装置使支柱对顶板产生一个主动力。对于液压支柱,即是泵压所形成的支柱对顶板的撑力。

P_0——始动阻力:在顶板压力作用下,活柱开始下缩的瞬间支柱上所反映出来的力称为始动阻力。

P_1——初工作阻力:指在支架的性能曲线中,活柱下缩时,工作阻力的增长率由急剧增长转为缓慢增长的转折点处的工作阻力。

P_2——最大工作阻力:支柱所能承受的最大负载能力,又称额定工作阻力。

目前所使用支柱的工作特性有如图4-18所示的几种。

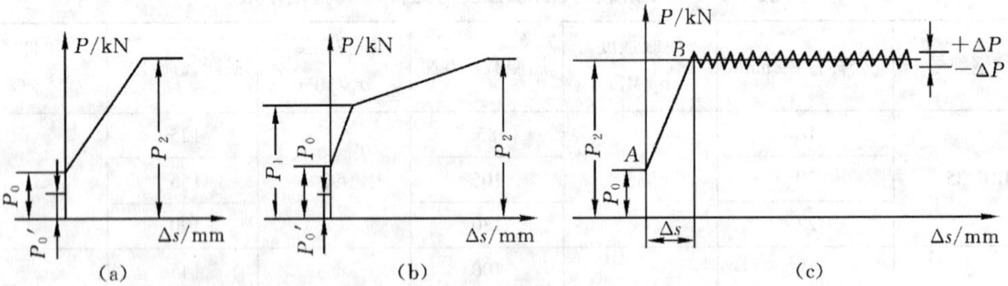

(a) 急增阻式;(b) 微增阻式;(c) 恒阻式

P_0'—初撑力;P_0—始动阻力;P_1—初工作阻力;P_2—额定工作阻力或最大工作阻力

图4-18 支柱的几种典型特性曲线(P–Δs 曲线)

急增阻式:支柱开始支设时,有一个极小的人为的初撑力 P_0',当支柱在顶板压力作用下,活柱开始下缩时便形成了始动阻力 P_0,而后随着活柱下缩,工作阻力呈直线型急剧增加。这种支柱可缩量较小,其特性曲线见图4-18(a)。

微增阻式:随着活柱的下缩,工作阻力先有一个急剧增长的过程。当达到初工作阻力 P_1 后,随着支柱的继续下缩,工作阻力的增长变得极为缓慢,一直到支柱的最大可缩量,也即是支柱的最大工作阻力时为止。此类支柱具有较大的可缩量,其特性曲线见图4-18(b)。

恒阻式:当支柱安设后,随着活柱下缩,很快达到额定工作阻力,以后尽管活柱继续下缩,支柱的工作阻力保持不变,特性曲线见图4-18(c)。

液压支柱是典型的恒阻性能支柱。从支柱工作阻力适应顶板压力的特点进行分析,显然,恒阻性能的支柱较为有利,急增阻式性能比较差。

我国煤矿长壁工作面支护方式发展过程:木支柱→单体金属摩擦支柱(急增阻和微增阻)→单体液压支柱(恒阻式)→液压自移支架(由液压支柱和顶梁、底座、移架千斤顶组合而成)。

(二) 单体液压支柱

按注液方式,单体液压支柱可分为内注式和外注式。

内注式液压支柱使用的工作介质是机油,它是通过摇动手把,操纵支柱内的手摇泵,把油从低压腔压入高压腔。支撑过程中通过安全阀来保证支柱对顶板具有一个恒定的工作阻力。回收时,打开卸载阀使高压腔内的油回到低压腔,活柱在自重作用下自动回缩。

图4-19为内注式液压支柱的简单结构图。升柱时,操纵液压泵,无压油自活柱腔内通过吸油孔进入泵体。再经活塞加压,自单向球阀压至柱体内,这样使活柱上升。当支柱超过额定工作阻力时,工作液由通道进入安全阀,使安全阀打开,保持工作阻力恒定。支柱卸载时,则操纵手把,打开卸载阀,工作液从柱体腔内经过中心通道,经卸载阀流入活柱上腔。

图4-20为外注式液压支柱基本结构图。支设时靠外部泵站经管路系统通过注液枪向支柱供液。工作介质是含有1%~2%乳化油的乳化液。回收时打开卸载阀,把工作介质排到支柱外部,活柱靠自重和弹簧力回缩。单向阀、安全阀和卸载阀共同组成一个三用阀,它的性能优劣直接影响着支柱的工作特性。

四、实验装置

实验装置示意图如图4-21所示。

五、实验内容

(1) 了解单体液压支柱的结构及各部分的名称与作用。
(2) 求出单体液压支柱阻力与活柱下缩量之间的关系。

六、注意事项

(1) 将单体液压支柱放到压力机上时,要注意安全,以防支柱滑落砸伤人员。
(2) 单体液压支柱要在压力机上放正,使其中心受载。
(3) 用液压枪向单体液压支柱注入乳化液时,其泵压应稳定在某一数值。

七、实验步骤

(1) 调好测量仪器,测量支柱的几何尺寸。
(2) 将液压支柱放到压力机上,中心线对中,使其中心受载。

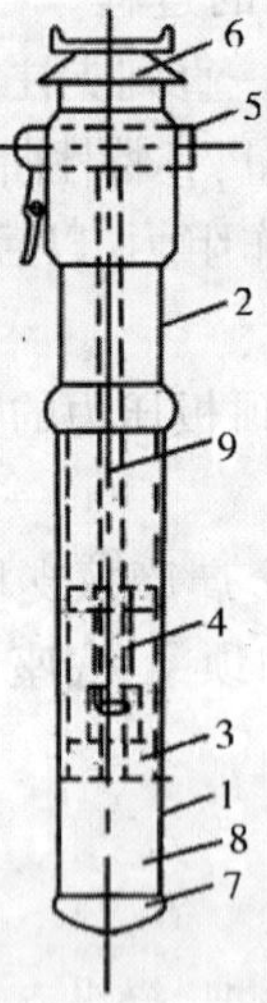

1—柱体;2—活柱;3—活塞头;
4—泵;5—安全阀与卸载阀;6—上顶盖;
7—下柱座;8—支柱底腔;9—通道

图 4-19　内注液式支柱结构示意图

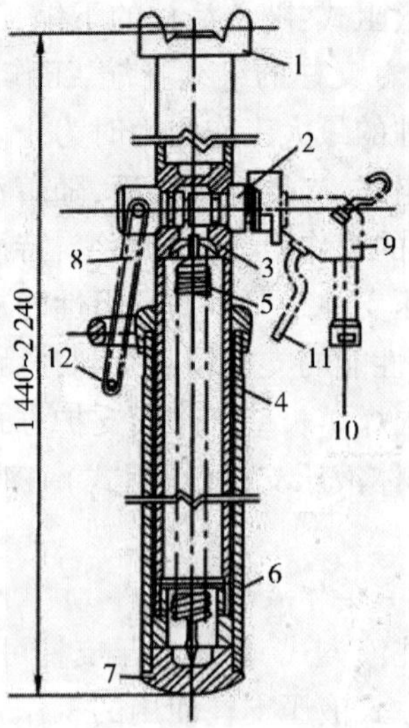

1—顶盖;2—三用阀;3—活柱体;4—油缸;
5—复位弹簧;6—活塞;7—底座;
8—卸载手把;9—注液枪;10—泵站供液;
11—注液时操纵手把方向;12—卸载时动作方向

图 4-20　外注液式单体液压支柱

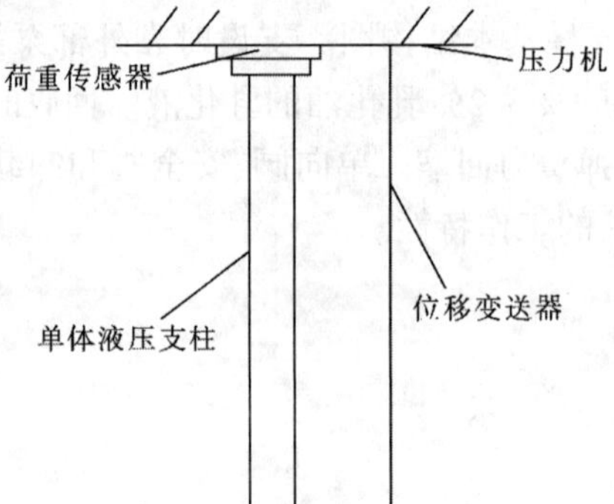

图 4-21　实验装置示意图

(3) 用液压枪向支柱中注入乳化液或用手摇泵升柱,使液压支柱达到所要求的初撑力。

(4) 测量用液压枪注液或用手摇泵升柱的初撑时间、初撑力。

(5) 加载进行试压,记录支柱受载及活塞压缩量。

(6) 试压完成后卸载,测量卸压时间。

(7) 重复实验三次,取其平均值。

八、实验现象及数据记录

表 4.3-2　实验记录表

支柱类型:　　　　　　　　　　　　实验人:　　　　　　　　　　　时间:

支柱的几何尺寸							
载荷	下缩量	载荷	下缩量	载荷	下缩量(平均值)	载荷	下缩量(平均值)
初撑力 $P_0=$					初撑时间 $t_0=$		
末工作阻力 $P=$					卸载时间 $t_0=$		

九、数据处理

以纵坐标为压力(kN),横坐标为活塞下缩量(mm),绘制单体液压支柱的特性曲线。单体液压支柱典型特性曲线见图 4-22。

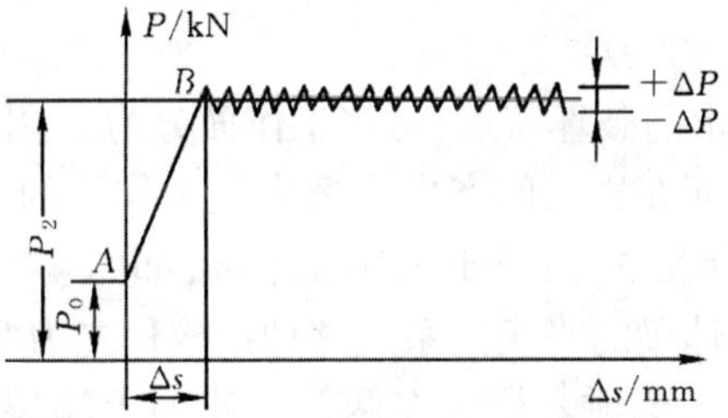

图 4-22　单体液压支柱典型特性曲线

实验3　砌体梁结构实验

一、实验目的与要求

通过砌体梁结构模型实验,了解砌体梁的形成及水平阻力的大小与砌体梁的平衡关系。

二、实验仪器及工具

液压千斤顶、模型架、卷尺、液压枕。

三、实验原理

当老顶达到极限跨距后,随着采煤工作面继续推进,老顶即发生初次断裂。断裂后的一般状态可用图4-23表示。

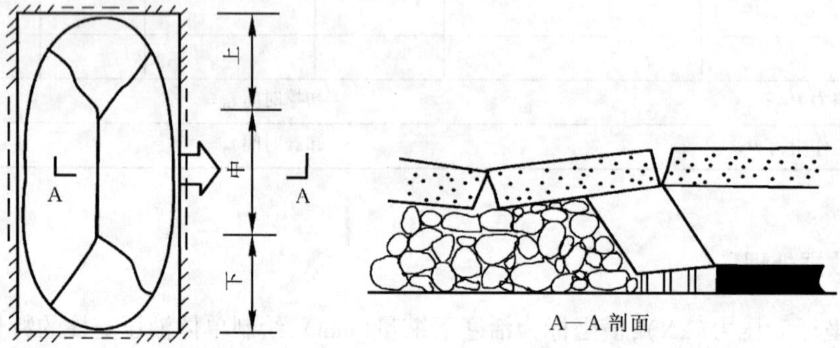

图4-23　破断岩块的拱式平衡及其受力分析

显然,根据老顶的"X"形的破坏特点,可将工作面分为上、中、下三个区。破断的岩块由于互相挤压形成水平力,从而在岩块间产生摩擦力。工作面的上、下两区是圆弧形破坏,岩块间的咬合是一个立体咬合关系,而对于工作面中部,如图4-23中剖面A—A,则可能形成外表似梁,实质是拱的裂隙体梁的平衡关系。这种结构称之为"砌体梁"。

由于岩层抗拉强度较小,老顶岩梁先在两侧支座的上端裂开,而后在梁的中间底部开裂。随着岩块的转动形成强大的水平挤压力,使岩块间形成了三铰拱式的平衡,见图4-23。

破断后的岩块互相挤压有可能形成三铰拱式的平衡结构,此平衡结构将取决于咬合点的挤压力是否超过该咬合点接触面处的强度极限,在一定条件下可能导致岩块随着回转而形成变形失稳;另外即是咬合点处(主要在拱脚)的摩擦力与剪切力的相互关系,当剪切力大于摩擦力时形成滑落失稳,在工作面的表现形式为顶板的台阶下沉。

(一) 结构的滑落失稳

咬合点处的摩擦力,即该处的水平挤压力与摩擦因数的乘积。此力的作用方向与岩块滑落的方向相反,因而起防止岩块间相互滑落的作用。

根据三铰拱的平衡原理,成拱且使岩块保持平衡的水平推力 T 为:

$$T=\frac{qL^2}{8h} \tag{4.3-3.1}$$

式中　q——裂隙体梁的载荷集度；

L——跨距；

h——老顶岩层的厚度。

对于岩块咬合而形成的裂隙体梁，鉴于其形式类似于砌体，因而又称它为砌体梁。这种梁的剪切力 R 在两端支座处最大，其值为 $qL/2$。

当剪切力与摩擦力相等时，呈极限平衡状态。如果剪切力大于摩擦力，此结构将出现滑落失稳。要此结构不产生滑落失稳，必须满足：

$$R \leqslant T \cdot \tan \varphi$$

将 $R=qL/2, T=qL^2/8h$ 代入上式得：

$$\frac{h}{L/2} \leqslant \frac{1}{2}\tan \varphi \tag{4.3-3.2}$$

式中　φ——岩块间的摩擦角；

h——岩块厚度；

$L/2$——岩块长度。

由式(4.3-3.2)可知，图 4-23 所示的三铰拱岩块结构是否产生滑落失稳主要取决于老顶破断岩块的高长比。显然，高长比越小，结构抗滑落失稳的能力越大。

一般情况下，$\varphi=38°\sim45°$，$\tan \varphi=0.8\sim1$。因此，要防止老顶初次破断后“砌体梁”结构产生滑落失稳，岩块的高长比要小于 0.4～0.5，即岩块长度要大于 2～2.5 倍岩块厚度。

若考虑老顶岩层断裂时，断裂面与垂直面成一断裂角 θ，则咬合点的关系如图 4-24 所示。

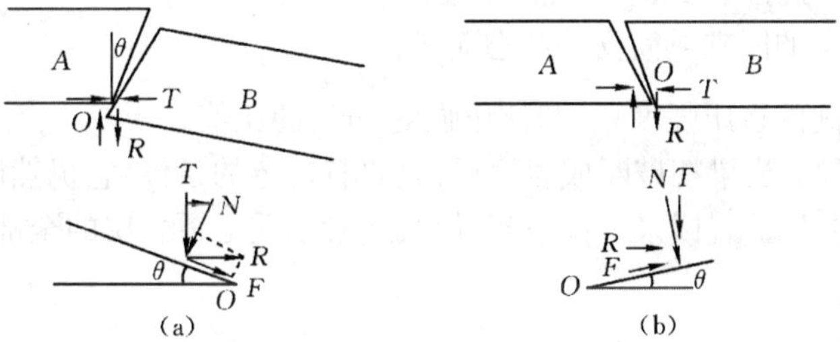

图 4-24　岩块咬合点处的平衡

相互间力的关系及平衡条件为(先分析图 4-24(a)的情况)：

$$\frac{R}{T} \leqslant \tan(\varphi - \theta) \tag{4.3-3.3}$$

对于图 4-24(b)的情况，平衡条件为：

$$\frac{R}{T} \leqslant \tan(\varphi + \theta) \tag{4.3-3.4}$$

将 R、T 值分别代入式(4.3-3.3)、式(4.3-3.4)可得到相应的防止岩块滑落失稳的 $\frac{h}{L/2}$ 应满足的关系式。

由式(4.3-3.4)可知，对于图 4-24(a)，当 $\theta=\varphi$ 时，不论水平推力 T 有多大，都不能取得平衡。一般情况下，$\tan \varphi=0.8\sim1$，$\varphi=38°\sim45°$。因此，当节理面与层面交角小于 45°～

52°时,都将发生滑落失稳。而对于图4-24(b),则情况要好得多。由此说明节理面倾斜方向与工作面推进方向一致时,结构不易取得平衡,即工作面矿压显现比较严重;相反则对控制顶板有利。

(二) 结构的变形失稳

这是指在岩块的回转过程中,由于挤压处局部应力集中,致使该处进入塑性状态,甚至局部受拉而使咬合处破坏造成岩块回转进一步加剧,从而导致整个结构失稳。

岩块回转后的状态如图4-25(a)所示。

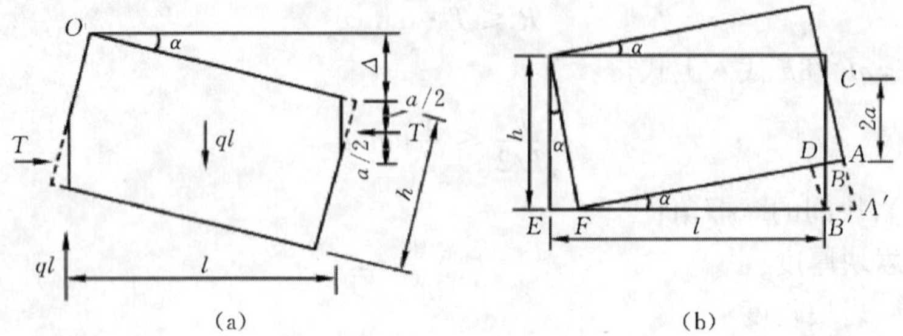

图4-25 回转岩块的分析

在岩梁破断后,互相咬合的中间下沉量达 Δ 时,即形成了岩块结构的变形失稳。

$$\Delta = h \cdot \left(1 - \sqrt{\frac{1}{3n \cdot K \cdot \bar{K}}}\right) \tag{4.3-3.5}$$

式中 n——岩石中抗拉强度 σ_t 与抗压强度 $[\sigma_c]$ 的比值;

K——根据梁的固支或简支等状态而定,一般为1/2~1/3;

$\bar{K}$——岩块间的挤压强度 σ_p 与抗压强度 $[\sigma_c]$ 的比值。

由上述分析可知,岩梁在破断成岩块后,只要有一定的条件,它仍然能形成外形如梁、实质是拱的平衡结构,保护着回采工作空间,使其不必承受上覆岩层的全部载荷。

四、实验装置

在2.5 m平面模拟实验架底板上铺设一层底沙,以便于模拟回采,然后用25块长×宽×高为200 mm×95 mm×30 mm的木块作为煤层铺上,在煤层上面铺上预制好的石膏板(长×宽×高为250 mm×200 mm×200 mm)做老顶,并在煤层与老顶之间铺设适当的塑料薄层,以减小木块和老顶间的阻力,以便于观察到典型现象;在老顶层一端架设一千斤顶及液压枕作为水平推力与水平力指示。在模型中间适当部位安设老顶砌块位移测点,以便于在实验过程中记录下沉量(用卷尺读数)(如图4-26所示)。

五、实验内容

(1) 建立砌体梁实物结构模型。

(2) 调整千斤顶的水平阻力,观察水平阻力的大小与砌体梁的平衡关系。

六、注意事项

(1) 制作的石膏块应有一定的强度。

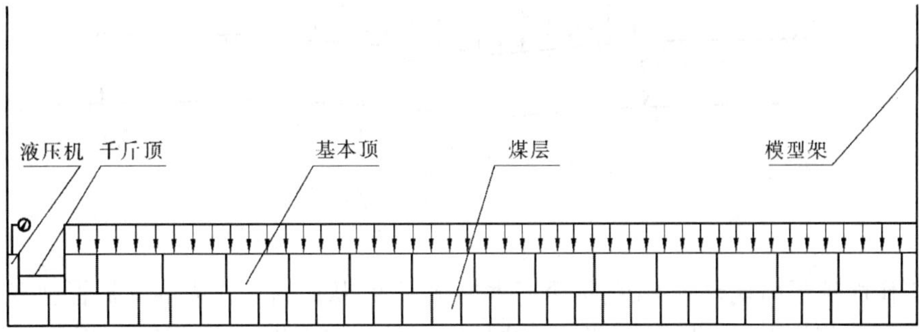

图 4-26　砌体梁模拟实验平面示意图

(2) 水平千斤顶开始加压时,人员应远离模型架,以防千斤顶将模型块挤出伤人。

(3) 液压千斤顶应缓慢卸载,不应直接将其压力卸载为 0。

七、实验步骤

(1) 首先,采用水平液压千斤顶给老顶施加水平力,并记下水平力大小。

(2) 从距边界两块老顶位置处开始,抽取老顶下的木块(相当于煤层回采),抽取的木块总长度为两个老顶长度。这时由于老顶岩层自重小,水平推力大,即有 $T\cdot\tan\varphi \gg Q$,所以老顶完整,如图 4-27 所示。

(3) 每隔 30 s 减小水平推力,并记下水平推力的大小。随水平推力的减小,在砌块老顶的中间下边开始出现了小开口,顶板有向下的位移,从而初步形成了平衡结构(三铰平衡结构),且可以看出水平力是形成砌体梁的主要因素。

(4) 当千斤顶的水平力减小到一定范围内,中间裂缝扩展,形成图 4-28 的平衡结构。

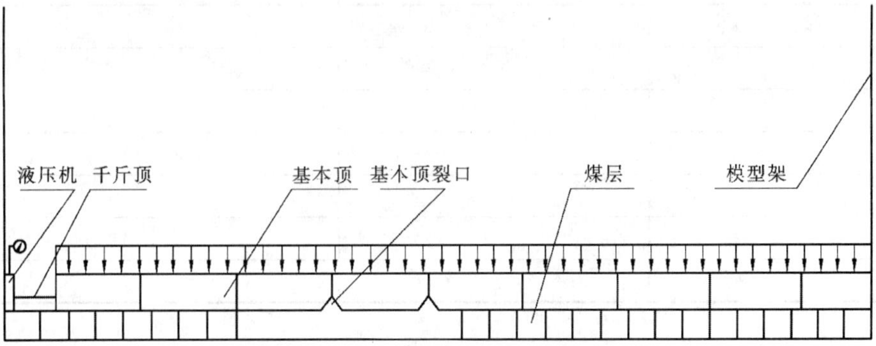

图 4-27　老顶受拉开裂示意图

八、实验现象及数据记录

岩梁破断成岩块后,只要有一定条件,它仍然能形成三铰拱式的平衡结构,保护着回采工作空间,使其不受全部上覆岩层载荷对它的影响。

当上面平衡结构的水平推力减小到一定值后,顶板砌块产生切落,即这时岩块间的摩擦力由于水平力 T 过小而变小,不能承受岩块间的剪切力,产生失稳,称作滑落失稳。这样的

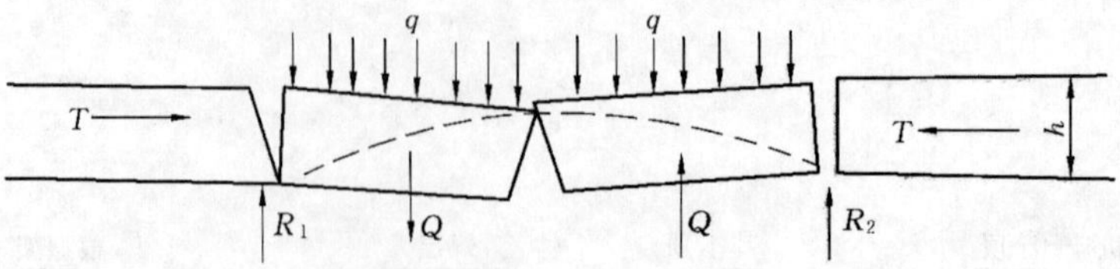

图 4-28　老顶“三铰拱”平衡结构

失稳使工作面顶板出现台阶下沉,甚至产生切顶事故,从而给工作面的支护管理带来困难。

在模拟实验过程中,沿某一方向进行回采,这时老顶首先是平衡阶段,然后到达一定跨距后,产生初次回转失稳,即顶板的初次来压,随着工作面继续向前回采,老顶将经历“稳定—失稳—再稳定”的周期性变化,即顶板的周期来压。在稳定和再稳定状态对,顶板压力通过砌体梁平衡结构传递到“梁”的前后端,即煤壁和采空区冒落矸石,使正常生产的采煤工作面处于较安全的状态。当失稳到来时,顶板回转下沉,工作面支架所受的载荷将普遍增加,如果支护参数选择不合适或者其稳定性不够,则可能导致冒顶事故。可见,研究老顶的砌体梁结构与活动规律对于来压预报、预防顶板事故的发生都具有重要的意义。

表 4.3-3　实验记录表

时　间	水 平 力	老顶状态(老顶的回转角、弯曲下沉破坏等)

第五章　设计与研究型实验

实验1　岩石的三轴实验

一、实验目的与要求

岩石在三向压缩荷载作用下,达到破坏时所能承受的最大压应力称为岩石的三轴抗压强度。与单轴压缩实验相比,试件除受轴向压力外,还受侧向压力。侧向压力限制试件的横向变形。三轴压缩实验的加载方式有两种,一种是真三轴加载,试件为立方体,六个面均可加压。常规的三轴实验用圆柱体作为试块,除轴向方向施加荷载外,在试件的柱面上施加有侧向载荷。

通过本实验要了解标准试件的加工机械、加工过程及检测程序,掌握岩石三轴实验的过程,学会实验结果数据处理、莫尔圆、莫尔强度包络线的绘制方法。

二、仪器、设备及工具

(一) 设备

(1) 钻石机,切石机,磨石机(或车床、磨床、铣床)。

(2) 岩石三轴应力实验机或普通材料实验机附加三轴压力室及能保持侧向压力 σ_3 稳定的侧向加压装置,有足够的出力。

(二) 仪器

(1) 电阻应变仪或其他具有精度为0.001 mm的测量变形的装置(如千分表、变形传感器及其固定支座)。

(2) 惠斯通电桥,万用表,高阻计。

(三) 材料

(1) 防油套:可采用各种能将试件与机油隔开的橡胶套、塑料套或薄铜套等。

(2) 黏结剂:502胶水、环氧树脂胶或其他类似性能的黏结剂。

(3) 防潮、防油剂:环氧配胶、聚氯乙烯黏胶或聚乙烯缩醛胶。

(4) 电阻应变片:标距可选用3 mm×15 mm ~ 3 mm×20 mm,电阻值约120 Ω。

(四) 检验工具

游标卡尺(精度0.02 mm),直角尺,水平检测台,百分表架及百分表。

三、试件规格、加工精度、数量

(1) 试件规格:标准试件采用圆柱体,直径 $5^{+0.6}_{-0.2}$ cm,高径比为2±0.2。

(2) 试件层理一般应和纵向加载方向垂直,其他方向应加以特别说明。

(3) 试件数量:一种状态下每组岩样至少要选 5 个试件做不同侧压下的三轴实验。

四、实验原理

用三轴压力实验机进行三轴实验。把加工好的圆柱体试件,装入隔水胶囊内,再置于压力室中,对试件施加均匀围压 σ_3。然后按一定速度施加轴向应力 σ_1,直至试件破坏(如图 5-1 所示)。根据围压 σ_3 与相应的破坏强度 σ_1,可给出相应的莫尔圆,由不同的围压 σ_3 给出一组莫尔圆后可绘出其包络线,此包络线即为该组岩石的强度曲线,包络线在 y 轴上的截距为黏聚力 C,与 x 轴的夹角为内摩擦角 φ。

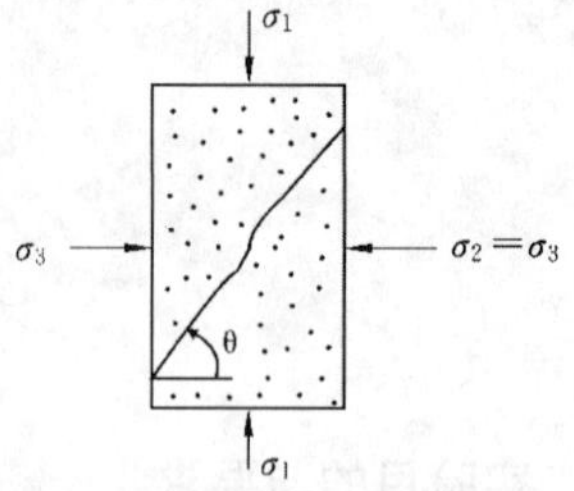

图 5-1

五、实验装置

实验装置如图 5-2 所示。

图 5-2　实验装置

六、实验内容

(1) 了解试件的加工机具、检测机具,规程对精度的要求及检测方法。

(2) 学会材料实验机和围压压力泵或三轴实验机的操作方法。

(3) 学会试件的封闭方法。

(4) 学会围压加压方法。

(5) 学会数据处理方法。

七、注意事项

(1) 记录岩石的完整状态、颗粒大小及加工精度。

(2) 选择合适的材料实验机围压加压设备。

(3) 选择适当的围压值。围压过小,呈单向抗压状态,围压过大,轴向破坏载荷会超实验机的额定压力值。

(4) 选择合适的加载速率。

八、实验步骤

(1) 实验前核对岩石名称和岩样编号,对试件的颜色、颗粒层理、节理、裂隙、风化程度、含水状态、加载方向以及加工过程中出现的问题等进行描述,并填入记录表内。

(2) 测量试件的直径与高度。直径应在试件高度方向的中部两个互相垂直的方向上测量,取其算术平均值。

(3) 侧压力的选择。侧压力应在所研究的范围内根据实际情况选定。例如可根据岩层在矿井中所处的深度或原岩应力状态来选择侧压力范围。

(4) 选择材料实验机度盘时一般应满足下式:

$$0.2P_0 < P_{max} < 0.8P_0 \tag{5-1.1}$$

式中　P_{max}——预计最大破坏载荷,kN;

P_0——材料实验机度盘最大值,kN。

(5) 试件安装。拭净上、下垫块端面,将试件置于上、下垫块间使三者中心成一直线。再将试件与垫块套上防油套,用橡皮筋或密封带等封闭试件(见图 5-3)。必要时防油套与上、下垫块的接口处可涂上聚氯乙烯黏胶以增加封闭效果。然后将下部垫块置于压力室底座中心,上好压力室顶盖活塞。再将放好试件的压力室置于材料实验机上、下加压板之间,并使压力室轴线与上、下加压板轴线相重合。开动材料实验机,略加数百牛的纵向压力固定试件,然后打开压力室的排气孔,启动油泵,向压力室注油,当压力室空气排净后拧紧排气孔。

(6) 加载。缓慢施加侧向压力到指定值,稳定数分钟,使侧压力保持恒定,变动范围不应超过选定值的±2%。此时可调整电阻应变仪读数使其为零,作为应变测量的起始点。然后再以0.5～1.0 MPa/s 的稳定加载速率施加纵向载荷直至试件破坏,记下破坏载荷值。卸载后取出试件,记录其破坏状况。必要时可量取破坏面与 σ_1 作用面的夹角 θ(如图 5-1 所示)。

做变形实验时,可按一定荷级测记一次变形值。有条件采用自动记录方式时,可一次连续加载到试件破坏。

(7) 变形测定。试件的纵向和横向变形的测量可采用电阻应变法,或其他精度为0.001 mm以上的变形测定装置(参看《煤和岩石变形参数测定方法》(MT45—87)注①)。

用电阻应变法测定变形时,电阻应变片粘贴和防潮处理按 MT45—87 第 2 章和第 3 章的规定进行。

(8) 一般采用半桥连接方式的测量桥路(如图 5-4 所示)。在同一测量桥路中,补偿片与测量片的电阻值之差不应大于0.5 Ω。补偿片应粘贴在与被测试件同种材料上,用防油套套好浸没在置于压力室附近的油盆内,油盆内放置与压力室同样的液压油。

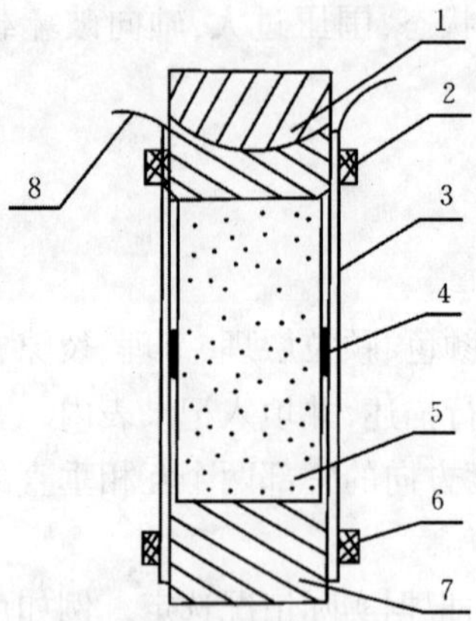

1—上垫块；2—橡胶环；3—防油胶套；
4—电阻应变片；5—试件；6—橡胶环；
7—下垫块；8—电阻片引线

图 5-3　试件安装图

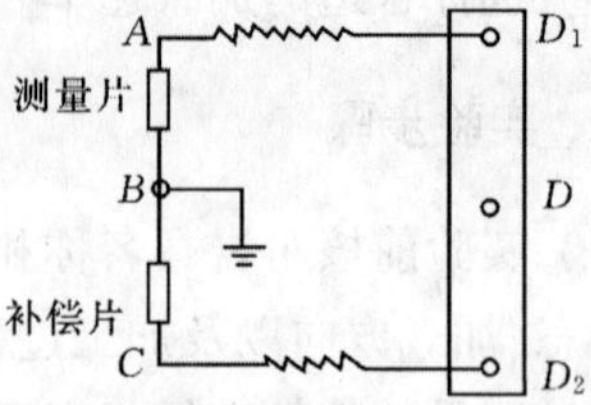

图 5-4　变形测量半桥接线图

九、数据处理

（一）实验结果计算

某一定侧压力作用下的岩石抗压强度按下式计算：

$$\sigma_{1\max}=\frac{10P}{F} \tag{5-1.2}$$

式中　$\sigma_{1\max}$——在某一定侧压力作用下的岩石抗压强度，MPa。

P——纵向破坏载荷，kN；

F——受压试件初始截面积，cm^2。

（二）绘制应力—应变曲线

以主应力差（$\sigma_1-\sigma_3$）为纵坐标，纵向应变或横向应变为横坐标，绘制主应力差与纵向横向应变的关系曲线，在每根曲线上标出侧向压力值 σ_3（如图 5-5 所示）。

纵向应力计算公式：

$$\sigma_1=\frac{10P'}{F} \tag{5-1.3}$$

式中　σ_1——纵向应力，MPa；

P'——纵向载荷，kN；

F——试件初始截面积，cm^2。

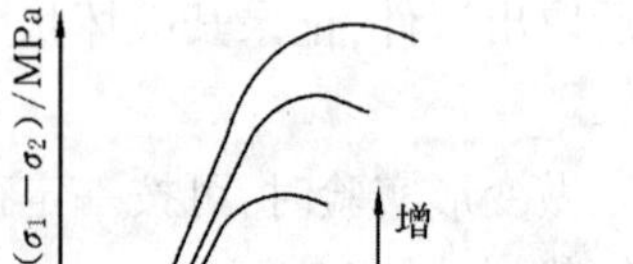

图 5-5　应力—应变关系曲线

（三）计算内摩擦角 φ 和黏聚力 C

（1）以侧压力 σ_3 为横坐标，纵向抗压强度 $\sigma_{1\max}$ 为纵坐标，将同组试件的侧压力与纵向抗压强度的关系在图上标出（图 5-6）。

（2）通过上述各点绘制平均曲线，再从实际情况出发，在曲线上选取最适当的线段绘一条直线或在曲线上选取不同的线段绘出几条直线。对每条直线都要计算出它们的斜率 m 和 y 轴上的截距 b（注意：当纵坐标与横坐标采用的比例不同时，不能直接从图上量取角度

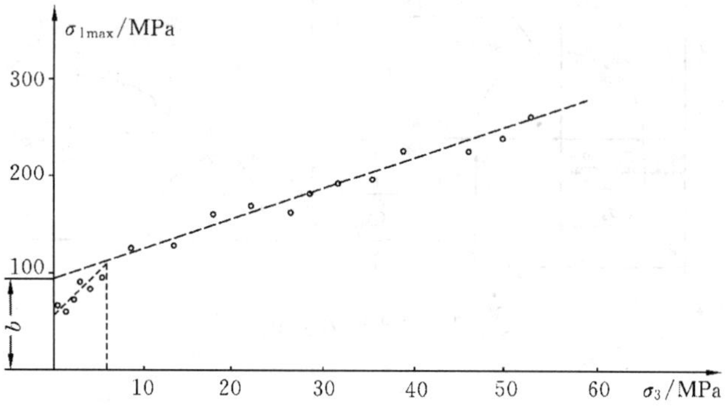

图 5-6　侧压力与纵向抗压强度关系曲线

取得 m 值,而必须通过计算求得)。

各段直线方程的表达式为:

$$\sigma_1 = b + m\sigma_3 \tag{5-1.4}$$

b,m 可用下式计算:

$$b = \frac{\sum\sigma_3\sigma_1\sum\sigma_3 - \sum\sigma_1\sum\sigma_3^2}{(\sum\sigma_3)^2 - n\sum\sigma_3^2} \tag{5-1.5}$$

$$m = \frac{\sum\sigma_3\sum\sigma_1 - n\sum\sigma_3\sigma_1}{(\sum\sigma_3)^2 - n\sum\sigma_3^2} \tag{5-1.6}$$

n 为该直线段内的点数,σ_1,σ_3 分别为该直线段内各点相对应的纵向抗压强度与侧向压力值。

(3) 利用参数 m 和 b,根据下列公式,计算内摩擦角 φ 和黏聚力 C。

$$\varphi = \arcsin\frac{m-1}{m+1} \tag{5-1.7}$$

$$C = b\frac{1-\sin\varphi}{2\cos\varphi} \tag{5-1.8}$$

(四) 绘制莫尔圆及其包络线

当要求提供强度曲线时,可用下列方法绘制莫尔圆及其包络线。

取纵、横坐标比例相同的坐标纸,采用以压应力为正的直角坐标系,按不同的侧压力 σ_3 及相应的纵向抗压强度 σ_1 绘出莫尔圆族。画莫尔圆时,可先根据实际情况在所研究的范围内选定 3 ~5 个 σ_3 值,然后运用该组 σ_3 所通过的直线方程 $\sigma_1=b+m\sigma_3$,求出相对应的 σ_1,以 $(\frac{\sigma_p+\sigma_3}{2},0)$ 为圆心,$(\frac{\sigma_1-\sigma_3}{2})$ 为半径绘出一组莫尔圆及其包络线,此包络线即为该组岩石的强度曲线,包络线在 y 轴上的截距为黏聚力 C,与 x 轴的夹角为内摩擦角 φ,如图 5-7 所示。

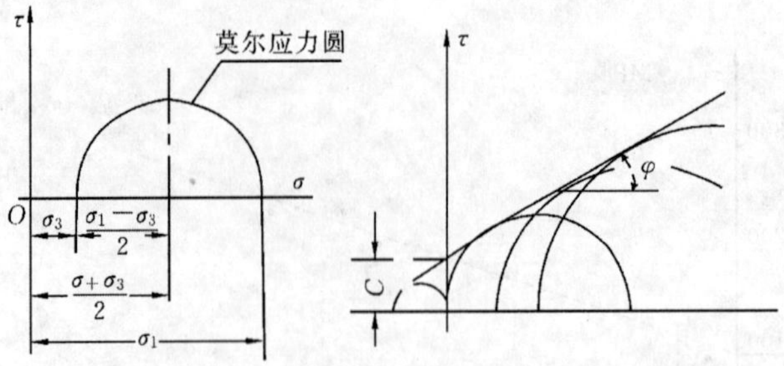

图 5-7　莫尔圆及其包络线

表 5-1.1　三轴压缩实验记录表

送样单位：　　　　　　　　　　采样地点：　　　　　　　　　　测定日期：

岩样编号	岩石名称	试件编号	试件描述		试件受力方向	试件含水状态	试件尺寸/cm		试件截面积 F/cm²	纵向破坏载荷 P/kN	纵向抗压强度 σ_{1max}/MPa	侧向压应力 σ_3/MPa	备注
			实验前	实验后			高	直径					

实验：　　　　　　　　计算：　　　　　　　　校核：

表 5-1.2　三轴变形实验记录表

（参考件）

送样单位：　　　　　　　　　　试件直径：　　　　　　　　　　cm
采样地点：　　　　　　　　　　试件高度：　　　　　　　　　　cm
岩石名称：　　　　　　　　　　试件截面积：　　　　　　　　　cm²
岩样编号：　　　　　　　　　　试件含水状态：
试件编号：　　　　　　　　　　测定日期：

试件描述		序号	纵向载荷 P'/kN	纵向应变 $\varepsilon_1/10^{-6}$				横向应变 $\varepsilon_d/10^{-6}$				纵向应力/MPa	$\sigma_1-\sigma_3$/MPa	备注
实验前	实验后			1 片	2 片	3 片	平均	1 片	2 片	3 片	平均			

实验：　　　　　　　　计算：　　　　　　　　校核：

实验2　煤和岩石渗透系数测定实验

一、实验目的与要求

煤和岩石的渗透系数表示煤和岩石在水的压力差作用下允许水流通过它的难易程度。

通过本实验了解测定煤和岩石渗透系数所采用的仪器设备及其使用方法，对试件的要求、测定方法和测试结果的计算处理方法。

二、仪器、设备及工具

（1）钻石机或车床、锯石机、磨石机或磨床。

（2）无级调速高压水泵。

（3）渗透系数测定装置。

（4）游标卡尺：最小分度值0.02 mm。

（5）量筒：容积25 mL，最小分度值0.5 mL。

（6）直角尺、百分表及百分表架。

（7）材料实验机：精度不低于2级。

（8）真空抽气装置：抽气的真空度不低于0.098 MPa（约740 mmHg）负压。

三、试件规格、加工精度、数量及含水状态

（一）规格

标准试件采用圆柱体，直径$50^{+1.0}_{-2.0}$ mm，高径比1∶1。其轴线与层理方向垂直或平行（用记号⊥或∥表示）。

（二）加工精度

试件两端面不平行度不得大于0.10 mm，上、下端直径偏差不得大于0.20 mm，无明显轴向偏差，即将试件立放在水平检测台上，用直角尺紧贴试件表面，要求两者之间无明显缝隙。

（三）数量

每种含水状态下，每组试件不得少于3个。

（四）含水状态

一般采用自然含水状态的试件进行测定。根据需要也可采用干燥状态、水饱和状态或其他含水状态的试件进行测定。

（1）自然含水状态：试件制备后，放在底部有水的干燥器内1～2 d，以保持一定湿度，但试件不得接触水面。

（2）干燥状态：将试件放在105～110 ℃的干燥箱内干燥24 h，然后放入干燥器内冷却至室温。

（3）水饱和状态：将试件放在真空抽气罐内带孔的板上（如图5-8所示），间距不得小于20 mm。接上抽气系统，所有连接处均不得漏气。开动真空泵，抽气20～30 min，抽气的真空度应不低于0.098 MPa（约740 mmHg）负压，然后打开三通阀，慢慢将水注入真空抽气罐

内,至水面高出试件 20～30 mm,继续抽气直至试件表面不再有气泡冒出。关闭真空泵,扭转三通阀,使真空抽气罐与大气相通,在水中静置 4 h 以上。

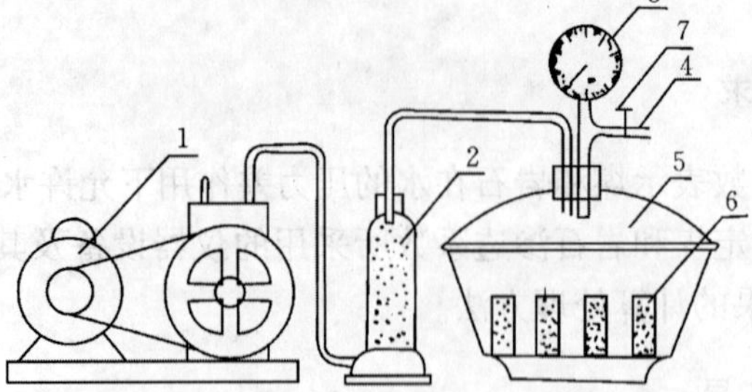

1—真空泵;2—干燥塔;3—真空压力表;4—进水口;

5—真空抽气罐;6—试件;7—三通阀

图 5-8　真空抽气装置

四、实验装置

实验装置示意图如图 5-9 所示。

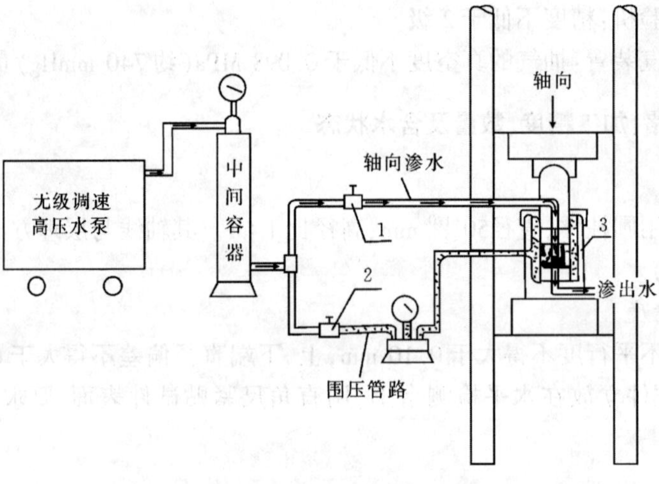

1,2—二通阀;3—试件夹持器

图 5-9　渗透系数测定示意图

五、实验内容

(1) 了解测定煤和岩石渗透系数所采用的仪器设备的使用方法。

(2) 了解试件的尺寸及精度要求。

(3) 掌握煤和岩石试件渗透系数的测定步骤和数据处理及计算方法。

六、实验步骤

（一）试件描述

测定前核对岩石名称和岩样编号，对试件的颜色、颗粒、层理、节理、裂隙、风化程度、含水状态以及加工过程中出现的问题等进行描述，并填入附表。

（二）测量试件尺寸

对试件描述后，应核对试件编号并测量尺寸。在其高度方向的中部两个相互垂直的方向上测量直径，在过其端面中心的两个相互垂直的方向上测高度，将其平均值以及试件编号和试件轴线与层理方向的关系（⊥或∥）填入表5-2。

（三）载荷和压力选择

1. 轴向载荷

采用材料实验机加载，一般约15 kN。

2. 围压

采用无级调速高压水泵加压，一般约12 MPa。

3. 渗水压力

采用无级调速高压水泵加压，一般约10 MPa。

4. 测定系统检验

每次测定前，应对测定系统进行检验。用直径50 mm、高径比1∶1的实心钢柱代替试件装入试件夹持器内（如图5-10），再接入渗透系数测定系统（如图5-10）。先用材料实验机加轴向载荷至约15 kN，关闭二通阀1（如图5-9），打开二通阀2，开动无级调速高压水泵，待压力达到围压规定值（约12 MPa）关闭二通阀2，打开二通阀1，待压力达到渗水压力规定值（约10 MPa）时停泵（此时轴向载荷将随围压和渗水压力增加到约20 kN），稳定30 min，当系统无漏水现象（各压力值不降）时，确认系统完好。

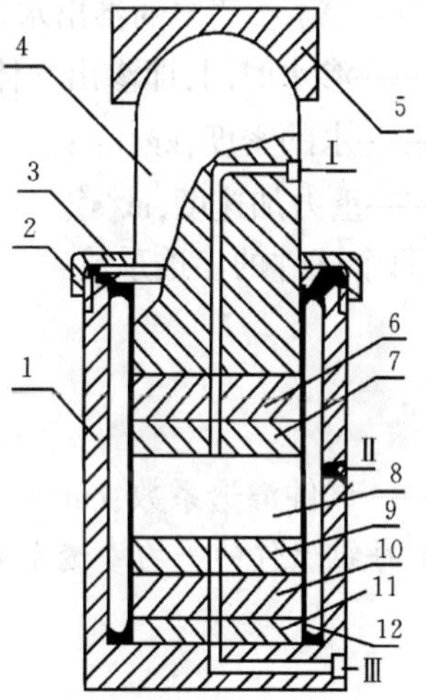

1—试件夹持器；2—端盖螺母；3—压片；
4—承压头；5—调节垫块；6，10—高度调节垫片；
7，9—疏水垫片；8—试件（或钢柱）；
11—垫片；12—橡胶套
Ⅰ—轴向渗水口；Ⅱ—围压水入口；
Ⅲ—渗水出口

图5-10　试件安装示意图

5. 参数测定

取出钢柱，装入试件，再按第4步骤依次加轴向载荷、围压和渗水压力，渗水压力 p 达到规定值后，调节泵的排水量，控制渗水压力保持稳定，待渗水出口Ⅲ有稳定的出水量后，用量筒测量出水体积 V，并记录相应的时间 T。在不改变轴向载荷、围压和渗水压力的条件下，连续测量三次。将 p 和三次测得的 T、V 填入附表。

6. 卸荷

一个试件测定结束，先停泵并打开泵上的卸荷阀，卸去渗水压力。关闭二通阀2，打开二通阀1,卸去围压,最后卸去材料实验机施加的轴向载荷。

卸荷后拆下试件夹持器,取出测定后的试件。装入下一块试件,按第5步骤进行测定。

七、数据处理

(一) 每个试件的渗透系数

(1) 每个试件三次测定的渗透系统分别按下式计算:

$$K_i = \frac{Q_i \cdot H \cdot \gamma_s}{p \cdot A} \times 10^{-1} \quad (5\text{-}2.1)$$

其中,

$$Q_i = V_i / T_i \quad (5\text{-}2.2)$$

$$\gamma_s = \rho_s \cdot g \quad (5\text{-}2.3)$$

式中 K_i——第 i 次(i=1,2,3)测定的试件的渗透系数,cm/s;

Q_i——第 i 次测定的渗流量,mL/s;

H——试件高度,mm;

γ_s——水的重度,N/m³;

p——渗水压力,Pa;

A——试件横截面积,mm²;

V_i——第 i 次测定的渗出水体积,mL;

T_i——渗水时间,即渗出水体积 V_i 时所用的时间,s;

ρ_s——水的密度,kg/m³;

g——重力加速度,m/s²。

(2) 每个试件的渗透系数

$$K = \frac{\sum_{i=1}^{3} K_i}{3} \quad (5\text{-}2.4)$$

式中 K——试件渗透系数,cm/s。

(二) 每组试件的平均渗透系数

$$K_p = \frac{\sum_{j=1}^{n} K}{n} \quad (5\text{-}2.5)$$

式中 K_p——平均渗透系数,cm/s;

n——每组试件个数。

K_i、K、K_p 计算结果取两位有效数字。

表 5-2　煤和岩石渗透系数测定记录表

送样单位：　　　　　　　　　　　　　　　采样地点：　　　　　　　　　　　　测定日期：

岩样编号	岩石名称		采样深度（距地表 m 至 m）	试件编号	试件描述		试件含水状态	试件轴线与层理关系	试件尺寸/mm		轴向载荷 F/kN	围压/MPa	渗水压力 P/MPa	渗出水体积 V/mL	渗水时间 T/s	渗流量 Q/(mL·s^{-1})	渗透系数/(cm·s^{-1})			备注
	原定名	试验室定名			测定前	测定后			高度 H	直径 D							K_i	K	K_p	

测定：　　　　　　　　　计算：　　　　　　　　　校核：

实验3　煤和岩石渗透率测定实验

一、实验目的与要求

煤和岩石的渗透率表示空气在压力差作用下通过煤和岩石的难易程度。

通过本实验了解煤和岩石的渗透率的测试所需仪器设备和测试过程，掌握测试结果的计算分析方法。

二、仪器、设备及工具

(1) 钻石机或车床、锯石机、磨石机或磨床。

(2) 空气压缩机(排气压力不低于0.8 MPa，排气量不低于0.01 m^3/min)或贮气瓶。

(3) 渗透率测定装置。

(4) U形压差计：有效长度1 m。

(5) 皂膜流量计：最小分度值0.01 mL、0.02 mL各一支。

(6) 直角尺、百分表及百分表架。

三、试件规格、加工精度、数量及含水状态

(一) 规格

标准试件采用圆柱体，直径$25^{0}_{-1.0}$ mm，高径比1：20，其轴线与层理方向垂直或平行(用记号⊥或∥表示)。

(二) 加工精度

试件两端面不平行度不得大于0.10 mm，上、下端直径偏差不得大于0.20 mm。无明显轴向偏差，即将试件立放在水平检测台上，用直角尺紧贴试件表面，要求两者之间无明显缝隙。

(三) 数量

每组试件不得少于3个。

(四) 含水状态

采用干燥状态的试件进行测定。

测定前将试件放在105～110 ℃的干燥箱内干燥24 h，然后放入干燥器内冷却至室温。

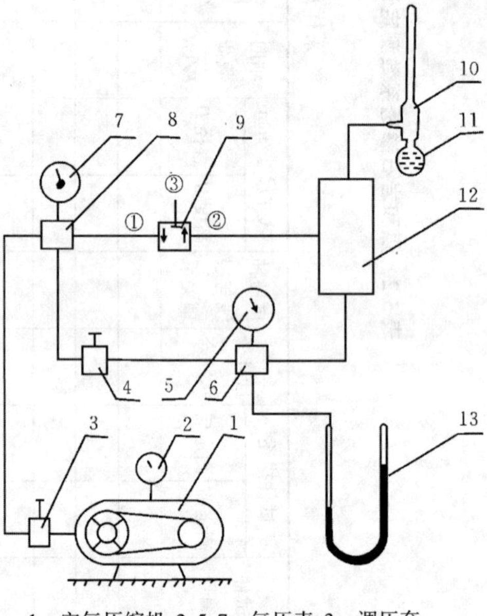

1—空气压缩机；2,5,7—气压表；3—调压套；4—气动定值器；6,8—四通；9—三通阀；10—皂膜流量计；11—胶囊(内发泡液)；12—试件夹持器；13—U形压差计

图5-11　渗透率测定系统示意图

四、实验装置

实验装置示意图如图5-11所示。

五、实验内容

(1) 了解测定煤和岩石渗透率所采用的仪器、设备及使用方法。

(2) 了解试件的尺寸要求及精度要求。

(3) 掌握测定步骤和结果的计算方法。

六、测定步骤

(一) 试件描述

试件干燥前,核对岩石名称和岩样编号,对试件颜色、颗粒、层理、节理、裂隙、风化程度、含水状态以及加工过程中出现的问题等进行描述,并填入附表。

(二) 测量试件尺寸

对试件描述后,应核对编号,并测量尺寸。在其高度方向的中部两个相互垂直的方向上测量直径,在过端面中心的两个相互垂直的方向上测量高度,将其平均值以及试件编号和试件轴线与层理方向的关系(⊥或//)填入附表。

(三) 压力选择

1. 入口端渗透气体压力

视试件致密程度进行调节,一般为 0.06 ~ 0.09 MPa。

2. 围压

一般为 0.4 ~ 0.5 MPa。

(四) 皂膜流量计选择

视试件渗透率的大小选用不同直径的皂膜流量计。预计渗透率大的可选较大直径的皂膜流量计。

(五) 测定系统检验

每次测定前用直径 25 mm、高径比 1∶1 的实心钢柱代替试件,按图 5-12 装入试件夹持器,检验测定系统(测定系统如图 5-11)。开动空气压缩机,顺序加围压和渗透压力至选定值,保持 5 min 不漏气,确认系统完好。

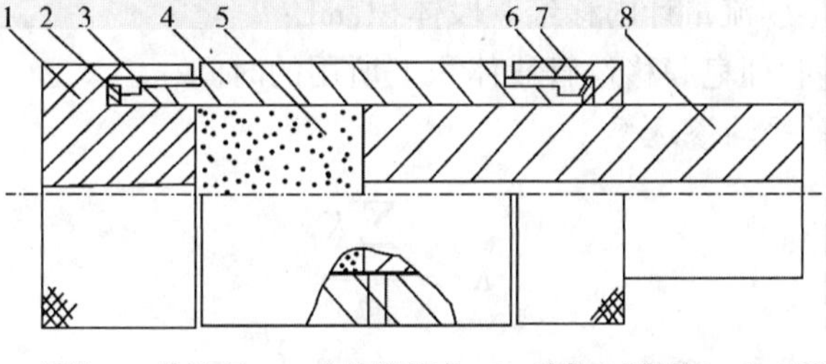

1—上端盖;2,7—压片;3—橡胶套;4—夹持器外壳;5—试件(或钢柱);6—下端盖;8—钢柱

图 5-12　试件夹持器示意图

(六) 参数测定

(1) 关闭三通阀 9 的入气口①及大气连通口③的阀门,关闭气动定值器 4,调节调压阀 3,观察气压表 7 的压力值到选定围压值。

(2) 装入试件后,打开三通阀 9 的入气口①的阀门,围压到选定值后调节气动定值器 4,加渗透压力,观察气压表 5 或 U 形压差计 13 的压力到选定的渗透压力值。

测定时围压不应低于检验时的围压值,渗透压力不应高于检验时的渗透压力值。

(3) 加压后挤压胶囊 11,使肥皂液(也可用能产生稳定气泡的其他发泡液)超过皂膜流量计 10 与试件夹持器 12 的连通口后放开胶囊 11,即在连通口处形成皂膜。皂膜在渗透气体推动下沿皂膜流量计上升,待上升一段距离(渗透稳定)后,从一个刻度开始计时,到另一刻度止,记录时间 T 和皂膜移过管段体积 V,并记录压力表 5 或 U 形压差计 13 的读数 Δp 及测定时的室温 t,填入附表。

(4) 每个试件测定结束后,先关闭气动定值器 4,使渗透压力回零(压差计 13 无压力差)。关闭三通阀 9 的入气口①的阀门,打开大气连通口③卸围压。

(5) 取出测定后的试件,重新关闭三通阀 9 的大气连通口③的阀门,重复上述操作,测定下一个试件。

(6) 测定结束时,先依次卸压,关闭空气压缩机,然后关闭三通阀 9 与试件夹持器 12 的连通口②的阀门,打开三通阀 9 的入气口①及大气连通口③的阀门,对管路内部气体卸压。

七、数据处理

(一) 每个试件的渗透率按下式计算

$$K = \frac{2 \cdot p \cdot Q \cdot H \cdot \mu}{(2P \cdot \Delta p + p^2)A} \times 10 \tag{5-3.1}$$

其中:

$$Q = V/T$$

式中 K——渗透率,cm^2;

p——出口端气体压力大(大气压力),Pa;

Q——渗流量,mL/s;

H——试件高度,mm;

μ——空气动力黏度,Pa · s;

Δp——渗透压力,Pa;

A——试件横截面积,mm^2;

V——皂膜在皂膜流量计内移经管段体积,mL;

T——渗透时间,即皂膜移运管段体积 V 所用的时间,s。

(二) 每组试件的平均渗透率

$$K_p = \frac{\sum_{j-1}^{n} K}{n} \tag{5-3.2}$$

式中 K_p——平均渗透率,cm^2;

n——每组试件个数。

计算结果 K、K_p 取两位有效数字。

表 5-3　煤和岩石渗透率测定记录表

送样单位：　　　　　　　　　　　　采样地点：　　　　　　　　测定日期：

岩样编号	岩石名称		采样深度（距地表 m至 m）	试件编号	试件描述		试件含水状态	试件轴线与层理关系	试件尺寸/mm		室内温度 t/℃	渗透压力 Δp/Pa	渗出气体体积 V/mL	渗透时间 T/s	渗流量 Q /（mL·s^{-1}）	渗透率/cm^2		备注
	原定名	试验室定名			测定前	测定后			高度 H	直径 D						K	K_p	

测定：　　　　　　　　计算：　　　　　　　　校核：

实验4　岩石损伤的凯瑟效应实验

一、实验目的与要求

通过分析岩石材料在高应力作用下释放的声电信号及相关力学参数,研究岩石损伤的凯瑟效应现象,实验室结合现场研究岩石的凯瑟效应可以实现测量岩体地应力等目的。

二、实验仪器及工具

(一) 试件加工仪器

钻石机,车床,锯石机,磨床。

(二) 试件检验工具

游标卡尺(精度0.02 mm),直角尺,水平检测台。

(三) 材料实验仪器

材料实验机,DiSP—24声发射监测系统,数据采集系统,数据处理系统(计算机)。

三、实验原理

凯瑟效应由德国学者凯瑟(Kaiser)于1950年发现。当金属材料第一次受单向拉伸卸载后,再次加载到第一次加载的荷载时,金属材料中出现明显的声发射现象,这种现象称为凯瑟效应。

在岩石压缩实验中也存在凯瑟效应。其基本原理为:地壳内岩体在长期应力作用下达到稳定状态,此时岩体的微裂结构和所受应力被记忆在岩石中。当采用钻孔取岩芯时,积聚在深部岩体中的应力将释放,张开的裂隙将闭合。再次加载到岩芯原先在地壳内所受应力时,岩体就将产生新的裂隙,新裂隙的产生伴随大量声发射出现,借助岩石的这种记忆效应,根据此时载荷确定初始应力大小。

由此可知,岩石材料在应力作用下声发射现象具有瞬时不可逆特性。岩石材料如果先后受到两次应力作用,而第二次应力值不超过第一次应力值之前,第二次就很少或没有声发射。

四、实验装置

(一) 加载系统

加载装置采用由长春实验机研究所生产的高精度能控制加载速度及调节油压的CSS—4400电子万能实验机主机、附件、计算机系统和德国DOLL电子公司生产的EDC120数字控制器力学实验系统,所有数据自动记录、处理。加载系统如图5-13所示。

(二) 声发射监测系统

采用美国产DiSP—24煤岩力学声电测试系统。该系统可记录煤岩体变形破坏过程中的声发射(也可记录电磁辐射信号),记录信号的幅值、脉冲数、声发射的振铃计数率、能量等,是目前国内最先进的岩石力学声(电)信号测试系统,如图5-14所示。

图 5-13　加载系统

图 5-14　DiSP—24 声发射数据采集系统

五、实验内容

(1) 对煤岩试样单轴加压至破坏,采集试样破坏过程中的声发射信号。

(2) 研究试样破坏阶段声发射信号变化特征。

六、实验步骤

(1) 加工制作标准煤岩样 6 块,试样为高 $h=100$ mm,直径 $d=50$ mm 的圆柱体。

(2) 按照实验设计,实验布置示意如图 5-15 所示。将试样置于压力机底座中心,开动压力机,调整压力机承压板高度和球形座,使试件上下两面水平。对试件适当加微压,使上下两面受力均匀,并且不松动,停止压力机准备实验,如图 5-16 所示。

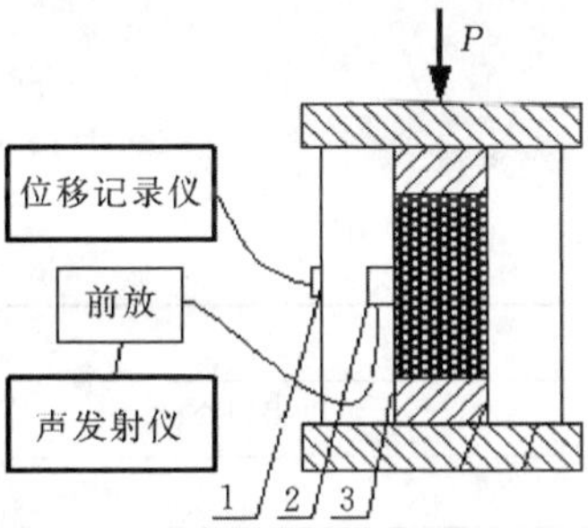

1—位移传感器;2—声发射探头;3—绝缘纸

图 5-15　岩石损伤的凯瑟效应实验布置示意图

图 5-16　试样安置

(3) 声发射探头用塑料细胶带固定于试样侧面,探头与试样之间涂抹黄油,以使探头端面和试样充分耦合。

(4) 调试 DiSP—24 声电监测系统门槛值,过滤噪声,为信号记录做好准备,由专人负责监管。

(5) 压力机与 DiSP—24 声电监测系统同时启动,以 0.5～1 MPa/s 的速度加载,当试样发出细小的破裂声时需特别注意,实时观察声电监测系统的声信号变化,加载至试样破坏后立即停止压力机和 DiSP—24 声电监测系统,记录试样的破坏载荷。如遇较软试样时,加载速度可适当放缓;当试件较脆硬时,应在试件周围加保护罩。

(6) 以上述方法重复做3次实验,求取3块试样的平均破坏载荷。

(7) 调整压力机循环加载模式的压力上限为3块试样的平均破坏载荷的80%,循环加载次数一般设为1~2,即当压力机加载到3块试样的平均破坏载荷的80%时,卸压直至5 kN附近,然后继续加载至煤岩样完全破坏,全程记录声发射信号。

(8) 循环加载3块煤岩样,记录加压过程中出现的现象,对破坏后的试件进行描述和摄影,保存声电监测仪的记录结果。

七、注意事项

(1) 试样加压前,确保其上下两个表面水平,并与压力机度盘接触紧密,使压力机度盘中心及试样轴心处在同一条垂线上。

(2) 实验过程中,压力机加压速度不能过快。

(3) 声发射信号接收探头须紧贴试样表面,否则会影响信号的有效采集。

(4) 声发射采集系统要求实验人员保持室内安静,避免噪声对声信号的影响。

(5) 部分试样由于硬度较大,在加压过程中可能会出现爆裂现象,具有一定危险性,需注意人身安全,并加装保护箱。

(6) 也可进行岩样和煤岩组合体试样实验,实验步骤同上。

八、实验现象及数据记录

本实验主要是观察试样破裂阶段声发射信号的变化情况,通过对破裂过程前期、中期及末期声发射信号变化的分析处理。

实验者在实验过程中须做好记录,记录表如附表。

表5-4　声发射实验现象记录表

姓名　　　　　　　学号　　　　　　　班级

阶　段	试　样		
	煤　样	岩　样	煤岩组合体
准备阶段			
加载阶段			
破坏阶段			
声发射信号变化图（黏图）			

九、数据处理及现场应用示例

示例如图5-17~图5-19所示。

（a）　　　　　　　　　　　　　　（b）

（a）煤样破坏图；（b）煤岩组合体破坏图

图 5-17　试样破坏结果图

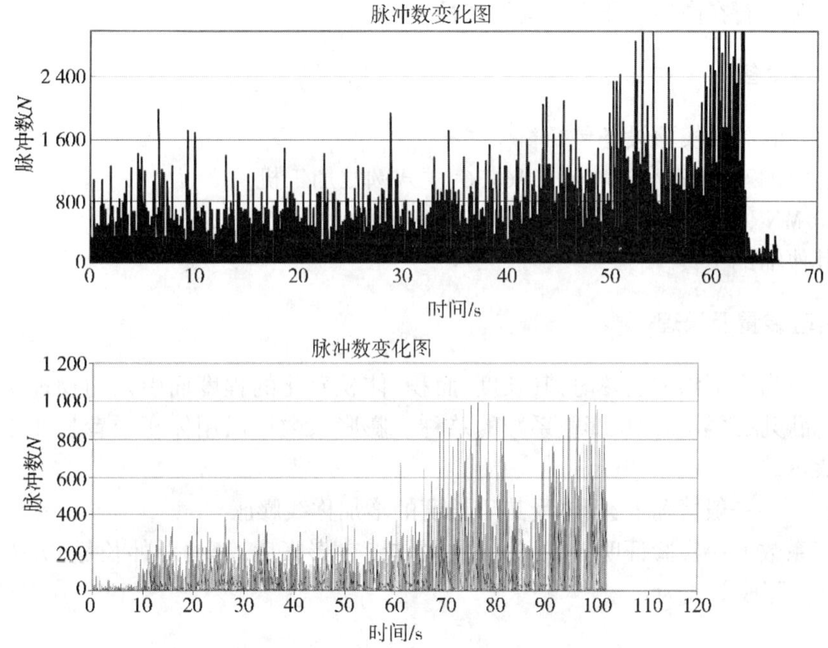

图 5-18　实验信号

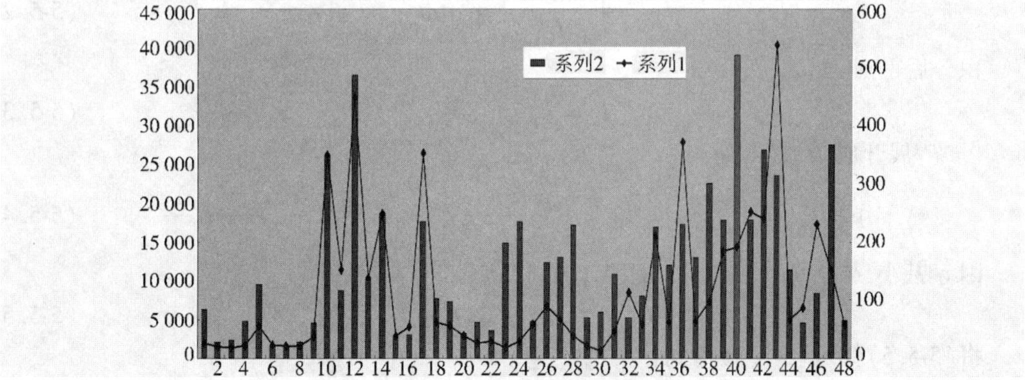

图 5-19　某矿声发射能量与频次变化图

实验5　高温高压下岩石的热膨胀系数测定实验

一、实验目的与要求

(1) 通过实验,了解岩石大试样的加工方法。
(2) 了解岩石高温高压三轴实验试样的装样方法。
(3) 了解试样加热、绝缘材料及在高压室内的布置方法。
(4) 了解热电偶测温的原理及方法。
(5) 掌握三轴实验机轴压和围压的加压方法。
(6) 了解岩石在高温高压下的变形特性。

二、实验设备

岩石的高温高压实验设备包括:
(1) 岩样加工设备:普通车床 CA6136、立式圆柱加工机。
(2) 20 MN 伺服控制高温高压岩体三轴实验机。
(3) 其他辅助工具。

三、实验装置及原理

膨胀系数为表征物体受热时,其长度、面积、体积变化的程度而引入的物理量。它是线膨胀系数、面膨胀系数和体积膨胀系数的总称。膨胀系数可以用体积或者长度表示。通常用长度来表示。

线膨胀——一般情况下,固体受热后长度的增加称线膨胀。

线膨胀系数——实验证明,长度为 L 的固体受热膨胀后,其相对伸长量 $\mathrm{d}L/L$ 与温度变化 $\mathrm{d}t$ 成正比,写成等式为:

$$\frac{\mathrm{d}L}{L} = \alpha \cdot \mathrm{d}t \tag{5-5.1}$$

其中,比例系数 α 称为固体线膨胀系数。

$$\int_{L_1}^{L_2} \frac{\mathrm{d}L}{L} = \int_{t_1}^{t_2} \alpha \cdot \mathrm{d}t \tag{5-5.2}$$

积分后得到:

$$L_2 = L_1 \cdot \mathrm{e}^{\alpha \cdot (t_2 - t_1)} \tag{5-5.3}$$

将 $\mathrm{e}^{\alpha \cdot (t_2 - t_1)}$ 展开成级数,得到:

$$\mathrm{e}^{\alpha \cdot (t_2 - t_1)} = 1 + \alpha(t_2 - t_1) + \frac{\alpha^2 (t_2 - t_1)^2}{2!} + \cdots + \frac{\alpha^n (t_2 - t_1)^n}{n!} \tag{5-5.4}$$

因 α 甚小,故将二次项以后均略去,得到:

$$\mathrm{e}^{\alpha \cdot (t_2 - t_1)} = 1 + \alpha(t_2 - t_1) \tag{5-5.5}$$

将(5-5.5)代入(5-5.3)得到:

$$\alpha = \frac{L_2 - L_1}{L_1(t_2 - t_1)} = \frac{\Delta L}{L_1 \Delta t} \tag{5-5.6}$$

将 L_1 和 L_2 换成 V_1、V_2 便可得到体积膨胀系数,即:

$$V_2 = V_1[1 + \alpha(t_2 - t_1)]$$

无论物质是哪种(固体、液体或气体)形态的变化,都称为体膨胀。当物体温度改变 1 ℃时,其体积变化和它在 0 ℃时体积之比,叫作体积膨胀系数。

$$\alpha = \frac{V_t - V_0}{V_0 t} \tag{5-5.7}$$

热膨胀系数测定方法的基本点是准确地测量出一系列温度下待测试样的长度,然后通过相邻温度下试样的长度差和温度差求出热膨胀系数。膨胀系数是温度的函数,不同温度下的热膨胀系数不同。常用的是在一定温度范围内,如 20 ℃～100 ℃区间内温度改变 1 ℃时材料尺寸的平均相对增加值,而不是指某一温度下的绝对增加值。

四、实验内容

(1) 岩石试样的加工方法。

(2) 岩石试样的加温与安装方法。

(3) 高温高压下岩体的热膨胀系数变化特性。

五、实验步骤

(一) 实验准备

1. 试样制备

(1) 实验用试样从原产地采出后,用纸包装后石蜡密封、装箱,加垫锯末等防震材料,用专车运至实验室。

(2) 将毛坯试样用立式圆柱加工机粗加工成圆柱状。

(3) 用普通车床进行精加工,加工后试样直径应在 200±0.1 mm 范围内,高度应在 400～415 mm 之间。精车后的岩石试样如图 5-20 示。

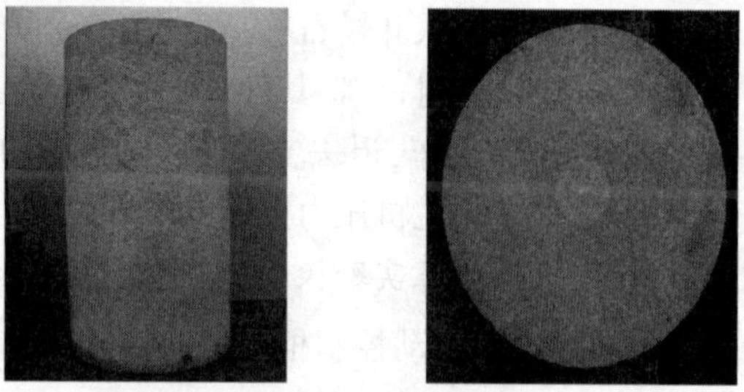

图 5-20　精车后实验用花岗岩试样图

2. 传压介质烘干

本实验所采用的传压介质是 NaCl 和叶蜡石粉,在实验前要将其在 200 ℃下恒温烘烤 24 h 以上,同时在烤箱内自然冷却。NaCl 共需烤制 25 kg,叶蜡石粉共需烤制 45 kg。烤制冷却下来的 NaCl 和叶蜡石粉要装入塑料袋内密封,切勿受潮。

3. 导电部件的清理

本实验采用大电流加热,最高电流达 1 600 A,要保证电路通畅,必须保证每个连接处接触电阻、表面氧化电阻等很小,以免局部烧蚀。电阻的大小关系着电流能否加得上,因此上述影响电阻的因素是否处理得当将直接影响到温度的加载,关系着实验的成败。故必须在装样前将每个传电部件打磨光亮。各个部件依次为:围压传压头、轴压传压头、下部轴压传压 H13 压头、上部轴压传压 H13 压头、盖板、电极、主机轴压头、主机围压头。

4. 试样外形测量

用直尺测量试样不同位置的高度三次并记录,用游标卡尺测量试样不同位置的直径三次并做记录,将试样放置在电子台秤上进行其质量的测量,同时对试样表面状况进行简单描述。将上述参数均记录在专用的实验记录本上。

(二) 辅机试样安装操作

辅机试样安装操作按如下步骤进行:

(1) 清理压力室内腔,涂上一层薄薄的高温润滑脂。

(2) 开启辅机泵,升起底缸,直至最大量程停止。

(3) 依次放入围压头、轴压头、下部 H13 压头、岩样、上部 H13 压头,并保证上述各个部件中心轴线重合,不可有明显的偏斜。

(4) 下降中心缸,用不超过 10 MPa 的压力将上述部件压住。

(5) 在试样外表面包一层云母纸,注意云母纸长度不可太长,只要不超过岩样两端 50 mm 即可。同时手工将此层云母纸旋转紧贴岩样,保证不出现明显的鼓胀现象。

(6) 包裹电热合金片,电热合金片长度为 700 mm,电热合金片也要紧贴着内层云母纸,保证不出现鼓胀现象。同时用胶带缠绕严实。并在两端部用铜套紧固。

(7) 包裹外层云母纸,外层云母纸包裹两层。裹紧保证不出现鼓胀现象。同时用胶带包裹严实。

(8) 开始装入传压介质叶蜡石粉,装完毕后下降侧缸,加压至 20 MPa,把叶蜡石粉压实并保压 30 min,30 min 后浮动下行,第二次压入叶蜡石粉。按照第一次的步骤,接着压入第三次、第四次……直至将叶蜡石粉压至低于岩样下端面 30 mm 停止压入。

(9) 压入 NaCl,步骤同叶蜡石粉一样,但要注意分别在岩样的下端面、中间、上端面的 NaCl 内埋放热电偶。当压至超过岩样上表面 30 mm 时停止压入 NaCl。

(10) 再次压入叶蜡石粉,直至把整个炉芯压完,结束传压介质的压入。

(11) 处理上封口,将其处理平整,然后盖上盖板,将热电偶从盖板的三个出口中穿出,接上电极,顶起小车,退去支撑压力室底座的两个钢板,底缸回程至最低点,小车落到轨道上,准备推车进入主机压力空间内。

(三) 岩体加压实验操作

(1) 逆时针旋动控制柜电源开关[控制有电],给整个主机系统供电。

(2) 打开主机动力系统冷却水开关。

(3) 分别按下主控制柜托料缸液压泵[辅助泵电机启动]按钮、[围压泵电机启动]按钮、[轴压泵电机启动]按钮将托料缸泵、围压泵、轴压泵启动。

(4) 启动工控机,进入如图 5-21 所示的系统控制界面。

(5) 按下[托料缸上升]按钮,升起托料缸,让压力室上端面盖板与主机上大的黑盖板尽量接触大致没有缝隙后,停止上升托料缸,同时按下[辅助泵电机停止]按钮停止辅助泵。

(6) 将热电偶接到温控柜各个温显表上,电极接到温控柜四只引出的接线上。

(7) 先后按下[轴压缸上升]、[围压缸上升]按钮,然后交替升起轴压、围压。但要保证让轴压先接触到轴压头。当图 5-21 中轴向载荷刚好>60 kN,侧向载荷刚好>150 kN 时,停止上升轴压缸、围压缸。

（8）在图 5-21 界面设置实验参数，实验参数包括：轴向载荷、侧向载荷、实验时间、存盘间隔、实验名称。填写完毕后点击[参数确认]按钮，接着点击[开始实验]按钮进行实验。

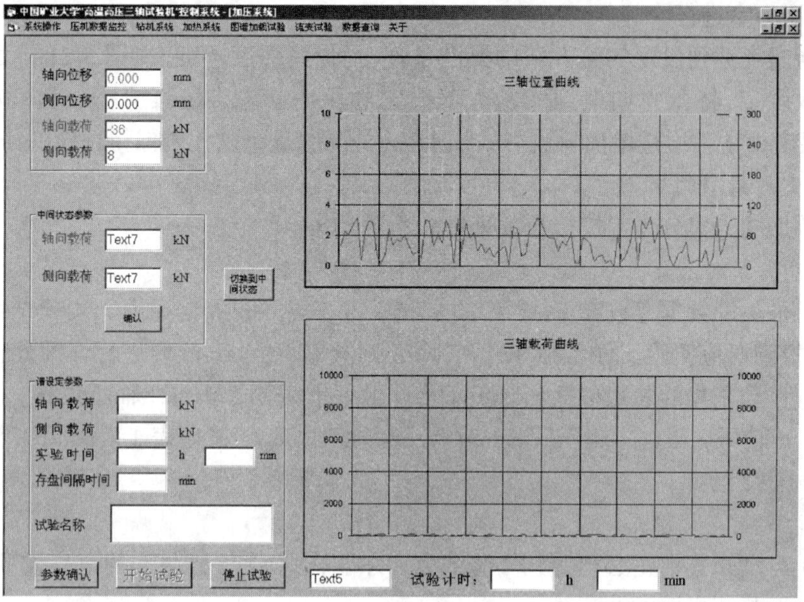

图 5-21　工控机控制软件启动界面

（四）加温操作

实验温度的加载是通过调节温控柜上（图 5-22）的电流实现的。温控柜正面如图 5-22 和图 5-23 所示。

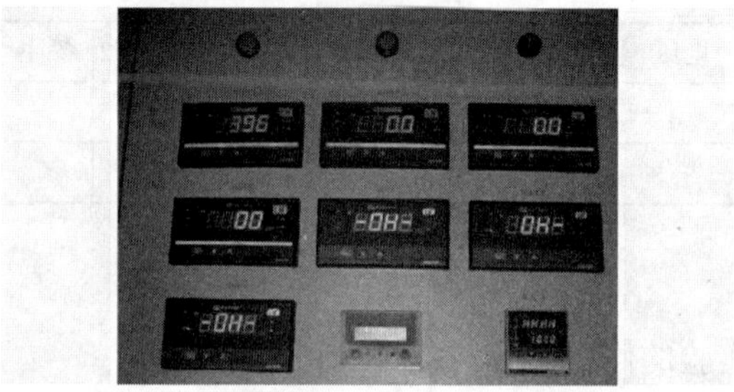

图 5-22　实验基本输入输出数据温控柜显示图

图 5-23　温控柜控温按钮图

（1）合上温控柜电源总开关。

（2）按下温控柜上的[运行]按钮，此时温控柜便开始工作。

（3）将调节电流大小的[手动调节]旋钮逆时针旋转到底，然后再顺时针旋转两周，直至发现电流显示表上显示有电流为止。

（4）慢慢顺时针调节[手动调节]旋钮，不断增加输入电流，当电流达到 50 A 时，停止增加电流，观察并记录温控柜上各显示表的数据，尤其注意温显表上的数据。间隔 30 min 后可以再次增加电流,但是此次只增加 20 A。然后再间隔 20 ~ 30 min 加一次电流,当温度上升到 150 ℃以后时,电流每次加 10 A,原则是少量多次增加。

(5) 当温度超过 100 ℃时,按下主控系统电源柜上[高压室冷却电机启动]按钮,打开冷却系统,对压力室进行冷却。

(6) 当温度达到设定实验方案的温度条件时,保持温度不变,在图 5-21 界面中通过中间状态参数设定,将压力调整到实验方案设定的压力状态。继续升温,升温速率保持在 10 ℃/h,温度由手工通过增加电流方式加上去,升温的整个过程中保持恒定的压力不变。

(五) 变形数据的采集

变形数据的采集分为工控机自动采集和手动采集。

1. 工控机自动采集

工控机采集的数据存放在 F:\\菜单:\\jiayashiyan. mdb 数据库内。实验结束后需打开该数据库,找到对应实验文件名称并打开(图 5-24),转存到 excel 内进行详细处理。

工控机自动采集的参数包括:data0(日期)、data1(时刻)、data2(轴压位移)、data4(侧压位移)、data6(轴压)、data7(侧压)、data8(温显表 4)、data9(温显表 1)、data10(温显表 2)、data11(温显表 3)、

2. 手动采集与记录

工控机自动采集数据必须等到实验结束后才能转存,为了能够实时观察实验状况,采用手动采集无疑是很必要的。

用三只千分表进行轴向位移、侧向位移测量,每隔一定时间记录一次三只千分表的示数。当千分表达到满量程时,重新调整千分表使被测数据仍在其可测范围内。手动记录的参数可以根据实际情况随时改变。

表 5-5 手工记录表

时间	轴压	围压	轴向变形	侧向变形	电流	电压	热电偶温度 1	热电偶温度 2	热电偶温度 2	备注

(六) 实验结束操作

当所有实验内容完成后,按如下步骤进行实验的停止工作。

(1) 在图 5-21 界面内,点击[停止实验]按钮,此时,整个控制系统停止数据的采集。

(2) 按下温控柜上[停止]按钮,便停止了实验的加温系统。拉下温控柜的总电源开关,此时就关闭整个温控系统。

(3) 依次按下主控制系统电源柜上的[轴压泵电机停止]、[围压泵电机停止]按钮,停止主机动力源,停止压力的加载。

(4) 关闭冷却系统。

(5) 退出工控机控制界面,进入 F 盘,拷贝实验数据到可移动盘。关闭工控机。

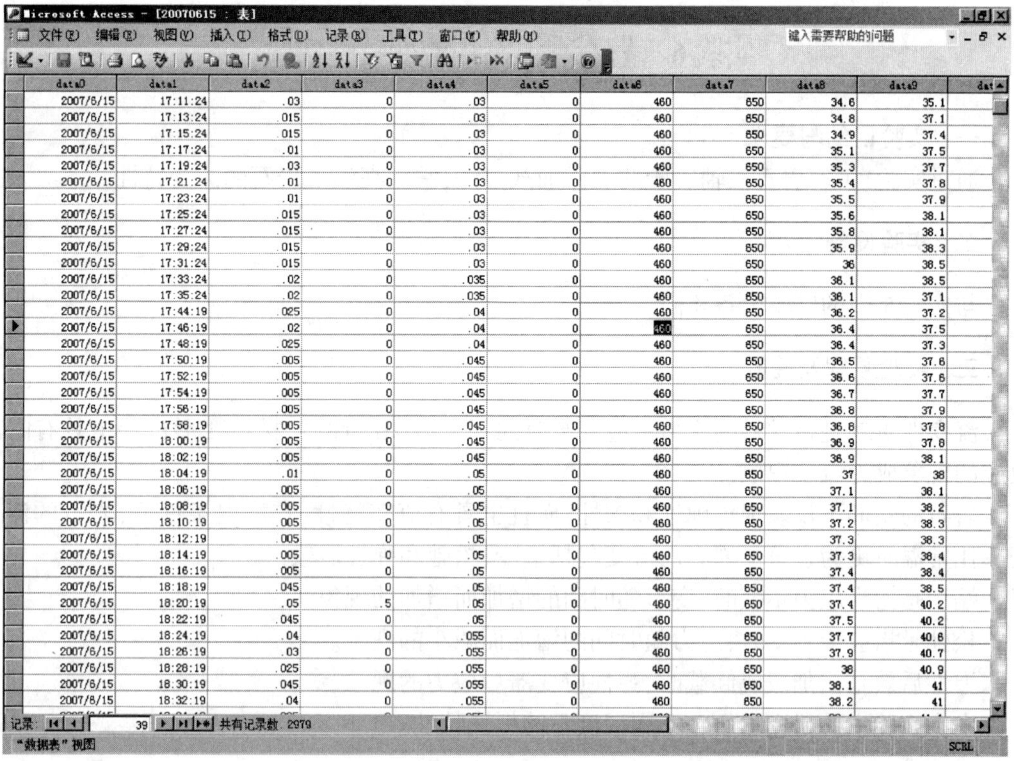

data0	data1	data2	data3	data4	data5	data6	data7	data8	data9
2007/6/15	17:11:24	.03	0	.03	0	460	650	34.6	35.1
2007/6/15	17:13:24	.015	0	.03	0	460	650	34.8	37.1
2007/6/15	17:15:24	.015	0	.03	0	460	650	34.9	37.4
2007/6/15	17:17:24	.01	0	.03	0	460	650	35.1	37.5
2007/6/15	17:19:24	.03	0	.03	0	460	650	35.3	37.7
2007/6/15	17:21:24	.01	0	.03	0	460	650	35.4	37.8
2007/6/15	17:23:24	.01	0	.03	0	460	650	35.5	37.9
2007/6/15	17:25:24	.015	0	.03	0	460	650	35.6	38.1
2007/6/15	17:27:24	.015	0	.03	0	460	650	35.8	38.1
2007/6/15	17:29:24	.015	0	.03	0	460	650	35.9	38.3
2007/6/15	17:31:24	.015	0	.03	0	460	650	36	38.5
2007/6/15	17:33:24	.02	0	.035	0	460	650	36.1	38.5
2007/6/15	17:35:24	.02	0	.035	0	460	650	36.1	37.1
2007/6/15	17:44:19	.025	0	.04	0	460	650	36.2	37.2
2007/6/15	17:46:19	.02	0	.04	0	460	650	36.4	37.5
2007/6/15	17:48:19	.025	0	.04	0	460	650	36.4	37.3
2007/6/15	17:50:19	.005	0	.045	0	460	650	36.5	37.6
2007/6/15	17:52:19	.005	0	.045	0	460	650	36.6	37.6
2007/6/15	17:54:19	.005	0	.045	0	460	650	36.7	37.7
2007/6/15	17:56:19	.005	0	.045	0	460	650	36.8	37.9
2007/6/15	17:58:19	.005	0	.045	0	460	650	36.8	37.8
2007/6/15	18:00:19	.005	0	.045	0	460	650	36.9	37.8
2007/6/15	18:02:19	.005	0	.045	0	460	650	36.9	38.1
2007/6/15	18:04:19	.01	0	.05	0	460	650	37	38
2007/6/15	18:06:19	.005	0	.05	0	460	650	37.1	38.1
2007/6/15	18:08:19	.005	0	.05	0	460	650	37.1	38.2
2007/6/15	18:10:19	.005	0	.05	0	460	650	37.2	38.3
2007/6/15	18:12:19	.005	0	.05	0	460	650	37.3	38.3
2007/6/15	18:14:19	.005	0	.05	0	460	650	37.3	38.4
2007/6/15	18:16:19	.005	0	.05	0	460	650	37.4	38.4
2007/6/15	18:18:19	.045	0	.05	0	460	650	37.4	38.5
2007/6/15	18:20:19	.05	.5	.05	0	460	650	37.4	40.2
2007/6/15	18:22:19	.045	0	.05	0	460	650	37.5	40.2
2007/6/15	18:24:19	.04	0	.055	0	460	650	37.7	40.6
2007/6/15	18:26:19	.03	0	.055	0	460	650	37.9	40.7
2007/6/15	18:28:19	.025	0	.055	0	460	650	38	40.9
2007/6/15	18:30:19	.045	0	.055	0	460	650	38.1	41
2007/6/15	18:32:19	.04	0	.055	0	460	650	38.2	41

图 5-24　实验数据自动采集结果实例

（七）压力室内岩样的拆卸操作

实验结束后，待压力室冷却后，拆除与压力室相连的热电偶、温控柜加温电极、声发射探头等，将压力室推出主机至辅机，准备拆样。

(1) 打开辅机控制电源，开启各泵。

(2) 升起底缸，将压力室顶起，用吊车将两块垫板放置在压力室下面。卸去底缸，让压力室落在两个垫板上。

(3) 吊起两根顶梁于压力室上，开启侧压泵，用侧缸压住两根顶梁，压力不小于 5 MPa。

(4) 再次升起底缸，将压力室内试样顶起后开始拆除。

(5) 清理干净压力室。

(6) 降下底缸，清扫压力室内腔。

(7) 升起侧缸，将两根顶梁撤除。

六、数据处理

(1) 整理计算机自动记录的数据，分析其中误差较大的数据，筛选有效数据进行拟合，包括时间与变形的曲线、温度与变形的曲线。

(2) 手工记录的数据输入计算机，进行数据分析，拟合方法同步骤(1)。

(3) 对比两种数据拟合曲线的异同，去伪存真，并对变形特性进行解释。

(4) 计算出不同温度段岩石的线膨胀和体膨胀系数。

实验6　岩石高温高压流变特性实验

一、实验目的与要求

通过实验,了解岩石三轴实验的试样加载方法,掌握高温下岩石的流变特性。

二、实验设备

与实验5中的实验设备相同。

三、实验原理及装置

流变性质就是指材料的应力—应变与时间因素有关的性质,材料变形过程中具有时间效应的现象成为流变现象。

岩石的变形不仅表现出弹性和塑性,而且也具有流变特性,在高温条件下,岩石的流变现象比常温时更为显著。岩石的流变包括蠕变、松弛和弹性后效。

蠕变是指当应力不变时,变形随时间的增加而增加的现象。

松弛是指应变不变时,应力随时间的增加而减小的现象。

弹性后效是指加载或卸载时,弹性应变滞后应力的现象。

本次实验主要研究岩石在不同温度下的蠕变特性。

四、实验内容

(1) 在原岩应力25 MPa(1 000 m)、75 MPa(3 000 m)、100 MPa(4 000 m)、125 MPa(5 000 m)时,对应温度分别是300 ℃、300 ℃、400 ℃、500 ℃温度下进行三向等压流变实验。轴向、侧向变形由自动采集系统自动记录。

(2) 在侧向压力100 MPa,偏应力25 MPa,温度在400 ℃时进行不等压流变实验。

五、实验步骤

实验步骤与实验5基本相同,不同点在于加温到规定温度时,切换不同的轴压与围压,进行每次不小于48 h的保温流变实验。

六、数据处理

(1) 整理计算机自动记录的数据,分析其中误差较大的数据,筛选有效数据进行不同温度下时间与变形的曲线拟合。

(2) 手工记录的数据输入计算机,进行数据分析,拟合方法同步骤(1)。

(3) 对比两种数据拟合曲线的异同,去伪存真,并对流变特性进行解释。

(4) 对岩石的流变特性建立理论模型。

实验7　岩石高温高压渗透特性实验

一、实验目的与要求

通过实验，了解岩石三轴实验的试样加载方法，掌握高温下岩石渗透特性。

二、实验设备

与实验5中的实验设备相同。

三、实验原理及装置

(一) 渗透率的概念

渗透率是测定流体如何通过岩石的内在本质特征。它的单位是达西(Darcy)，1 D代表黏度为1 mPa·s的流体，在压差为1大气压(0.101 3 MPa)下的流体流动方向上，1 s内经过1 cm^2岩石截面，流经流动方向上1 cm岩心的流量为1 cm^3。当岩石为一种流体相100%饱和时，岩石与流体之间不发生物理—化学作用，在压差作用下，岩石允许该流体所通过的能力大小，这个固有的岩石性质称为绝对渗透率。

(二) 渗透率计算公式

当气体在多孔介质中流动时，由气体的一维稳定渗流达西定律可以得到如下的渗透率计算公式：

$$k = \frac{2Q_0 p_0 \mu L}{A(p_2^2 - p_1^2)} \tag{5-7.1}$$

式中　k——实验试样渗透率，D；

Q_0——一定时间内流过岩样的气体流量，m^3/s；

p_0——空气大气压强，MPa；

μ——实验气体黏滞系数，Pa·s；

L——岩样长度，m；

A——岩样横截面积，m^2；

p_1——进气口气体压力，MPa；

p_2——出气口气体压力，MPa。

本实验中各个量所采用的单位及常量分别如下：

Q_0——一定时间内流过岩样的气体流量，实验测定值，cm^3/s；

p_0——空气大气压强，常数，取0.101 3 MPa；

μ——实验氮气黏滞系数，1.96×10^{-11} MPa·s；

L——岩样长度，取400 mm；

A——岩样横截面积，实验岩样半径为100 mm，mm^2；

p_1——进气口气体压力，为孔隙压，MPa；

p_2——出气口气体压力，取为大气压0.101 3 MPa。

将各常量的值及变量的单位代入式(5-7.1)中可得到如下实验直接使用的公式：

$$k = 5.127 \times 10^{-5} \cdot \frac{Q_0}{p_1^2} \tag{5-7.2}$$

式中　k——实验试样渗透率,D;

Q_0——一定时间内流过岩样的气体流量,实验测定值,cm^3/s;

p_1——进气口气体压力,为孔隙压,MPa。

四、实验内容

渗透率的测量采用高压氮气作为渗流介质,具体步骤如下:

(1) 将压力加至1 000 m深度,即25 MPa,一直保压。

(2) 对试样加热并分别在50 ℃、100 ℃、150 ℃……600 ℃时保温至少4 h。

(3) 在各个保温点,岩石上表面压力分别选0.5 MPa、1 MPa、1.5 MPa、2 MPa、2.5 MPa、3 MPa、3.5 MPa、4 MPa、4.5 MPa、5 MPa、5.5 MPa等不同的初始压力。

(4) 根据气流大小,可以选择皂膜流量计法、排水法、转子流量计法等测量渗流流速。

五、实验步骤

实验步骤与实验5基本相同,不同点在于岩石轴压和围压一直保持不变,加热到不同温度点时,给予上边面不同的氮气压力,测量渗透率,每组压力记录十组数据。记录表格如下:

表5-7　渗透率实验气体流量测定表

实验温度/℃	实验压力(轴压、围压)/kN	氮气压力/MPa	流量/时间									
			1	2	3	4	5	6	7	8	9	10
		0.5										
		1.0										
		1.5										
		2.0										
		2.5										
		3.0										
		3.5										
		4.0										
		4.5										
		5.0										
		5.5										

六、数据处理

(1) 把手工记录的数据输入计算机,按照不同温度整理。

(2) 去除误差较大的数值,取其平均值,代入公式计算不同温度与压力下的渗透率。

(3) 对渗透率结果曲线拟合,包括相同温度时渗透率与氮气压力的关系、相同氮气压力下渗透率与温度的关系。

实验 8　岩石高温高压钻孔实验

一、实验目的与要求

通过实验，了解岩石三轴实验的试样加载方法，掌握高温下岩石的钻孔方法；比较不同钻孔方法之间的异同。

二、实验设备

与实验 5 中的实验设备相同。

三、实验原理及装置

在不同的围压条件下，对钻孔变形有着不同的影响。岩石围压越大，钻进越困难，在钻机扭矩太小时可能有卡钻现象；高温高压下岩石成塑性状态，对钻头的耐热性能提出较高的要求，合理配置钻进压力和钻进速度，寻求最合理的钻孔方法。

$$v = \frac{L}{t} \tag{5-8}$$

式中　v——钻进速率，cm/min；

L——进尺，cm；

t——钻进时间，min。

四、实验内容

(1) 开始实验时，保持 1 000 m(25 MPa) 静水压力，手动以平均 10 ℃/h 速率加温，当温度刚达到设定温度时开始保温 4 h 左右。保温结束后将压力分级切换至 4 000 m。

(2) 当压力加至 4 000 m 后，保压 30 min 即可进行打钻实验。

(3) 分别加装不同的钻头、不同的压力、不同的冲击力和转速进行钻进实验。

五、实验步骤

(一) 钻孔前的加热与加压

实验步骤与实验 5 基本相同，当温度加热到规定温度点后，切换压力到规定压力，保温保压，开始钻孔实验。

岩体钻进性实验是一个复杂、需多人协调工作的系统。钻台下面至少 2 人，钻台上至少 3 人。具体步骤如下：

① 从工控机内启动扭矩仪上位软件系统，进入如图 5-25 所示的界面。

各参数意义参见扭矩仪 JW2 软件操作手册。

② 参数设置好后，点击“确定”按钮，即可完成对设定参数的存储，进入测试主模块(图 5-26)。也可点击“取消”按钮退出，则系统显示测试界面，但不会进行测试。

③ 在主模块内分别进行时间、参数、扭矩系数等设置，具体说明见 JW2 软件操作手册。

④ 启动扭矩仪，准备打钻。

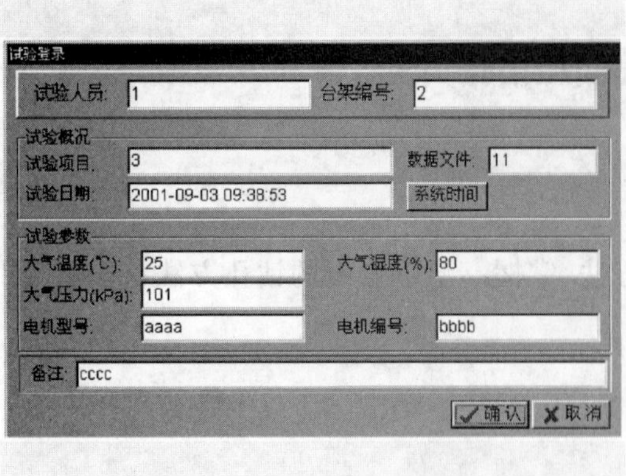

图 5-25　登录界面

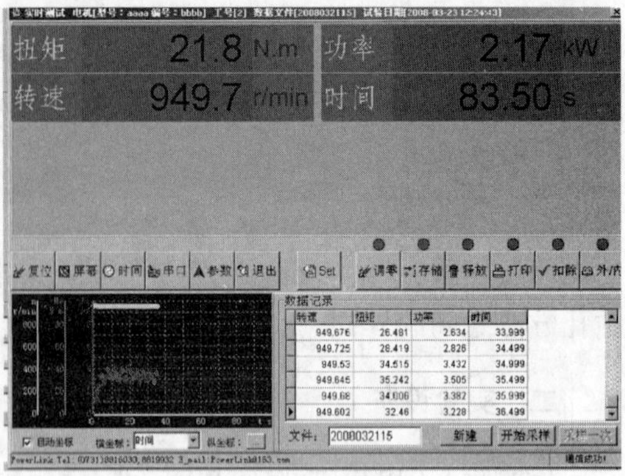

图 5-26　主模块

⑤ 按下主控制电源开关柜界面上钻机电机启动、冲击电机启动按钮分别启动钻机的旋转部和冲击部电机。

⑥ 按照实验方案，将钻机旋转部转速调至所需挡位、冲击电机频率调至目标值，运行各变频器，打开冷却水，按下钻机加压进行实验。

⑦ 若需更换钻头，则停下主控制室内所有关于钻机的动作，升钻机，取钻杆，换钻头。

（二）实验数据的采集

钻进过程中记录不同时间、不同钻头的进尺。

（三）实验结束操作

当所有实验内容完成后，按如下步骤进行实验的停止工作。

（1）按主控制开关柜上钻机电机停止、冲击电机停止按钮停止钻机旋转部和冲击部。

（2）按下钻机回程将钻杆提出来，卸下钻杆。

（3）关闭冷却钻头的冷却水。

（4）在图 5-26 界面内，点击停止实验按钮，此时，整个控制系统停止数据的采集。

（5）按下温控柜上停止按钮，便停止了实验的加温系统。拉下温控柜的总电源开关，此时就关闭整个温控系统。

（6）依次按下主控制系统电源柜上的轴压泵电机停止、围压泵电机停止按钮，停止主机动力源，停止压力的加载。

（7）关闭主机动力源冷却系统。

（8）退出工控机控制界面，进入 C 盘，拷贝扭矩文件；进入 F 盘，拷贝加压加温数据文件。关闭工控机，实验结束。

实验结束后的操作与实验 5 相同。

（四）数据处理

（1）对记录的数据进行整理，去伪存真。

（2）计算不同钻头在不同压力与钻速下的钻进速率。

（3）比较各方案之间的不同，利用岩石力学理论对其合理解释。

实验9　工作面“三带”的物理模拟实验

一、实验目的与要求

本次实验研究的目的是模拟厚煤层开采条件下(综放开采一次采全高)的工作面“三带”形态和高度,尤其是模拟清楚导水裂隙带高度,为工作面防治水提供依据。

二、实验仪器及工具

为分析工作面开采过程中岩层的支承压力变化情况,在煤岩层中埋设了压力盒。

为分析开采过程中关键岩层的位移特征,在模型的一侧安装位移计监测开采过程中关键层的垂直位移。

压力盒的压力和位移计的位移量全部采用TS3890静态电阻应变测量系统实时监测。

三、实验装置

实验使用简易立体模型架,模型架长250 cm,高150 cm,两侧边为20 cm宽的钢支座用以模拟边界条件,模型前后局部采用有机玻璃板和钢板及角钢封闭,以防模型坍塌。

四、实验原理

几何相似常数α_l按下式计算:

$$\alpha_l = l_p / l_m \tag{5-9}$$

式中　α_l——几何相似常数;

l_p——原型长度参量;

l_m——模型长度参量。

考虑现场工作面长度和研究的内容,确定模型的几何相似比为1∶150,即$\alpha_l = 150$,根据相似原理与量纲分析,其他常数确定为:容重相似常数$\alpha_\rho = 1.60$,应力相似常数$\alpha_\sigma = 239.83$,时间相似常数$\alpha_t = \sqrt{\alpha_l} = 12.25$。由此确定模型的力学强度,进而确定材料的配比。

五、实验内容

(一)原型煤系地层及赋存条件

模拟工作面为兴隆庄煤矿4300工作面,工作面长度120 m,埋藏深度约220~255 m;工作面开采范围内基岩柱垂高约介于33~75 m之间,基岩风化带厚度一般为15 m左右,其中强风化带厚度约7~12 m。开采二叠系山西组3煤,煤层厚度为9.53 m,倾角约为6°。采用综放开采,机采高度3.0 m,放煤高度6.53 m,循环进尺0.8 m,班循环数4个。

对4300工作面开采有影响的含水层为3煤顶板砂岩含水层和第四系底部含水层(即三含)。3煤顶板砂岩含水层为孔隙裂隙承压含水层,以静储量为主,富水性弱,下部工作面的回采已使3煤顶板砂岩水基本疏干;“三含”为孔隙承压含水层,是4300工作面顶水安全开采的主要防范对象。由于4300工作面最小基岩柱仅为33 m,导水裂缝带将直接波及三含水体,对回采有一定威胁,所以,应采取切实可行的防治水措施。

依据采场覆岩关键层的定义和其变形与破断特征,煤层覆岩中有三岩层的厚度较大、弹性模量较大、强度较高,如表 5-9.1,分别为亚关键层 1、关键层 2 和关键层 3、主关键层。

表 5-9.1　煤岩层内压力盒的埋设位置

煤岩层	至模型边界的水平距离/cm					
	1	2	3	4	5	6
煤　层	110	140				
亚关键层 1	65	105	145	185		
亚关键层 2	25	65	105	145	185	225
亚关键层 3	65	105	145	185		
主关键层	65	105	145	185		

(二) 模型的铺设

相似材料为沙子、$CaCO_3$、石膏和水,按确定的配比来模拟岩层;采用云母粉来模拟岩层的层面和节理裂隙等弱面,铺设平面模型来研究上限开采条件下综放开采覆岩的破断规律。模型模拟煤层底板 11.1 m,煤层上覆基岩厚度为 91.41 m,基岩上的第四系松散表土层厚度为 179.94 m。模型尺寸(长×宽×高)为 250 cm×20 cm×194.65 cm。铺好后的工作面走向模型全貌如图 5-27。为了便于观察采动后覆岩的运动情况,在模型的表面刷上薄层石灰水并画网格线,间距为 10 cm。煤岩层相似模拟配比如表 5-9.3 所示。

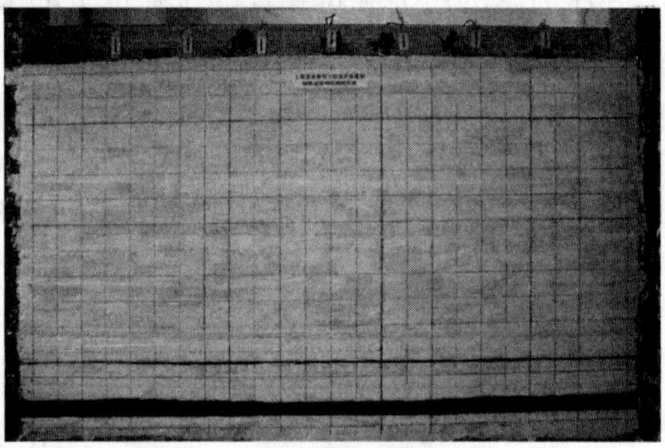

图 5-27　模型铺设全貌

(三) 测点布置

1. 垂直应力计布置

① 煤层中间布置两个;② 亚关键层 2 为其第二分层,共布置六个,两端 25 cm,中间间距 40 cm;③ 亚关键层 1、3 和主关键层埋设在第二分层,各布置 4 个压力盒(中间),具体位置见表 5-9.1。

2. 位移计布置

在关键岩层沿水平方向共布置 8 个测点,间距为 30 cm;模型两端测点至模型边界的距离为 20 cm。关键层的位移监测和支承压力测试相对应,监测点布置位置见表 5-9.2。

表 5-9.2　关键层竖直位移监测点位置

关键层		至切眼的水平距离/cm							
		-20	10	40	70	100	130	160	190
至煤层垂直距离/cm	亚关键层 2	22.4	22.4	22.4	22.4	22.4	22.4	22.4	22.4
	主关键层	68.9	68.9	68.9	68.9	68.9	68.9	68.9	68.9

表 5-9.3　煤岩层相似模拟配比方案

序号	岩　性	厚度/m	容重 γ/($kN\cdot m^{-3}$)	抗压强度/MPa	抗拉强度/MPa	抗剪强度/MPa	压拉比	配比	模型厚度/cm	模型累计厚度/cm	总重量/kg	沙子/kg	$CaCO_3$/kg	石膏/kg	水/kg	煤粉/kg	分层	备注
底 1	中砂岩	6.9	26.1	82.4	5.02	11.7	16.41	346	4.60	4.60	33.35	25.01	3.34	5.00	4.76			
2	细砂岩	1.4	26.17	78.2	4.63	12.2	16.89	346	0.93	5.53	6.77	5.08	0.68	1.02	0.97			
3	粉砂岩	2.8	24.43	47.4	2	5.83	23.70	646	1.87	7.40	13.53	11.60	0.77	1.16	1.50			
4	3 煤	9.53	13.15	15.3	0.72	1.73	21.25	782	6.35	13.75	46.06	34.54	4.61	1.15	5.12	5.76		切节理
5	砂质泥岩	7.24	25.52	27.5	1.58	3.81	17.41	764	4.83	18.58	34.99	30.62	2.62	1.75	3.89		4	切节理
6	碳质泥岩	0.32	25.23	27.3	1.69	3.92	16.15	764	0.21	18.79	1.55	1.35	0.12	0.08	0.17			切节理
7	砂质泥岩	6.4	25.3	28.8	1.92	4.29	15.00	75.54.5	4.27	23.06	30.93	27.07	2.13	1.74	3.44		3	切节理
8	细砂岩	7.59	25.76	42.3	2.16	5.52	19.58	737	5.06	28.12	36.69	32.10	1.38	3.21	4.08		2	亚关键层 1
9	2 煤	0.8	13.15	15.3	0.72	1.73	17.00	837	0.53	28.65	3.87	2.96	0.13	0.30	0.43	0.48		
10	粉砂岩	5	26.36	59.8	2.63	7.24	18.19	646	3.33	31.99	24.17	20.71	1.38	2.07	2.69		2	
11	碳质泥岩	0.4	25.23	27.3	1.69	3.92	12.92	773	0.27	32.25	1.93	1.69	0.17	0.07	0.21			
12	粉砂岩	5.89	26.17	79.8	5.58	12.2	14.30	346	3.93	36.18	28.47	21.35	2.85	4.27	4.07		2	亚关键层 2
13	泥岩	1.11	25.3	28.8	1.92	4.29	12.00	582	0.74	36.92	5.37	4.47	0.72	0.18	0.60			
14	粗砂岩	5.47	23.77	31.2	1.97	4.53	12.67	673	3.65	40.57	26.44	22.66	2.64	1.13	2.94		3	
15	中砂岩	4.75	25.43	53.6	2.28	6.38	23.51	637	3.17	43.73	22.96	19.68	0.98	2.30	2.55		2	亚关键层 3
16	细砂岩	4.75	24.84	32	2	4.62	12.80	764	3.17	46.90	22.96	20.09	1.72	1.15	2.55		2	

表 5-9.3(续)

序号	岩 性	厚度/m	容重 γ/(kN·m^{-3})	抗压强度/MPa	抗拉强度/MPa	抗剪强度/MPa	压拉比	配比	模型厚度/cm	模型累计厚度/cm	总重量/kg	沙子/kg	$CaCO_3$/kg	石膏/kg	水/kg	煤粉/kg	分层	备注
17	粗砂岩	2.1	24.05	69.5	3.45	8.89	16.12	546	1.40	48.30	10.15	8.46	0.68	1.02	1.13			
18	粉砂岩	4.17	24.98	14.4	0.87	2.04	13.24	855	2.78	51.08	20.16	17.92	1.12	1.12	2.24		2	
19	泥岩	4.65	24.23	17.2	1.18	2.6	11.66	782	3.10	54.18	22.48	19.67	2.25	0.56	2.50		3	
20	细砂岩	6.45	24.66	50	4.16	8.33	12.02	455	4.30	58.48	31.18	24.94	3.12	3.12	3.46		2	主关键层
21	粉砂岩	1.97	25.07	20.3	1.29	2.9	12.59	837	1.31	59.79	9.52	8.46	0.32	0.74	1.06			
22	泥岩	0.6	25.33	11.9	0.47	1.37	20.26	864	0.40	60.19	2.90	2.58	0.19	0.13	0.32			
23	粉砂岩	0.95	24.89	8.23	0.8	1.48	8.23	873	0.63	60.83	4.59	4.08	0.36	0.15	0.51			
24	泥岩	13.35	25.38	14	0.86	2	13.02	791	8.90	69.73	64.53	56.46	7.26	0.81	7.17		7	
25	细砂岩	3.7	22.37	5.21	0.48	0.91	8.68	882	2.47	72.19	17.88	15.90	1.59	0.40	1.99		2	
26	粉砂岩	3.75	24.98	8.23	0.8	1.48	8.23	873	2.50	74.69	18.13	16.11	1.41	0.60	2.01		2	
27	黏土	6.05						891	4.03	78.73	30.25	26.89	3.03	0.34	3.36			
28	粗砂	7.95						937	5.30	84.03	39.75	35.78	1.19	2.78	4.42			
29	黏土	2.2						891	1.47	85.49	11.00	9.78	1.10	0.12	1.22			
30	粗砂	10.06						937	6.71	92.20	50.30	45.27	1.51	3.52	5.59			
31	黏土	8.7						891	5.80	98.00	43.50	38.67	4.35	0.48	4.83			
32	其余表土层	45						982	30.00	128.00	240.00	216.00	19.20	4.80	24.00		15	

注:配比号的意义,第一位数字代表砂胶比;第二、三位数字代表胶结物中两种胶结物的比例关系。第三位数为石膏,第二位数为碳酸钙(大白粉)。

（四）实验步骤

实验过程中，模型两边各留 40 cm 的边界，以消除边界效应。模型中采高 6.35 cm，模型每次开挖 2 cm，开挖时间间隔 10 min，以模拟现场的实际推采过程，分析上覆岩层的破断移动规律。

六、实验步骤

（1）模型铺设。
（2）测点布置。
（3）开采 3 煤。
（4）“三带”观测与记录。

七、实验现象及数据记录

如图 5-28 和表 5-9.4 所示。

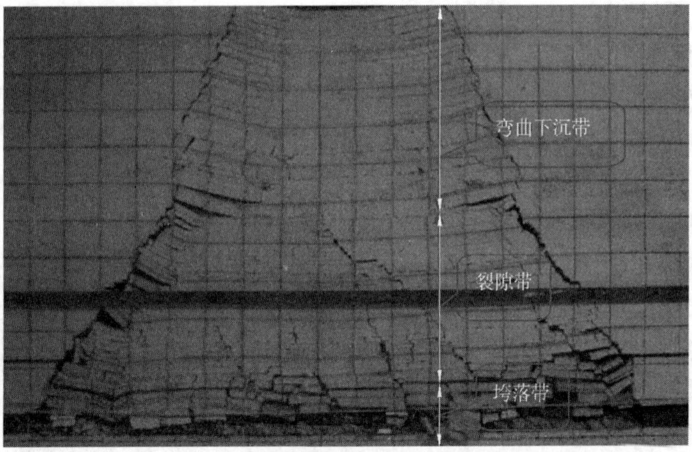

图 5-28　模型开挖后的“三带”分布特征（基岩厚度 91.41 m，综放开采一次采全高）

表 5-9.4　“三带”高度统计

采高/m	垮落带		导水裂隙带		弯曲下沉带
	高度/m	与采高比	高度/m	与采高比	
9.53	19.2	2.01	58.7	6.16	至模型上边界

实验 10 地层结构对开采顺序的影响模拟实验

一、实验目的与要求

本次实验研究的目的是模拟研究近距煤层下煤层(群)开采后,上煤层的可采性,即上行开采的可行性。实验以内蒙古酸刺沟煤矿的$6_上$煤、6 煤、4 煤和 5 煤的地质条件为原型,研究上煤层的覆岩岩性及结构对上行开采的影响(地层结构对开采顺序的影响)。

二、实验仪器及工具

(1) 微型压力传感器 10 个。
(2) 机械式位移传感器 27 个。

三、实验装置

实验使用简易立体模型架,模型架长 250 cm,高 150 cm,两侧边为 20 cm 宽的钢支座用以模拟边界条件,模型前后局部采用有机玻璃板和钢板及角钢封闭,以防模型坍塌。

四、实验内容

(一) 原型煤系地层及赋存条件

酸刺沟煤矿矿井设计生产能力为 12.0 Mt/a,针对酸刺沟煤矿的实际煤层赋存条件,结合采矿工作者长期以来对上行开采的认识和实践,为了尽快达到矿井设计能力,在优化了未来的生产布局之后,决定实行上行开采。酸刺沟煤矿应先采$6_上$煤层和 6 号煤层,再采 4 号煤层和 5 号煤层,或上下煤层及薄厚煤层搭配开采,能使矿井很快达到设计能力,可迅速提高经济效益。此外,在该矿地质和技术条件下,采用下行与上行开采相结合的方式,经过优化布置,可以减少初期巷道工程量、投资及建井工期,有望获得显著经济效益。本实验就酸刺沟煤矿上行开采的可行性进行了研究。

相似材料的配比见表 5-10(模型铺设时由下往上,所以此配比表也是由下往上)。

(二) 测试的主要内容

主要观测$6_上$煤和 6 煤等下煤层(群)开采后,上煤层($6_上$煤和 6 煤)的位移量及其连续性。

(三) 测试方法及测点布置

为清晰直观地研究$6_上$煤和 6 煤依次开采后的 4 煤和 5 煤变形状况,模型采用 1∶100 的比例。在平面模型框架表面设置尺寸为 5 cm×10 cm 的长方形方格网,原始模型见图 5-29 所示,测线与测点布置如图 5-30 所示。

图 5-29 物理模拟原始模型

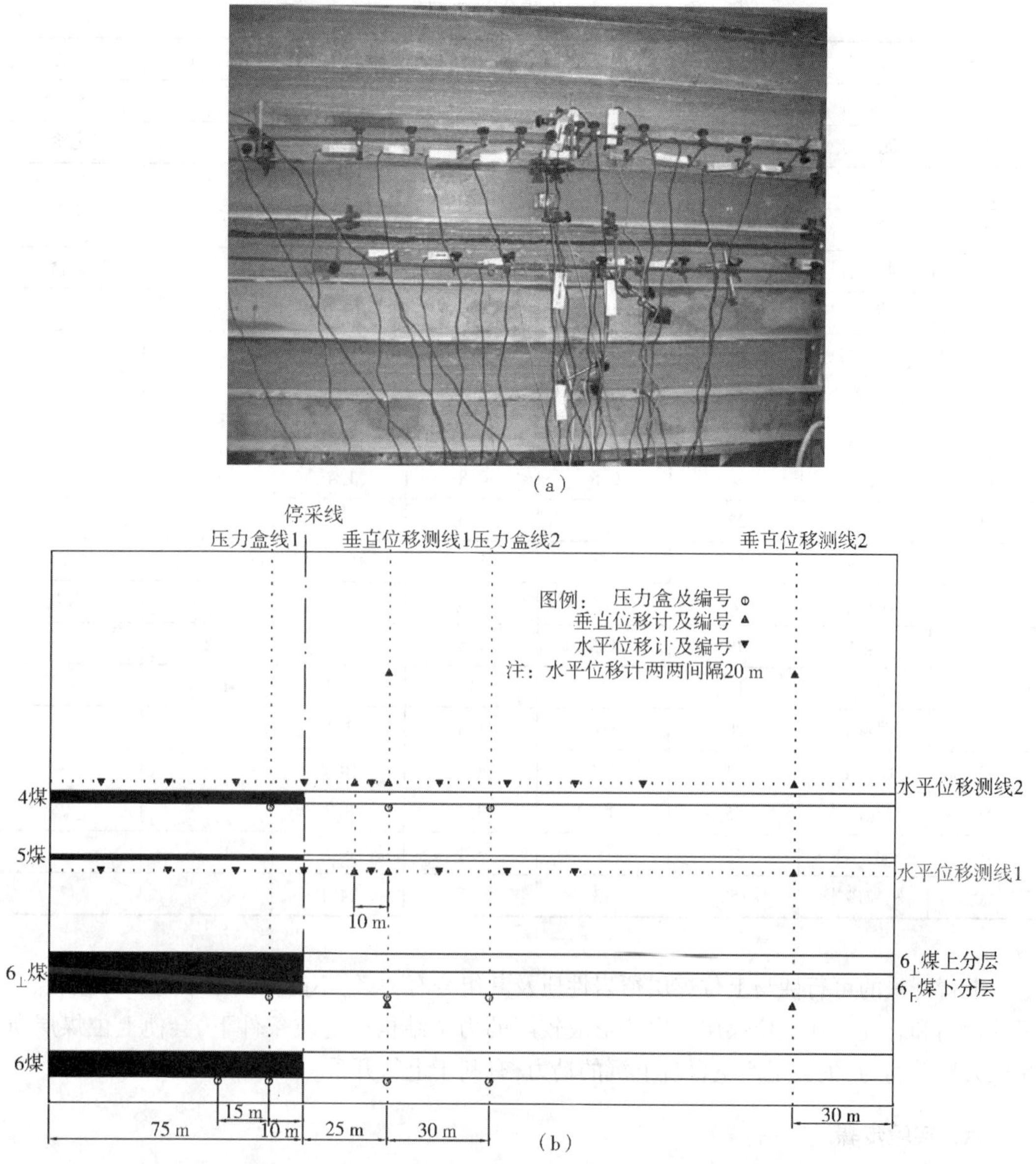

（a）

（b）

（a）物理模拟原始模型监测仪器布置；（b）模拟布置图测线及观测仪器布置图

图 5-30　模型测线与测点布置

五、注意事项

岩层每次装填厚度一般采用0.5～2 cm。过厚不易捣实，会造成同一层上密下松，材料铺设不均匀；小于0.5 cm则会造成岩层成型困难。该模型采用云母粉作为自然分层界限。在装填模型前，必须按照强度的配比号计算出每一层的总体积和总质量，然后按质量在7～8 min内装填完毕，防止在装填前石膏凝固，从而影响相似材料的强度。

表 5-10 模型上相似材料配比确定

序号	岩 性	沙子/kg	石膏/kg	碳酸钙/kg	水/kg	煤粉/kg	备 注
1	中砂岩	25	2.1	2.1	4.1		
2	泥 岩	18	1.6	1	2.9		压力盒
3	煤 6	39	2.5	3.7	6.9	3	
4	粗粒砂岩	135	11.6	7.7	21.4		
5	泥 岩	23	1.6	1.6	3.6		压力盒
6	煤 $6_{上}$	62	4.9	4.9	10.9	5	
7	泥 岩	13	0.9	0.9	2		
8	粗粒砂岩	125	9.8	8.9	19.9		
9	泥 岩	20	1.4	1.4	3.2		
10	煤 5	9	0.5	0.8	1.4	1.5	
11	泥 岩	22	1.6	1.6	3.5		
12	粗粒砂岩	59	5	3.4	9.3		
13	泥 岩	7	0.5	0.5	1.1		压力盒
14	煤 4	19	1.5	1.5	3.2	2	
15	泥 岩	14	1	1	2.3		
16	泥灰岩	20	1.4	1.4	3.1		
17	泥 岩	64	4.6	4.6	10.2		
18	中粒砂岩	55	4.7	3.1	8.7		
19	泥 岩	42	3	3.1	6.7		
20	粗粒砂岩	152	13	8.7	24.1		

上行开采的可行性与上位煤层覆岩性质及其组合有关系，不能只局限于上、下两层煤之间的距离和岩性。在上位煤层覆岩能形成较好的力学结构的地质条件下，会使上位煤层所受压力比较均匀，失去了产生台阶下沉的动力，有利于上行开采。

六、实验步骤

（1）模型铺设。

（2）测点布置。

（3）开采 $6_{上}$ 煤上分层。

（4）开采 $6_{上}$ 煤下分层。

（5）开采 6 煤。

七、实验现象及数据记录

（一）开采 $6_{上}$ 煤上分层

图 5-31 是 $6_{上}$ 煤上分层工作面沿走向开采至停采线位置，稳定后的状况。岩层相互挤压实而使岩层间的裂缝变小，采空区内的上覆破断岩块能相互挤压闭合，除工作面煤壁附近

约 30 m 悬露长度外，采空区覆岩的纵向和横向裂隙及离层基本被压实；但在停采线左上方产生较明显裂隙，这可能是停采线附近的岩层悬露长度较大的原因，边界影响的作用不能忽视。“三带”明显，经过测量，垮落带高度 15～25 m，断裂带高度 30～35 m，向上为弯曲带；4 煤层和 5 煤层处于断裂带中，4 煤层和 5 煤层及其顶底板有明显的弯曲下沉，但是其连续性保持完好，没有出现台阶下沉。$6_{上}$煤上分层开采后，4 煤和 5 煤还可以上行开采。

（二）开采 $6_{上}$ 煤下分层

图 5-32 是 $6_{上}$ 煤下分层工作面沿走向开采至停采线位置，稳定后的状况。“三带”明显，4 煤层和 5 煤层处于断裂带中，4 煤层和 5 煤层及其顶底板有明显的整体下沉，但是其连续性保持完好，没有出现台阶下沉。另外，由于煤岩的整体下沉产生强大拉应力使停采线左上方的超前裂隙发育更大。$6_{上}$ 煤分两层开采后，4 煤和 5 煤还可以上行开采。

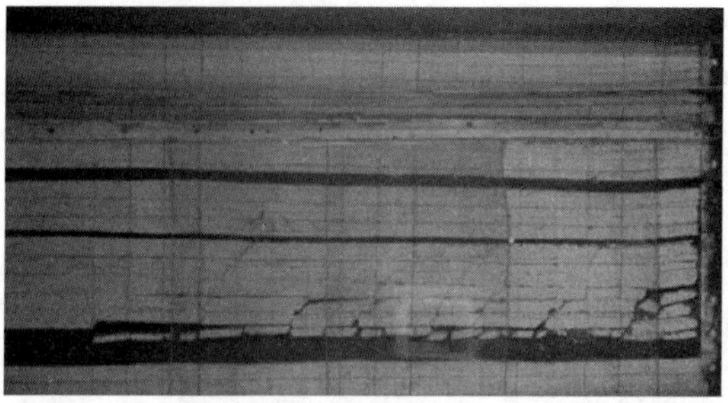

图 5-31　$6_{上}$ 煤上分层工作面开挖结束后的状态

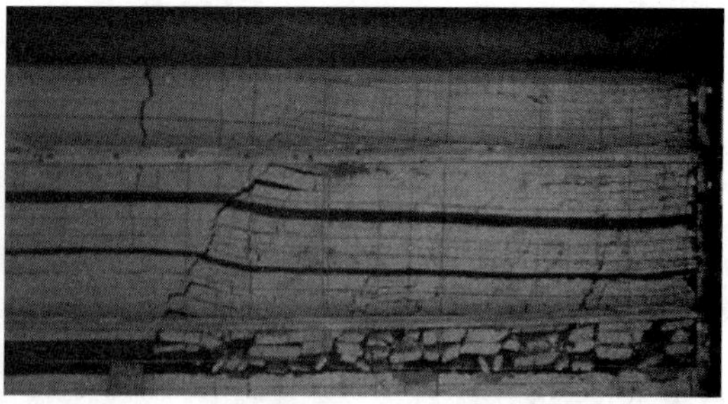

图 5-32　$6_{上}$ 煤下分层工作面开挖结束后的状态

（三）开采 6 煤

图 5-33 是 6 煤工作面采完稳定后的状态。上覆破断岩层相互压实而使岩层间的裂缝变小，破断岩块能挤压闭合。4 煤层和 5 煤层及其顶底板有明显的弯曲下沉，但是其连续性保持完好，没有出现台阶下沉。除停采线对应局部区域以外，4 煤层和 5 煤层比较完整连续，可以上行开采。

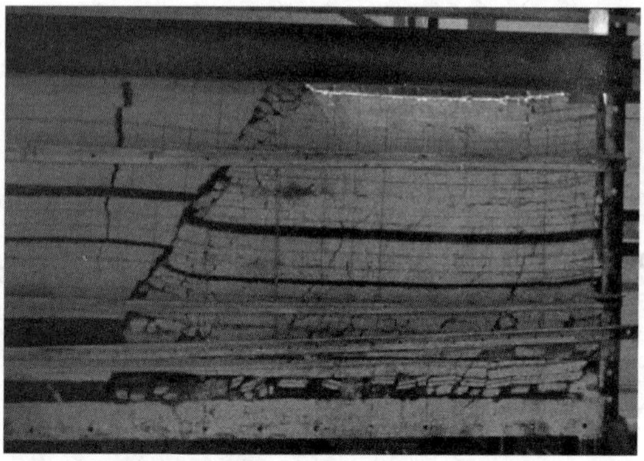

图 5-33　6 煤工作面开挖结束后的状态

实验11 采空区卸压瓦斯抽采的物理模拟实验

一、实验目的与要求

（1）内错尾巷布置在不同位置时，工作面瓦斯抽采率和风排率的变化；如果工作面布置两条内错尾巷，计算瓦斯抽出率和风排率的变化，得出两条内错尾巷的最佳位置，并比较两者的差别，确定内错尾巷的最佳布置位置。

（2）研究高抽巷布置在不同位置，如水平方向和垂直方向，瓦斯抽出率和风排率的变化。

（3）研究不同进风量条件下，特别是两条内错尾巷的不同位置时，高抽巷的抽采瓦斯以及内错尾巷和回风巷的风排瓦斯效果及差别，得出不同进风量下瓦斯抽采率和风排瓦斯的变化情况，优化各个巷道的风速。

二、实验系统与工具

本模型设计参数如下：

（1）后退式综采放顶煤采煤工作面，煤层厚度为6.9 m，工作面走向长度为250 m。

（2）工作面采用“U+I”型抽出式的通风方式。

（3）模型与实际工作面尺寸比例为1：100。

本实验系统设计图见图5-34。主要包括模型主体、风机动力系统、瓦斯源系统和测试系统四个部分，如图5-35所示。模型长度是2.52 m，图中1～5是瓦斯注入口，连接稳流器。

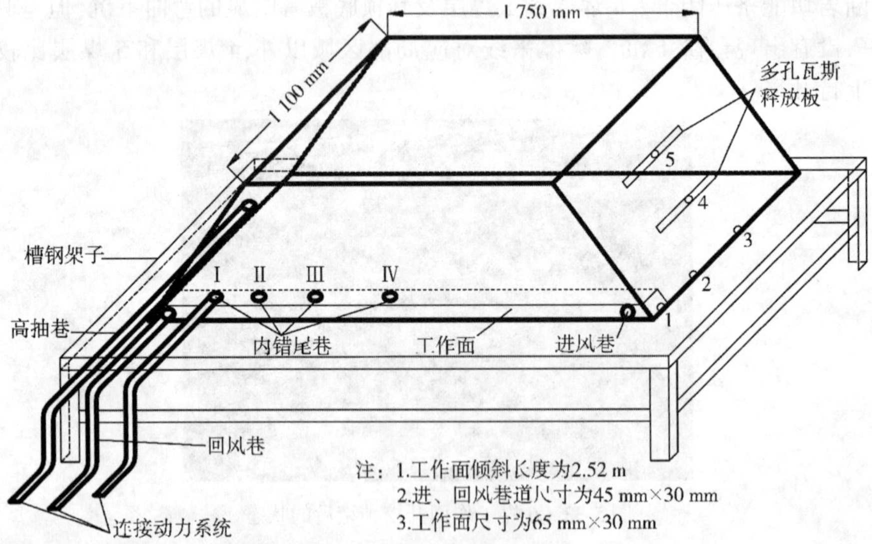

图5-34 实验模型外观简图

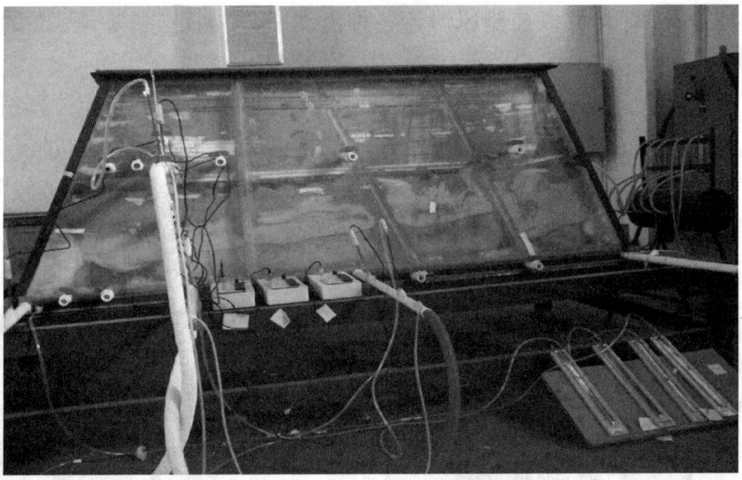

图 5-35 模拟实验系统图

(一) 实验模型主体

模型主体由 10 mm 厚的有机玻璃板铆接而成,其中顶盖是可拆卸的。为了保证箱体的坚固性和密封性,在接缝处的内外部均进行铆接,并采用玻璃胶密封。模型支架材料为 2 英寸角钢,采用焊接方式加工。

为充分反应现场层状岩体的特性,充填材料采用呈现层状性质的硬质泡沫材料。硬质泡沫材料共有 50 mm、30 mm、20 mm 和 10 mm 四种不同的厚度,充填材料的堆积按照煤矿现场的竖三区、横三带排列,裂隙分布符合采动裂隙发展的"O"形圈特征。具体的堆积方法是:根据顶板压力以及岩层柱状,计算工作面的冒落带高度,在模型冒落带内的中心压实区和"O"形圈内分别堆积具有不同压实特性(渗透率)的硬质碎泡沫材料,使其满足冒落带的渗透特性和流场分布。

根据顶板压力以及岩层柱状,计算工作面的冒落带高度,在模型冒落带内的中心压实区和"O"形圈内分别堆积具有不同压实特性的硬质碎泡沫材料,使其满足冒落带的渗透特性;裂隙带内则根据上覆岩层破断的砌体梁结构,按照顶板破断的"O—X"型特征进行排列,并在裂隙间塞上棉花,防止堆积材料间产生贯通裂隙,而且分别在模型中间层位和上部加压,使其处在与现场受力相似的受压状态下。分析和计算可知,K8206 综放面垮落带高度为 20 m,垮落角为 67°。

(二) 风机动力系统

实验中所用的风机均经过计算校核,满足相似准则的要求。模型中各个巷道选用的风机如下(图 5-36 所示):

(1) 回风巷:选用 IFD120—40 中压风机作为综放面风流的动力源。

(2) 内错尾巷:选用 CZR—40 的交流鼓风机作为尾巷风流的动力源。

图 5-36 风机简图

(3) 高抽巷:选用 QW12T—05F 型的吸尘器模拟现场的真空泵,作为高抽巷风流的动力源。

所有管路均设有阀门,可以控制风流的各种流动参数,满足模拟方案的要求。

(三) 瓦斯源系统

如图5-37(a)所示,瓦斯注入系统由高浓度高压瓦斯瓶、减压阀、稳流器、流量计和供气胶管组成。瓦斯从高压瓦斯罐流出后经过减压阀减压,进入稳流器并通过流量控制计分配流量后进入模型。为使涌入工作面和采空区的瓦斯流符合实际情况,模拟胶管的释放孔每隔一段就采用不同孔径的释放口;如图5-37(b),为使模拟邻近层的释放板符合要求,经过烟雾实验确定其孔径大小与分布状态,从而使得邻近层瓦斯涌出特征基本符合实际情况。

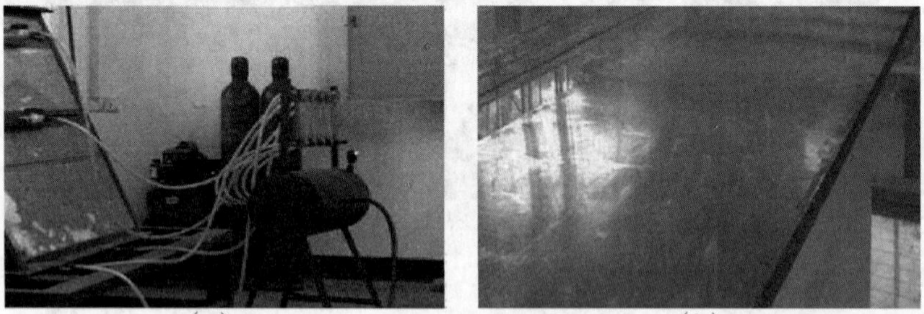

(a)　　　　(b)

图5-37　瓦斯源系统图

(四) 测试系统

测试参数有瓦斯流量、模拟巷道的风速、瓦斯浓度和静压。测试仪器主要有瓦斯流量计、光学瓦斯检测仪、电子微风仪、皮托管和U形管等。

1. 瓦斯流量计

根据瓦斯的物理性质与流量大小,以及测量精度问题等选择转子流量计,见图5-38。流量计的测量元件为一根小端向下、大端向上且垂直安装的锥管,内有一个可以上下移动的浮子。当流体自下而上流经锥管时,在浮子上下之间产生压差,浮子在压差的作用下上升。当由压差作用在浮子上的黏性力与浮子的重力相等时,浮子处于平衡状态。因此,流经流量计的流体流量与浮子上升高度存在一定的关系,即与流量计的流通面积存在一定比例关系,那么浮子的高度可以作为流量量度。

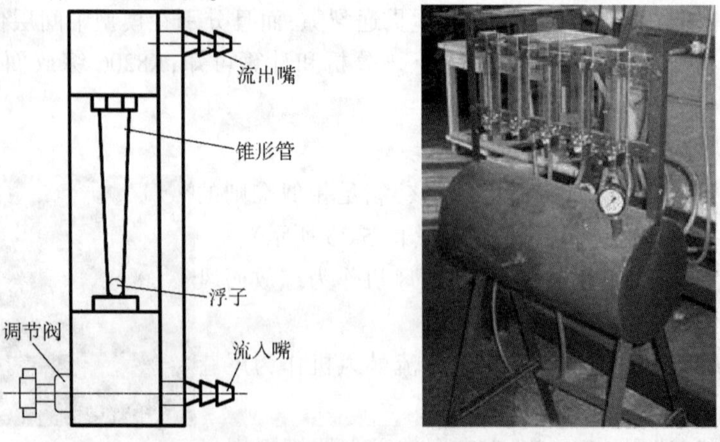

图5-38　转子流量计简图

流量计使用时由于流体不同,造成显示值并非真值,因此需要对流量计进行修正。标定状态是采用20℃,压力为1.013×10^5 Pa的空气进行标定的,在进行瓦斯流量计算时需要采用下列公式进行校正:

$$Q_S = Q_N\sqrt{\frac{\rho_N p_N T_S Z_S}{\rho_{SN} P_S T_N Z_{SN}}} \tag{5-11.1}$$

式中　p_N, T_N, ρ_N——标定介质(空气)在标定状态下绝对压力,绝对温度和密度;

p_S, T_S, ρ_{SN}——被测气体在测量时的绝对压力,绝对温度和被测量状态下的密度;

Z_{SN}——被测气体在标准状态下的压缩系数;

Z_S——被测气体在p_S, T_S状态的压缩系数。流量计的测量误差在4%范围内。

根据计算的各瓦斯管的流量,为各瓦斯注入管选择合适量程的流量计,见表5-11.1。

表5-11.1　瓦斯流量计选型

瓦斯注入管	瓦斯流量范围/($L\cdot h^{-1}$)	流量计型号	流量计量程/($L\cdot h^{-1}$)
工作面	59.2~98.7	LZB—4	16~160
底板1	95.8~114.2	LZB—4	20~250
底板2	41~45.1	LZB—4	16~160
释放板1	650	LZB—6	100~1000
释放板2	350	LZB—4	40~400

注:瓦斯注入管中的底板1为靠近工作面测的释放管;释放板1为下层释放板。

2. 电子微风仪

测量原理是根据加热物体在气流中被冷却,其工作温度为风速函数来设计测速的。仪器由风速探头及测量指示仪表两部分组成。风速探头为敏感部件,当一恒定电流流过其加热线圈时,其敏感部件内温度升高并于静止空气中达到一定数值。此时,其内部测量元件热电偶产生相应的热电势,并被传送到测量指示系统,此热电势与电路中产生的基准反电势相互抵消,使输出信号为零,仪表指针也相应为零值。若风速探头端部的热敏感部件暴露于空气流中,由于进行热交换,此时将引起热电偶热电势变化,并与基准反电势比较后产生微弱差值信号,此信号被测量指示仪表系统放大并推动电表,由指针示值即可读出被测风速大小,如图5-39所示。

测量范围为:0.05~1 m/s和1~30 m/s,准确度为≤±2 F.S,能够满足本实验风速测量范围和精度的要求。

3. 瓦斯浓度检测仪

实验中要测试回风巷、内错尾巷和高抽巷的瓦斯浓度,因此需要瓦斯浓度的检测仪器,如图5-40所示。本实验由于模拟巷道管径的限制,采用光学瓦斯检测仪。测试时均采用气体抽样管将检测风流抽出后压入瓦斯检测仪中,从而降低了由于负压影响而引起的测试误差。

4. U形管与皮托管

两者联合起来使用,主要用于测量风流的静压,测量的量程是由U形管的量程以及放置角度来决定的。回风和内错尾巷的风流静压相对较小,U形管的放置与地面成30°角,如

图 5-39　电子微风仪图

图 5-40　光学瓦斯检测仪图

图 5-41 所示。U 形管可以放置在事先加工的倾斜支架上;高抽巷的负压较大,可以垂直安装,U 形管的量程为±2 000 Pa。模拟巷道中风流的静压力需要通过皮托管获取,由于不需要测动压,因此在接口处将动压口密封,U 形管与皮托管见图 5-42、图 5-43 所示。

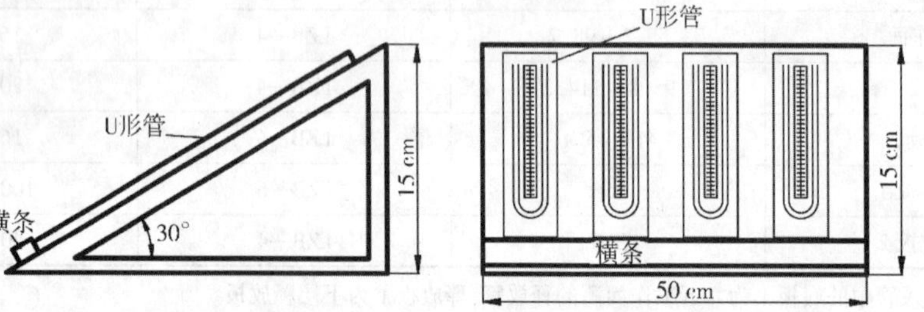

图 5-41　U 形管安装架示意图

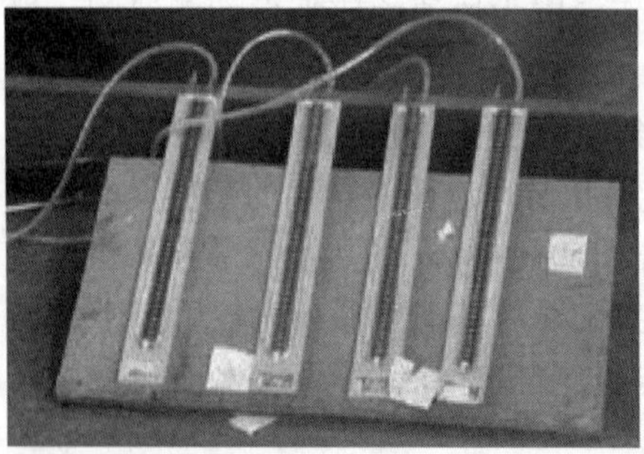

图 5-42　U 形管

图 5-43　皮托管

(五) 实验风量与压力

确定瓦斯释放量的依据是回风巷、内错尾巷和高抽巷的风量以及瓦斯浓度。通过计算实验模型中各模拟段的风速或风量,并采用现场真实的瓦斯浓度,可以确定模型中应该释放的瓦斯量。

实验模型与实际尺寸按照 1∶100 的比例进行缩小加工,在回风巷、内错尾巷和高抽巷中的风速没有进行相似扩大,只取其实际的风速。那么相应的风量计算公式如下:

$$Q = v_{实} \times S_{模} \tag{5-11.2}$$

式中　Q——风机风量,m^3/h;

$v_{实}$——巷道实测风速,m/h;

$S_{模}$——模型中巷道断面面积,m^2。

风压计算公式:

$$h = RQ^2 \tag{5-11.3}$$

式中　h——风机风压,Pa;

R——模型风阻;

Q——风机风量,m^3/h。

三、高抽巷合理位置的模拟优化研究

一条高抽巷不同位置的实验方案共有 6 组,即高抽巷位于图中 3、4、5、6、7、8 处,如图 5-44所示。但由于高抽巷位置 6 后部管路封闭处破坏,因此实验结果未加入分析。

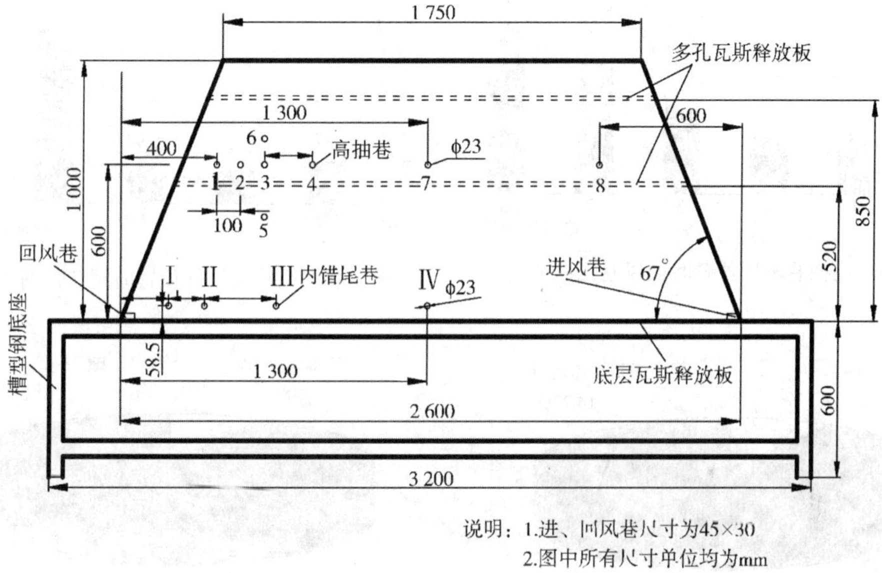

图 5-44　高抽巷布置方案图

表 5-11.2 为该方案中回风巷、内错尾巷和高抽巷三条巷道排放瓦斯的浓度。从图 5-45 回风巷的瓦斯浓度变化曲线来看,回风巷瓦斯浓度最低为 0.54%,比较接近的有两个方案,分别是实验方案 1 和 2,即高抽巷位置在 3 和 4 两处时。相比其他位置来说,高抽巷位于回风侧更能控制邻近层瓦斯的运移,从而保证大采长综放面的安全生产;从图 5-46 内错尾巷的瓦斯浓度来说,方案 2 和 3 的尾巷瓦斯浓度较低,其余 3 个方案特别是高抽巷位于 7 和 8 两处时,内错尾巷的瓦斯浓度是前三个方案的 5 ~7 倍,必然超出《煤矿安全规程》的规定。

图 5-47 ~ 图 5-48 为高抽巷不同位置的 5 组方案中三条巷道排放瓦斯的比重图,结合表 5-11.1 可知,方案 3 ~5 尾巷排放瓦斯的比重达到 33%,这是由于内错尾巷风流中瓦斯浓度大幅增加引起的,而且瓦斯浓度严重超出《煤矿安全规程》规定的瓦斯浓度,所以在实际应用中不能考虑这两个方案;剩下的三个方案中,方案 1 的高抽巷相比来说没有起到很好的抽采作用,因为其抽采瓦斯的比重相对低 5%;高抽巷位于 4 处和 5 处比较,在高抽巷抽采比重相差不大和尾巷瓦斯浓度不超限的前提下,要回风瓦斯的浓度越小越好,因此,高抽巷位

于4处时是这5组方案中最好的。

表 5-11.2　高抽巷位置不同时各个巷道排放瓦斯浓度

实验方案	高抽巷位置	回风瓦斯浓度/%	尾巷瓦斯浓度/%	抽采瓦斯浓度/%
1	高抽巷3	0.55	1.66	16.60
2	高抽巷4	0.54	1.26	18.99
3	高抽巷5	0.64	0.94	17.48
4	高抽巷7	0.84	6.80	21.83
5	高抽巷8	0.88	6.99	22.44

注:内错尾巷位置固定在Ⅱ处。

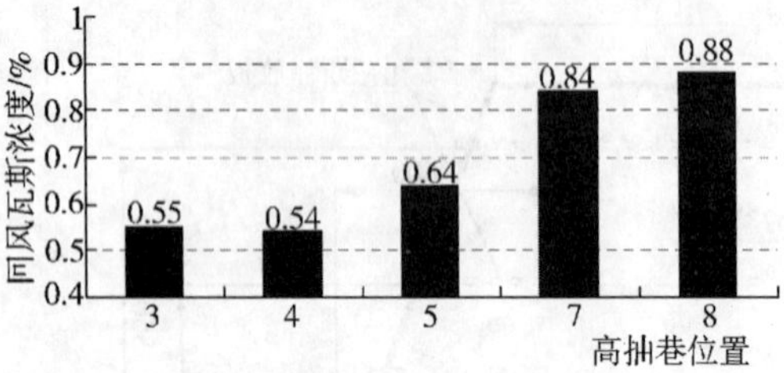

图 5-45　高抽巷不同位置时回风巷瓦斯浓度图

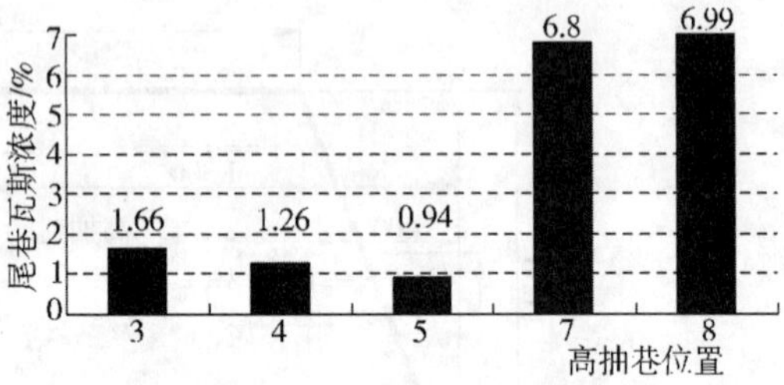

图 5-46　高抽巷不同位置时尾巷瓦斯浓度图

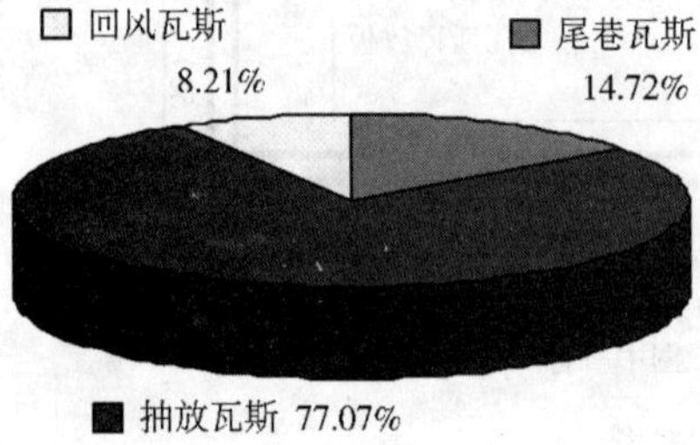

图 5-47　高抽巷在3处时排放瓦斯比重关系图

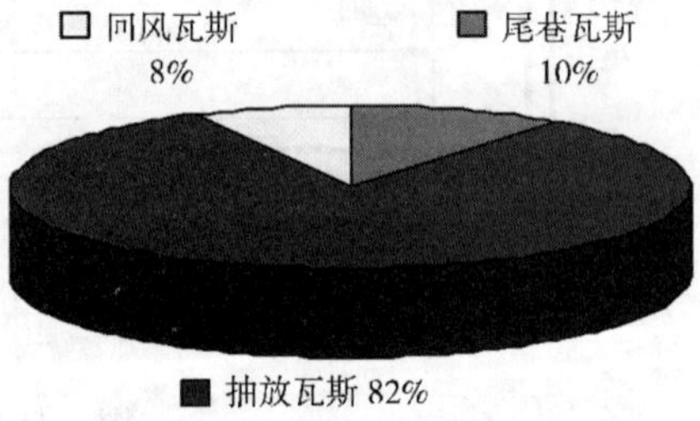

图 5-48　高抽巷在4处时排放瓦斯比重关系图

四、两条高抽巷对瓦斯抽采影响的模拟研究

两条高抽巷不同位置组合的实验方案共有2组,即高抽巷位于3和7、3和8处,如图5-44所示。

(一) 双高抽巷的位置是3和7时的对比

进行双高抽不同位置的抽采时,为了便于对比各方案间的差异,固定总进风量。双高抽巷的位置是3和7时,一共进行三组不同风速的实验方案,如表5-11.3所示。

图5-49 ~ 图5-51为双高抽巷的位置布置在3和7处时各条巷道中瓦斯浓度关系图,从中可以看出:

(1) 从回风瓦斯浓度来看,在布置双高抽巷的条件下,回风巷中的瓦斯浓度在0.4%左右,降低的幅度较大,三组方案均能够使得回风瓦斯浓度降低20%左右,能够解决回风瓦斯浓度超限问题。

表 5-11.3　双高抽巷最优方案对比表

实验方案	回风		尾巷Ⅱ		高抽巷 3		高抽巷 7	
	风速/(m·s⁻¹)	负压/Pa	风速/(m·s⁻¹)	负压/Pa	风速/(m·s⁻¹)	负压/Pa	风速/(m·s⁻¹)	负压/Pa
1	1.9	200	1.5	240	0.75	750	0.8	310
2	1.9	230	1.5	240	0.5	750	1.5	310
3	1.9	230	1.5	240	1.5	310	0.5	1180

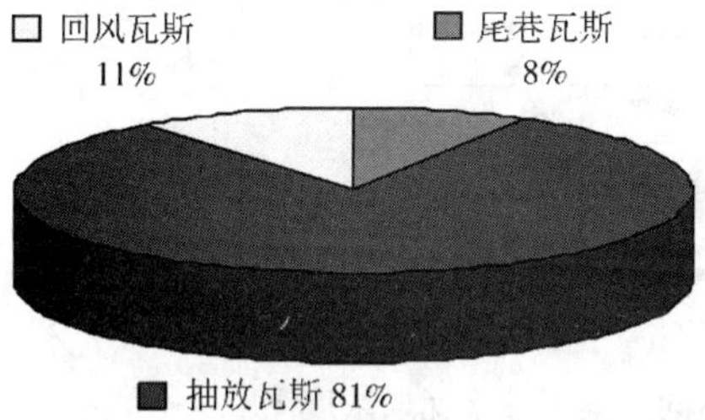

图 5-49　高抽巷在 5 处时排放瓦斯比重关系图

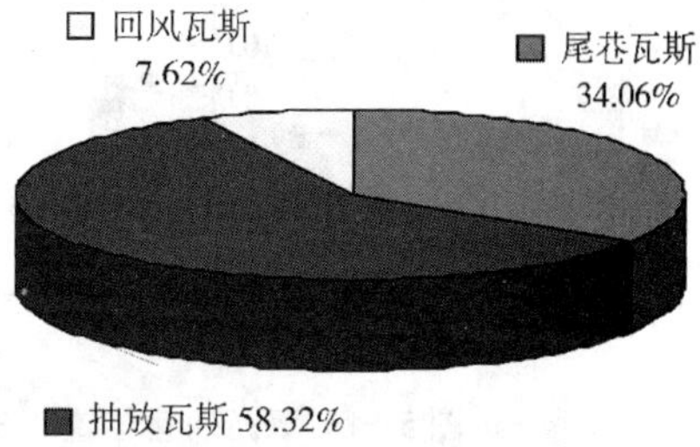

图 5-50　高抽巷在 7 处时排放瓦斯比重关系图

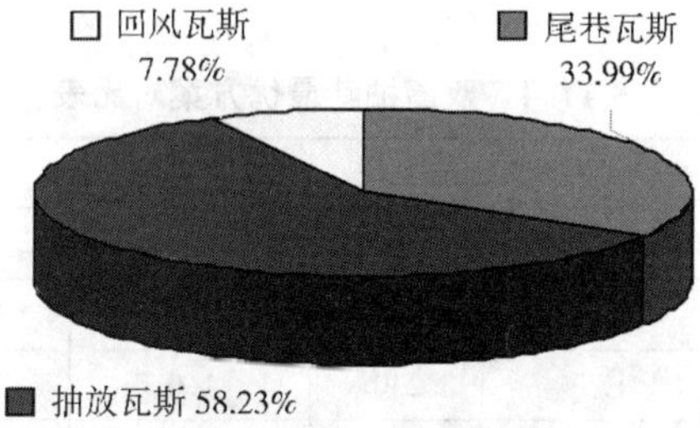

图 5-51　高抽巷在 8 处时排放瓦斯比重关系图

(2) 从内错尾巷的瓦斯浓度来看,能稳定在 0.5% 以下,说明在本实验模型的条件下,采用两条高抽巷治理本煤层瓦斯超限问题要比双尾巷效果更优。

(3) 从双高抽巷的抽采瓦斯浓度来看,两条高抽巷的瓦斯浓度均较低,仅为单高抽巷时浓度的一半,可能达不到利用的浓度,因此在采用双高抽巷治理本煤层瓦斯时需特别注意。

图 5-52 ~ 图 5-54 为采用双高抽巷时各巷道排放瓦斯比重关系,不难看出:

(1) 从回风和尾巷排放的瓦斯比重看出,采用双高抽巷时风排瓦斯的比重相比采用双尾巷时明显降低,而且相应各巷道中的瓦斯浓度也明显降低。其原因是大采长综放面覆岩裂隙发育较好,采用双高抽巷能更好地控制邻近层瓦斯流向,治理大采长综放面瓦斯效果更优。

(2) 从双高抽巷抽采瓦斯比重来看,靠近回风侧高抽巷的抽采比重相对较大,只有方案 3 例外,因为方案 3 的高抽巷 3 的抽采负压很大,造成高抽巷 7 抽采比重较大。

(二) 双高抽巷的位置是 3 和 8 时的对比

进行双高抽不同位置的抽采时,为了便于对比各方案间的差异,固定总进风量。双高抽

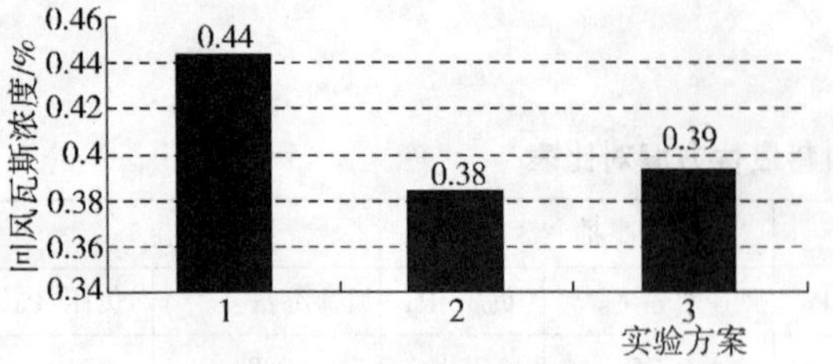

图 5-52　双高抽巷位置在 3 和 7 处时不同方案下回风瓦斯浓度图

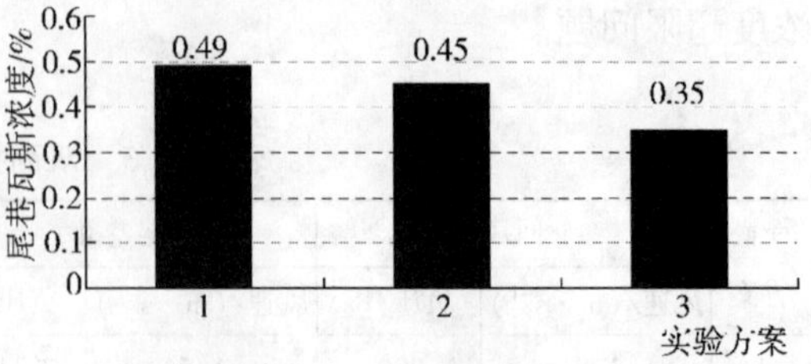

图 5-53　双高抽巷位置在 3 和 7 处时不同方案下尾巷瓦斯浓度图

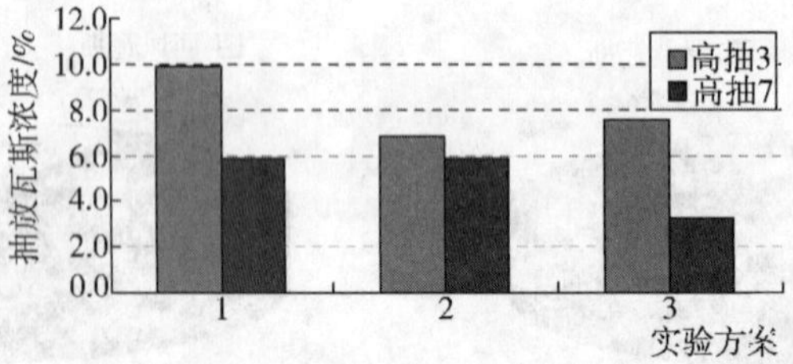

图 5-54　双高抽巷位置在 3 和 7 处时不同方案下抽采瓦斯浓度图

巷的位置是 3 和 8 时，一共进行四组不同风速的实验方案，如表 5-11.4 所示。

表 5-11.4　双高抽巷最优方案对比表

实验方案	回风		尾巷Ⅱ		高抽巷 3		高抽巷 8	
	风速/(m · s^{-1})	负压/Pa	风速/(m · s^{-1})	负压/Pa	风速/(m · s^{-1})	负压/Pa	风速/(m · s^{-1})	负压/Pa
1	1.9	210	1.5	230	0.75	370	0.75	400
2	1.9	210	1.5	230	1.0	340	0.5	580
3	1.9	210	1.5	230	0.5	460	1.0	290
4	1.9	230	1.5	235	1.0	480	1.0	610

图 5-55 ~ 图 5-60 为双高抽巷的位置布置在 3 和 8 处时各条巷道中瓦斯浓度关系图，从中可以看出：

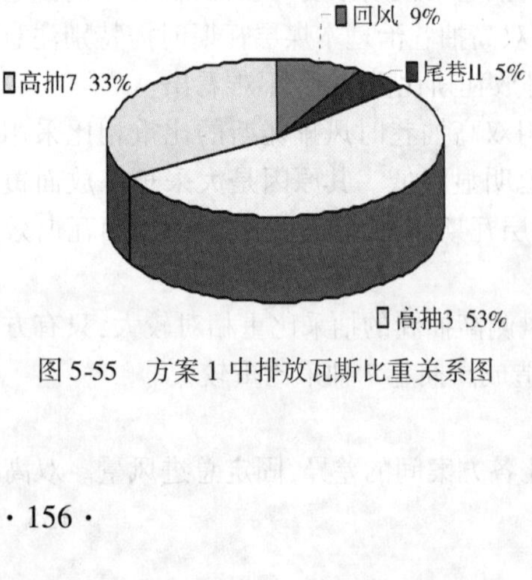

图 5-55　方案 1 中排放瓦斯比重关系图

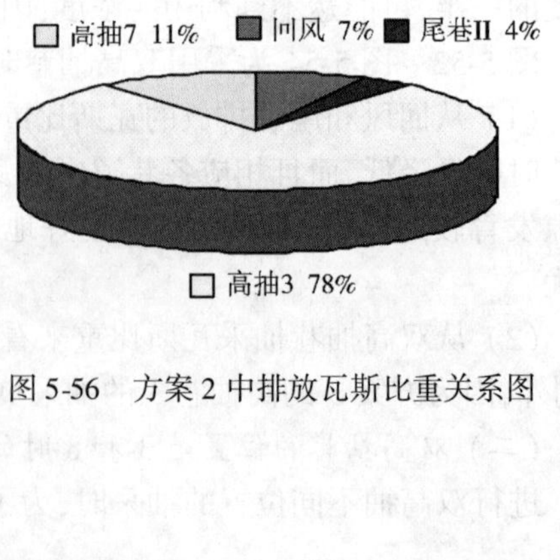

图 5-56　方案 2 中排放瓦斯比重关系图

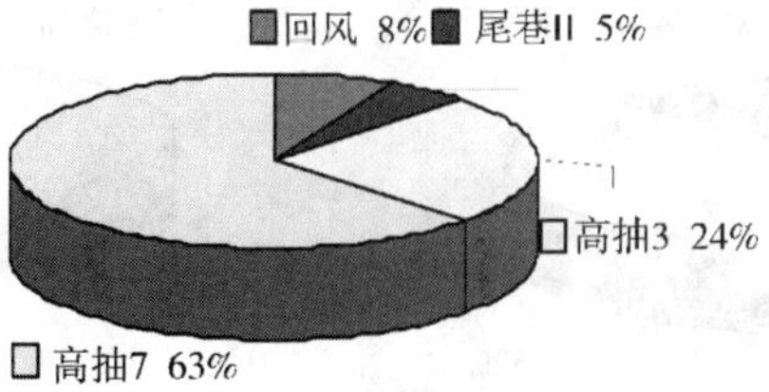

图 5-57　方案 3 中排放瓦斯比重关系图

(1) 从回风瓦斯浓度来看,在布置双高抽巷的条件下,回风巷中的瓦斯浓度在 0.40% 左右,降低的幅度较大,三组方案均能够使得回风瓦斯浓度降低 20% ~30% 左右,能够解决回风瓦斯浓度超限问题。

(2) 从内错尾巷的瓦斯浓度来看,能稳定在 0.5% 以下,说明在本实验模型的条件下,采用两条高抽巷治理本煤层瓦斯超限问题要比双尾巷效果更优。

(3) 从双高抽巷的抽采瓦斯浓度来看,两条高抽巷的瓦斯浓度均较低,仅为单高抽巷时浓度的一半,可能达不到利用的浓度,因此在采用双高抽巷治理本煤层瓦斯时需特别注意。

图 5-58 ~ 图 5-64 为采用双高抽巷时各巷道排放瓦斯比重关系,不难看出:

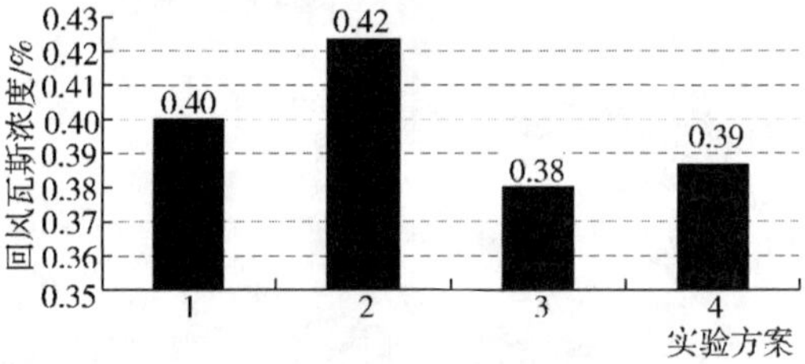

图 5-58　双高抽巷位置在 3 和 8 处时不同方案下回风瓦斯浓度图

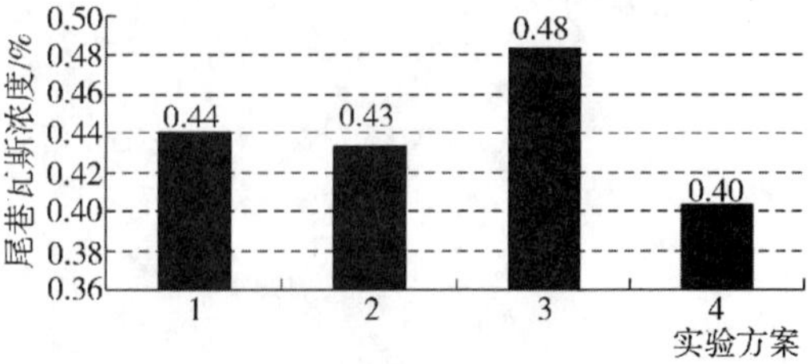

图 5-59　双高抽巷位置在 3 和 8 处时不同方案下回风瓦斯浓度图

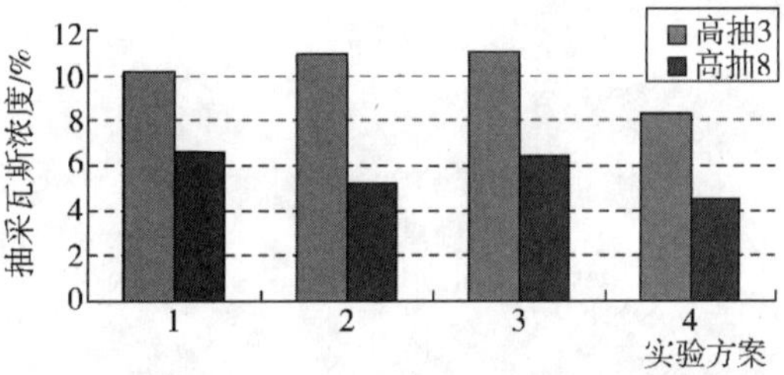

图 5-60　双高抽巷位置在 3 和 8 处时不同方案下回风瓦斯浓度图

(1) 从回风和尾巷排放的瓦斯比重看出,采用双高抽巷时风排瓦斯的比重相比采用双尾巷时明显降低,而且相应各巷道中的瓦斯浓度也明显降低。其原因是大采长综放面覆岩裂隙发育较好,采用双高抽巷能更好地控制邻近层瓦斯流向,治理大采长综放面瓦斯的效果更优。

(2) 从双高抽巷抽采瓦斯比重来看,只要两条高抽巷的抽采负压相差不大,靠近回风侧高抽巷的抽采比重总是相对较大,回风侧的高抽巷正好位于“O”形圈内,说明位于覆岩裂隙

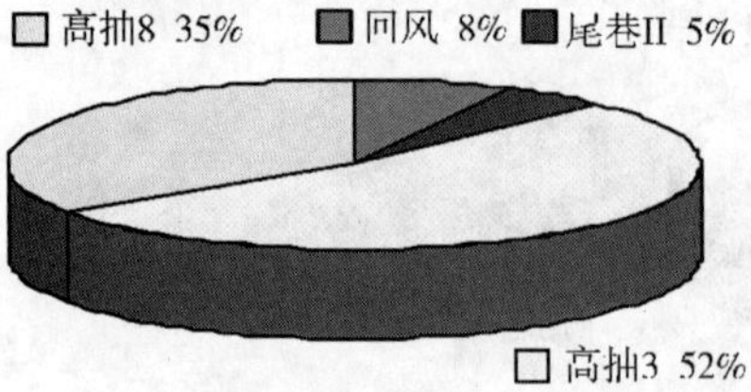

图 5-61　方案 1 中排放瓦斯比重关系图

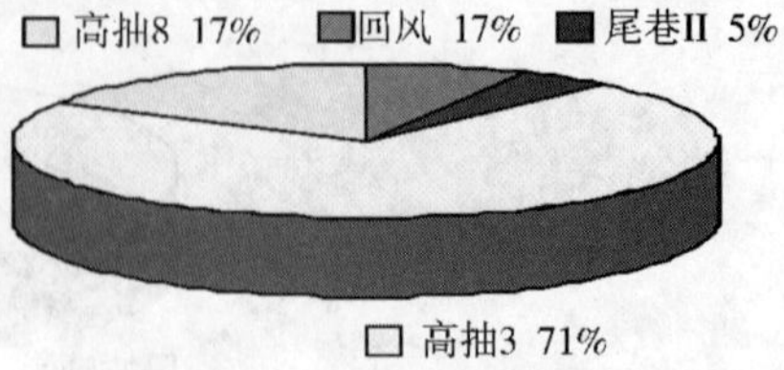

图 5-62　方案 2 中排放瓦斯比重关系图

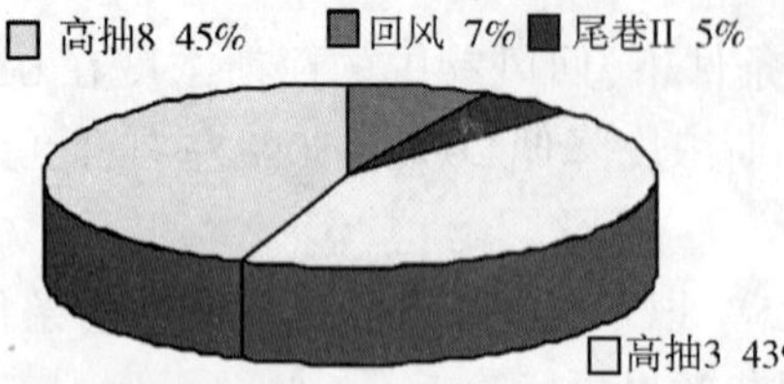

图 5-63　方案 3 中排放瓦斯比重关系图

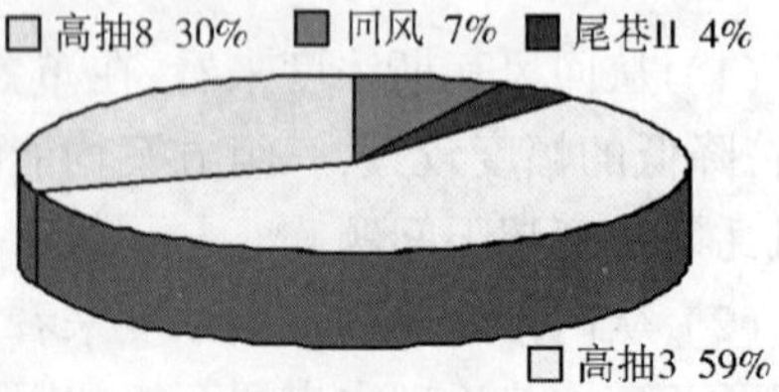

图 5-64　方案 4 中排放瓦斯比重关系图

发育区域内的高抽巷能够很好地抽采邻近层瓦斯，对于解决邻近层瓦斯涌入工作面问题起到非常重要的作用。

实验12 跨采软岩巷道加固技术的实验

跨巷开采工作面的连续推进，不仅不需要留设保护煤柱，还少掘开切眼和省去了设备搬家的时间及费用。然而原有的支护在不受采动影响或采动影响较小时巷道维护状况尚好，但当其受到强烈采动影响时，巷道维护十分困难，甚至难以使用。如鲍店煤矿北翼一采区自开采1304—1工作面开始，由于下部巷道所处岩层主要为泥岩，岩性较差，裂隙极其发育，从而在动压作用下造成了轨道大巷、运输大巷及主要岩石集中巷的严重破坏。到目前为止，有的地段已进行了四五次的修复，虽然修复时采用马蹄形29U型钢棚支护，却仍出现底鼓和支架被破坏的现象。因此，研究这类服务期长的跨采软岩巷道的加固及支护技术，保证巷道在动压作用下不再出现严重破坏，满足矿井的安全生产，实现矿井生产的高产高效有着重要意义。

一、受跨采影响巷道的地质概况

鲍店煤矿北翼采区的轨道石门、运输石门、轨道大巷、运输大巷及主要岩石集中巷位于3煤底板太原组内的灰黑色泥岩至五灰之间的地层中，它们与3煤底板距离约45 m，巷道的埋深在410～430 m之间。其间的主要岩层有灰黑色泥岩、深灰色粉砂岩、浅灰色铝质泥岩，局部含三灰和薄煤层等，它们的物理、化学及力学性质有以下特点：

（1）泥岩、粉砂质泥岩及粉砂岩的主要黏土矿物成分为高岭石、伊利石及伊蒙混层矿物，而泥岩的伊蒙混层含量最大，其力学性质和工程特性也最差。

（2）泥岩、粉砂质泥岩及粉砂岩的结构特征基本都属于紊流状或层状结构，宏观表现为干燥状态下的岩块有一定的强度，各向异性比较明显。但岩石中含有许多尺寸不一的微裂隙、微孔隙，这些微观缺陷的存在不但削弱了岩石的强度，同时使得水分子极易渗入到岩石内部，削弱岩石颗粒间的联结力，从而引起岩石膨胀、软化、崩解等现象。

（3）泥岩岩块遇水后膨胀性不大，破坏方式主要是崩解与碎裂。但由于水的存在，使得泥岩的软化系数达0.24～0.10，而抗拉强度更是大幅度降低。

二、跨采巷道支护形式实验设计

为了确定跨采软岩巷道合理有效的加固支护形式，在实验室进行了相似材料模拟实验研究，旨在通过对同一围岩和外部条件下的巷道在不同支护形式及加固后的变形情况对比，确定出合理有效的加固支护形式。实验在长×宽×高＝3 200 mm×400 mm×1 850 mm的平面应变相似模拟实验台进行，外载采用液压稳压器伺服控制的千斤顶来实施。

（一）模拟巷道及支护的特点

1.模型设计及参数设定

模型比例为1∶30，模型设计布置如图5-65所示。巷道围岩的平均密度$\rho=2.5\ g/cm^3$，巷道埋深$H=420$ m，巷道为半圆拱形，尺寸为宽×高＝4 400 mm×3 700 mm。相似材料模拟实验的有关参数列于表5-12.1中。

表 5-12.1　相似材料模拟实验参数

岩性	厚度/m	原岩强度 R_C/MPa	模型强度 R_C'/kPa
3 煤	8.70	25 ~ 32	500
粉细砂岩	17.0	80 ~ 100	1 600
粉砂岩	3.25	50 ~ 60	1 340
泥岩	10.2	35 ~ 45	910
铝土质泥岩	1.25	35 ~ 45	910
泥岩	4.25	35 ~ 45	910
二灰	1.00	60 ~ 80	1 500
泥岩	4.87	35 ~ 45	910
6 煤	0.40	15 ~ 20	400
粉砂岩	1.40	50 ~ 60	1 340
粉砂质泥岩	6.50	35 ~ 50	1 260

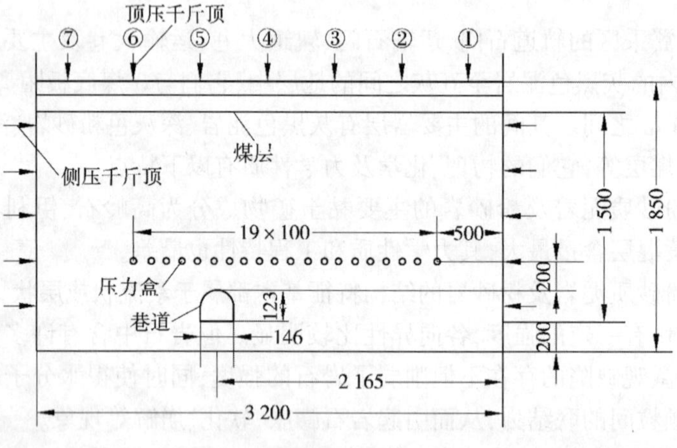

图 5-65　模型布置示意图

2. 巷道支护模拟

模拟巷道原有支护形式有锚网喷支护、料石碹支护、U 型钢半圆拱支护,巷道加固采用的是锚杆加注浆。模型设计的支护方案为:① 锚网喷支护,② 在锚网喷支护的基础上加锚注,③ 料石碹加锚注支护,④ U 型钢半圆拱支护,⑤ 在 U 型钢半圆拱支护的基础上加锚注。

(1) 模拟锚杆采用两种规格的材料,采用 ϕ1.5 mm,拉断力为 54 N(5.5 kg) 的铝丝模拟 ϕ22 mm 的无缝管注浆锚杆;采用 ϕ1.8 mm,拉断力为 64 N(6.5 kg) 的铝丝模拟 ϕ16 mm 的螺纹钢锚杆,两种模拟锚杆的受力与拉伸特性如图 5-66 所示。

(2) 模拟在岩体中的注浆压力通过计算为 39 ~ 49 kPa(0.4 ~ 0.5 kg/cm^2),相对应的现场注浆压力为 2.0 ~ 3.0 MPa。

(3) 料石碹支护,实际料石碹支护的厚度为 250 mm,材料选用石灰岩,模型中选用的模拟材料是以 1 : 1 比例配制的水和石膏,预制厚度为 8 mm。

(4) 实验时,U 型钢半圆拱支护采用薄铁皮制作而成,支架排距为 26.7 mm,相对应的现场支架排距为 800 mm。

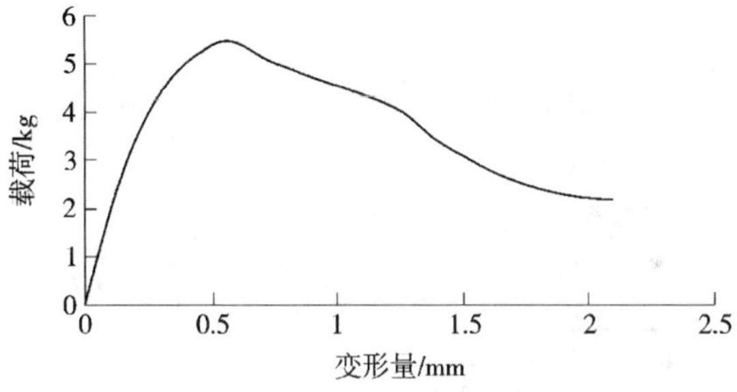

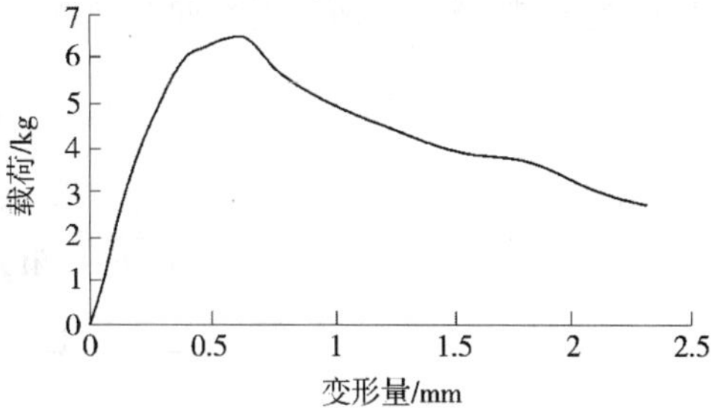

(a) ϕ1.5 mm 锚杆;(b) ϕ1.8 mm 锚杆

图 5-66　模拟锚杆受拉特性

三、实验过程

首先将模型按设计要求铺好,待干燥 20 d 后,按照巷道的位置和尺寸开挖巷道,然后打锚杆,每断面 17 根,其中每帮 3 根,半圆拱上 9 根,巷道的底角各 1 根,锚杆的排距26.7 mm。打好锚杆后进行铺网喷浆,喷层厚度为 3 mm,喷层材料选用石膏加碳酸钙和水配制而成;再干燥 3 d,最后开始加载。加载时,首先在垂直应力方向加到原始应力水平状态,即在模型上方应力为 0.227 MPa,换算成实验台的控制压力为 3.2 MPa;水平方向的应力为垂直方向的 1/3,以确保水平边界条件。有注浆形式的支护,此时开始注浆,完成后再让其凝固 3 d。而后逐节对模型施加集中应力以模拟因开采而引起的应力集中。模型 1 采用原有现场支护形式的一种——锚网喷支护,这类巷道在未受到采动影响时,一直保持较完整,当上方跨采时对其产生动压影响时,巷道变形较大,破坏严重,其中两帮移近量达 680 mm,顶板移近量达 1 355 mm,底鼓达到 650 mm。实验时,通过已知巷道的变形量,来确定上方采动的影响压力,模型中巷道的破坏状况如图 5-67 所示,结果得出,因开采而产生的应力集中系数为 3.1 左右,即实验台的控制压力为 10MPa。

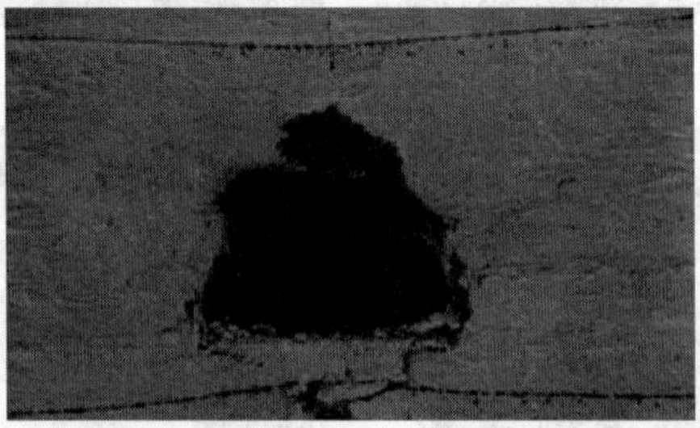

图 5-67　锚网喷支护巷道的破坏状况

加载步骤为:第一步加载至原始应力状态,应力水平为 0.227 MPa;第二步模拟峰值应力开始加载,如图 5-68 所示,峰值从右边的第一个千斤顶开始依次向前推进,峰值应力为 0.704 MPa,介于原始应力和峰值应力之间的值为 0.369 MPa;且每加载一次,等待半小时后测量巷道的变形。在整个加载过程中测量巷道的周边位移,因为此模型为平面应变模型,在测量巷道的位移时,直接测量有一定的难度,我们是通过杠杆放大的原理,将位移分成两帮和顶底，由杠杆放大两倍引出而实现的。

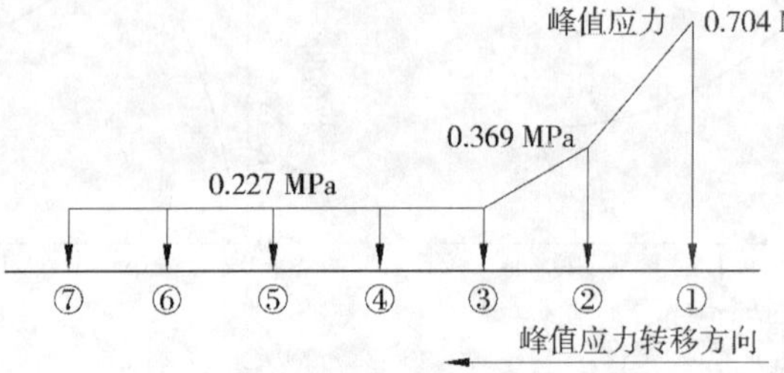

图 5-68　加载应力分布图

四、实验数据整理与分析

1. 巷道位移变形情况

在模型 2 至模型 5 中，其围岩条件及跨采时动压影响强度和方式，均与模型 1 相同，而巷道内的支护形式分别采用锚网喷加锚注支护、料石碹加锚注支护、U 型钢半圆拱支护、U 型钢半圆拱支架的基础上加锚注支护。实验后，各巷道的破坏状况如图 5-69 所示，巷道的顶、底和侧帮位移量见表 5-12.2 和图 5-70 所示。

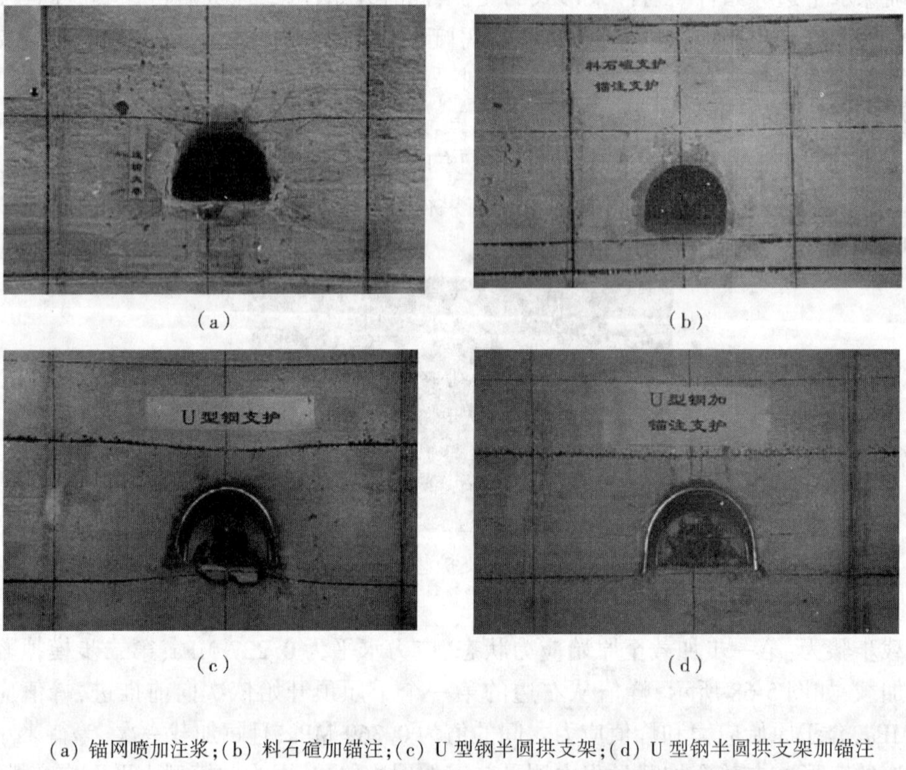

(a) 锚网喷加注浆；(b) 料石碹加锚注；(c) U 型钢半圆拱支架；(d) U 型钢半圆拱支架加锚注

图 5-69　模型 2 至模型 5 实验后巷道的破坏状况

表 5-12.2　不同支护形式受跨采影响后巷道表面位移情况

模型序号	支护形式	侧帮位移量		顶、底位移量		底鼓量	
		实测值/mm	相对量/%	实测值/mm	相对量/%	实测值/mm	相对量/%
M1	锚网喷	19.71	100.0	44.94	100.0	21.65	100.0
M2	锚网喷+锚注	5.55	12.9	6.24	13.9	0.18	0.8
M3	料石碹+锚注	1.46	7.4	5.28	11.7	1.34	6.2
M4	U 型钢半圆拱	21.33	108.2	39.86	88.7	20.55	94.9
M5	U 型钢半圆拱+锚注	1.60	8.1	3.39	7.5	0.13	0.6

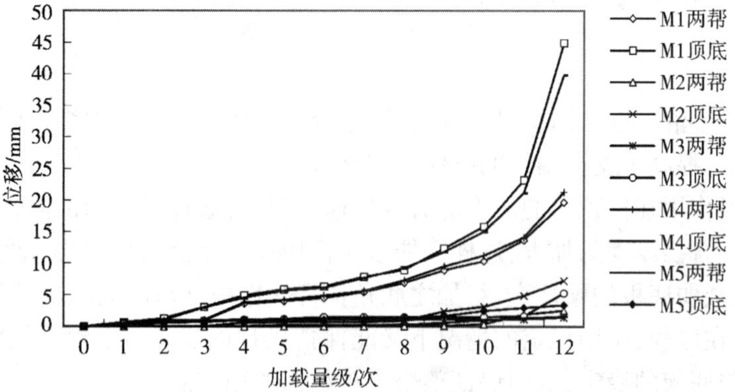

图 5-70　M1 至 M5 巷道变形随加载量级变化的关系曲线

2. 结果分析

从加载过程中的巷道变形曲线(图 5-70)可以看出,当巷道的围岩应力为原始应力水平时,各巷道的变形情况相差不大,但在经受跨采采动影响时,巷道的变形量逐渐被拉大,没有进行锚注加固处理的巷道,其变形量远远大于加固处理后的巷道,最大差距达到 10 倍以上,底鼓现象尤其突出。这说明受跨采动压影响的软岩巷道,在采用 U 型钢支架支护时,由于其支护的被动性,当它们拥有一定工作阻力时,说明围岩体已产生了一定的位移量。此时再承受跨采动压时,在支护体的局部将产生应力集中,使得支架首先在局部发生破坏,并逐步扩大,最后导致支护体失效。而锚网喷支护,虽然实现了对岩体的主动支护的效能,但在此类受到动压影响的巷道中,巷道围岩的力学性能逐渐弱化,使得锚杆的着力基础失去相应的反作用力,从而使围岩与锚杆相互作用的支护体被破坏。

由表 5-12.2 和图 5-69、图 5-70 可以看出,采取锚注加固后的巷道在经历跨采动压影响后,锚网喷加锚注的巷道两帮位移为 5.55 mm,顶底位移为 6.24 mm,其中底鼓量为 0.18 mm;料石碹加锚注的巷道两帮位移为 1.46 mm,顶底位移为 5.28 mm,其中底鼓量为 1.34 mm;U 型钢半圆拱支护时,两帮的位移为 1.60 mm,顶底位移为 3.39 mm,其中底鼓量为 0.13 mm,巷道仍保持着完好状态。这说明在锚喷支护基础上或在原金属支架和料石碹支护体的壁后进行注浆,注浆后将松散破碎的围岩胶结成整体,从而提高了岩体的黏聚力、内摩擦角及弹性模量,封闭裂隙,阻止水对岩体的侵蚀,使岩体强度显著提高。利用注浆锚杆注浆充填围岩裂隙,再配合网喷支护,可以形成一个多层有效组合拱,即喷网组合拱、锚杆

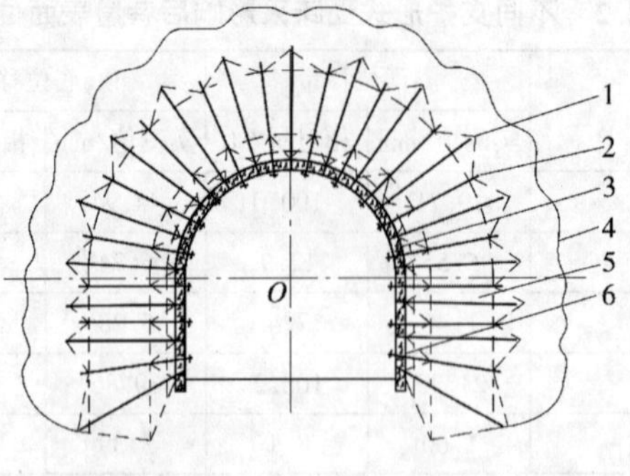

1—普通金属锚杆；2—注浆锚杆；3—喷层与金属网
4—注浆扩散范围；5—锚杆作用形成的岩石拱；6—喷层作用形成的组合拱

图 5-71　注浆加固支护机理图

压缩区组合拱及浆液扩散加固拱，形成的多层组合拱结构扩大了支护结构（如图 5-71 所示）的有效承载范围，提高了支护结构的整体性和承载能力。

注浆后使得作用在拱顶上的压力能有效传递到两墙，通过对墙的加固，又能把荷载传递到底板。由于组合拱厚度的加大，这样又能减小作用在底板上的荷载集中度，从而减小底板岩石中的应力，减弱底板的塑性变形，加之底角锚杆的作用，减轻了底鼓。底板的稳定，有助于两墙的稳定，在底板、两墙稳定的情况下又能保持拱顶的稳定，因此注浆支护的一个重点就是保证两帮与底板的稳定，从而保证整个支护结构的稳定。

这些实验结果，在鲍店煤矿得到具体应用，尽管该矿北翼采区工作面为综放开采，其动压影响较大，但对其跨越的巷道，在原支护形式的基础上，采取了相应的锚注加固措施，使得跨采后各巷道在加固后 5 个月内的断面位移观测，其断面收缩率在 9% 之内，为矿井持续高效的生产提供了保证。

五、结论

(1) 采用物理模型模拟经受跨采影响的软岩巷道的支护，实验研究成果成功地应用于现场实际工程，使得跨采后各巷道的断面收缩率在 9% 之内。

(2) 锚注加固的效果与巷道内的最外层组合拱有着密切联系，当外层组合拱较坚固时，其密封、承压性能高，致使注入的浆液扩散均匀且范围大，其加固效果则好。

(3) 锚注加固就其支护原理来看，在其应用于其他类型的巷道支护时，要把握好巷道围岩裂隙发育的程度，即让围岩应力有一个释放过程，围岩裂隙有了一定的发育，这样锚注的效果将更好。

实验13　保水开采的三维固液耦合模拟实验

一、实验目的与要求

了解采动覆岩结构运动与裂隙演化规律,得出采动覆岩导水通道动态演化与分布特征及关键层结构运动全过程及其对覆岩导水通道的控制作用。

二、实验仪器及工具

(1) 微型压力传感器:50个。
(2) 机械式位移传感器:46个。
(3) 高精度土壤湿度传感器:40个。
(4) 液压千斤顶:40只。
(5) 微型摄像头:1个。

三、实验装置

三维固液耦合相似模拟实验台,如图5-72所示。

实验平台尺寸为2 m×2.5 m,有效高度2.5 m;具有水压伺服系统,可保持含水层水压恒定,水压可达0.1 MPa;能够测试岩层内部压力、岩层位移、水流压力及水流位置;能对相关数据进行动态跟踪并采集。采煤工作面采高可以通过底部千斤顶随时进行调节。

图5-72　三维固液耦合相似模拟实验台

四、实验内容

(一) 原型煤系地层及赋存条件

综采工作面原型开采煤层为1^{-2}煤层,其地质构造简单,煤层倾角平均为3°,厚度平均为6 m,埋藏深度50~60 m。基岩上部为15~30 m的厚松散层覆盖,风化基岩厚度约为3 m,松散层下部有含水层,厚度6~9 m,潜水位深度18~22 m,工作面长度150 m,采高5 m。根据单一关键层的浅埋煤层典型赋存特征,并为掌握该类条件下保水开采的普遍规律,将该工作面的覆岩原始参数做适当调整,具体模拟参数如表5-13.1所示。

表 5-13.1　实验覆岩基本参数表

序号	岩　性	厚度/m	密度 ρ /(kg·m^{-3})	弹性模量 E/GPa	黏聚力 C/MPa	内摩擦角 φ/(°)	泊松比 μ	抗压强度 σ_c/MPa
1	风积沙、沙石	30.0	1 700					
2	风化砂岩	5.0	2 330					15
3	粉砂岩（局部风化）	4.0	2 330	18				18
4	砂岩	4.0	2 520	43.4	2.6	36	0.22	30.3
5	砂岩互层	6.0	2 520	30.7	2.4	38	0.25	30.3
6	砂质泥岩	6.0	2 410	18	2.4	32	0.28	15.3
7	粉砂岩	4.0	2 380	40	7.4	38	0.20	48.3
8	粉砂岩	15.0	2 380	40	7.4	38	0.20	48.3
9	碳质泥岩	3.0	2 430	18	1.7	32	0.27	15.3
10	砂质泥岩	3.0	2 430	18	1.8	32	0.25	38.3
11	1^{-2}煤层	6	1 300	13.5	1.2	38	0.25	14.8
12	细、粉砂岩	4.0	2 430	38	3.2	38	0.20	37.5

（二）测试的主要内容

浅埋煤层覆岩变形和采动应力变化规律、覆岩移动规律（水平移动、垂直移动）、采动裂隙（导水通道）动态演化与分布特征。

（三）测试方法及测点布置

1. 覆岩应力测量（分为 2 个剖面）

在覆岩中布置 6 条水平测线（沿倾向分为 2 个剖面，每个剖面 3 条），测定采动覆岩的应力变化规律，2 条布置在关键层（8 号 15 m 粉砂岩）顶部，作为主要观测线。另 4 条分别布置在关键层底部和松散风积沙（1 号）底部。具体布置参数如图 5-66 所示。

2. 采动覆岩导水通道监测

在覆岩中布置 4 条水平测线，测定采动覆岩的导水通道的发育规律和分布特征，2 条布置在关键层（8 号 15 m 粉砂岩）中部。另 2 条分别布置在关键层顶部 6 m 厚的砂质泥岩（6 号）中。具体布置参数如图 5-73 所示。

3. 覆岩移动规律垂直移动测试

在覆岩中布置 4 条水平测线，测定采动覆岩的垂直移动规律，2 条布置在 4 号粉砂岩和 5 号砂岩互层之间；2 条布置在 6 号砂质泥岩和 7 号粉砂岩之间，布置参数如图 5-66 所示。

（四）监测符号对照表（如表 5-13.2 所示）

表 5-13.2　监测符号对照表

图例	测点名称	数字标号形式	所在监测线
●	压力监测点	1,2,3,…	垂直应力监测线
■	湿度监测点	①,②,③,…	导水通道监测线
▲	垂直位移监测点	<1>,<2>,<3>,…	垂直位移监测线

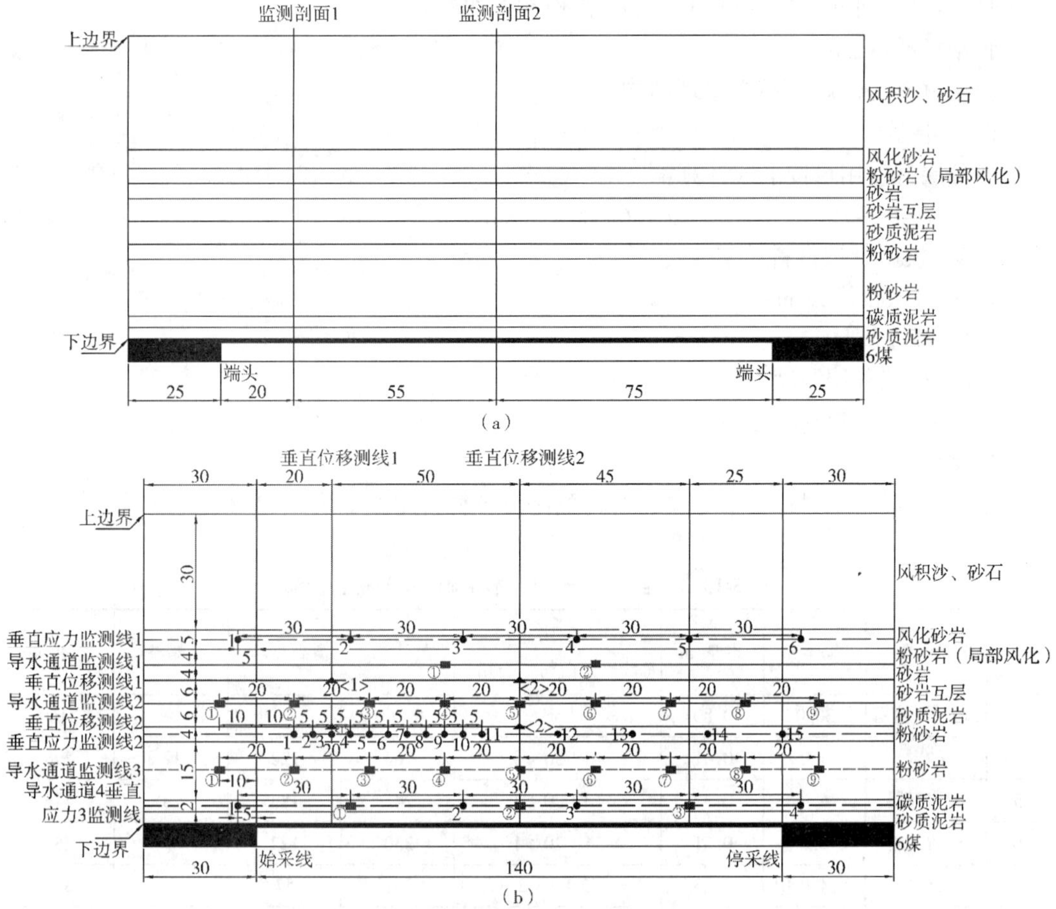

(a) 模型倾向剖面划分示意图；(b) 模型走向剖面内测点布置图

图 5-73 模型内测点布置图

五、注意事项

(一) 基岩相似材料的选择

对于采场围岩的变形和破坏，其基本作用力是拉力和压力，破坏的形式为拉断和剪断，围岩的变形破坏与其弹性模量及泊松比等有关。

对实验固体(基岩部分)材料的根本要求是：材料不会因为水的作用而引起软化或塑性变形。为了控制材料的强度和塑性破坏，应采用弱胶结性胶结剂，并适当增加其脆性。从多种高分子胶黏剂中筛选，其中石蜡为最佳材料。选用低熔点优质石蜡(42°～54°)，这种材料具有低脆性，适合于做小比例模型。通过实验，此胶凝剂制作的模型试件具有良好的非亲水性能。虽然石蜡没有固定熔点，但在实验允许温度下仍呈固态，其性能稳定，不会影响实验精度，又价廉易得，是一种合适的胶结剂。将采用石蜡为胶结剂制作的试件置于水中浸泡一周后进行力学参数测试，测试结果表明，其力学参数与未浸泡的试件基本相同，不受湿度的影响。

因此，根据主要相似条件选择相似材料：

骨料:普通河沙,粒径小于1.5 mm;滑石粉和煤粉。

胶结材料:石蜡。

分层材料:云母粉(模拟层理结构)。

1. 材料用量计算

各分层材料用量按下式计算:

$$G = l \times b \times h \times \rho_{m} \tag{5-13}$$

式中 G—模型分层材料总重,kg;

l—模型长度,2 m;

b—模型宽度,2 m;

h—模拟分层厚度,m;

ρ_m——材料密度,kg/m^3。

2. 材料配比的确定

根据所选的相似材料,各分层的材料配比及各材料用量如表5-13.3所示。

表5-13.3 各基岩分层的材料配比及各材料用量

序号	岩 性	真厚/m	累厚/m	配比(沙:大白粉:石蜡)	黄沙/kg	滑石粉/kg	石蜡/kg	总重/kg
1	风积沙、沙石	30.0	0.80		2 160			2160
4	砂岩	4.0	0.41	40:30:3	164	122	12	298
5	砂岩互层	6.0	0.37	40:30:3	245	183	18	446
6	砂质泥岩	6.0	0.31	54:20:1	330	122	6	458
7	粉砂岩	4.0	0.25	32:7:2	261	57	16	334
8	粉砂岩	15.0	0.21	32:7:2	979	214	60	1253
9	碳质泥岩	2.0	0.06	54:20:1	110	41	2	153
10	砂质泥岩	3.0	0.04	40:30:3	123	91	9	223
11	顶煤	1.0	0.01	55:20:1	56	21	1	78
	合计				4 428	851	124	5 403

3. 隔水层相似材料的选择

隔水层(风化砂岩)相似材料的选择要考虑泥岩本身的隔水机理,基岩顶部风化带主要岩性为泥岩、粉砂质泥岩、粉砂岩,这些岩层风化后趋于黏土化,使岩石中某些原生矿物发生分解破坏,生成次生矿物如高岭石、伊利石及蒙脱石等。其塑性显著增大,抗变形破坏能力大大增强。很明显,此种风化岩层能够抑制采动冒落裂隙向上扩展,其裂隙度和渗透性随之减弱,这些岩层浸水后易迅速崩解和泥化,在松散层上覆自重应力作用下,强风化岩层原有的构造裂隙被压实弥合,丧失了储导水作用,变成隔水层。因此,本实验中仍旧采用传统的相似材料来模拟隔水层(风化砂岩),其配比如表5-13.4所示。

4. 风积沙相似材料的选择

直接将河沙铺在模型上部。

表 5-13.4　风化岩层的各材料用量

序号	岩　性	真厚/m	黄沙/kg	石膏/kg	$CaCO_3$/kg	水/kg	总重/kg
2	风化砂岩	5.0	232.65	16.65	16.65	36.45	302.4
3	粉砂岩(局部风化)	4.0	186.3	13.32	13.32	29.25	242.1

5. 流体相似材料的选择

即使用最轻的汽油代替水，按材料相似比来计算汽油仍然较重，所以本模型仍采用一般的水，为了达到相似的目的，可把以几何尺度比例计算出的模型潜水头适当减小，用减小水压头来补偿潜水模拟材料中容重比例所引起的误差。

6. 含水层(水体)的确定

直接在沙层底部注水至对应水头高度(可通过钢槽侧边眼观察确定)，由于沙体的储水性能，可真实地模拟以神东矿区为代表的地表为风积沙含水层覆盖的西部浅埋煤层赋存特征。

(二) 相似模型

(1) 本次实验采用规格为长×高×宽＝2.0 m×2.0 m×0.8 m 的三维模型实验台。根据模型架的几何尺寸，相似材料模拟总高度 0.8 m，即模拟自煤层至地表共 11 个岩层，煤层厚度 6 m(沿底采高 5 m，留 1 m 顶煤)，顶板岩层厚度 80 m。

(2) 模型回采时，在两端头各留 0.25 m 煤柱，模拟工作面长度倾向长 1.5 m。在走向方向各留 0.3 m 煤柱，模型回采长度为 1.4 m。

六、实验步骤

(一) 模型的制作

模型规格为长×宽×高＝2.0 m×2.0 m×0.8 m 的平面应力模型实验台。根据模型架的几何尺寸，相似材料铺设总厚度 80 cm，即模拟煤层顶板共 10 个岩层。此外，煤层总厚度 6 cm，直接采用千斤顶油缸降落底板槽钢进行控制。顶板覆岩层厚度 80 cm。

(二) 加载方式

1. 载荷补偿

由于是浅埋煤层，将煤层直接顶板到地表全部采用相似材料铺设，不需再另加补偿载荷。

2. 水压

据现场实测统计，我国西部浅埋煤层普遍具有至少 10 m 以上的静水压头，同时侧向径流量不大。为简便起见，不再采用水压伺服系统以保持含水层水压恒定，而是直接在沙层底部注水至 10 cm 水头高度，模拟潜水如图 5-74 所示。

(三) 回采程序

模型内煤层开采高度为 5 cm(或两次分别采 2.5 cm)，相当于实际采高 5 m(相当于两分层采高分别为 2.5 m，共计 5 m)。按照神东矿区快速开采的保水原则，每两小时采一次，每次推进 10 cm，约相当于实际每天推进 10 m。模型开采长度 140 cm，相当于实际沿走向推进 140 m。整个模型开采 14 次，约相当于现场开采 14 天；模型开采停止后，再继续观察测试 10 h，直到岩层移动稳定以后。在整个模型开采过程中，对覆岩移动及采动裂隙动态变化

（a）　　　　　　　　　　　　（b）

图 5-74　地表松散层及含水层模拟

进行宏观观察及摄像。

七、实验现象及数据记录

从实验开始到结束，根据回采过程，共记录数据 89 次，其中关键现象如表 5-13.5 所示。

表 5-13.5　关键实验现象记录

数据记录序号	开采步骤	实验描述
1	实验开始	数据清零
2	采第 1 块	
8	采第 2 块	
12	采第 3 块	
19	采第 4 块	期间边界有少许渗水
25	采第 5 块	期间直接顶破断
31	采第 6 块	顶板产生明显断裂，采场突水
37	采第 7 块	地表有较明显沉降
41	采第 8 块	
47	采第 9 块	
54	采第 10 块	
58	采第 11 块	
61	采第 12 块	
67	采第 13 块	
73	采第 14 块	再无新的导水裂隙生成，老顶断裂处涌水速率变化不大
89		停止监测

实验模拟过程中的监测系统如图 5-75 所示。

（a）垂直应力和水位监测线布置；（b）垂直应力和湿度传输装置；

（c）垂直位移传输装置；（d）计算机实时监测

图 5-75　模拟过程中的监测系统

实验14　条带开采相似材料模拟实验

一、实验目的与要求

本次实验通过设置不同采深和不同采、留宽的条带开采方案，研究条带开采在不同采深时，随着不同采宽和留宽，地表沉陷的变化。同时研究关键层在条带开采中控制上覆岩层运动及地表沉陷所起的作用。

二、实验方案

根据本次实验目的，考虑到实验模型的可操作性和可靠性，分为采深200 m和采深400 m两类，现以400 m采深为例加以说明。

采深400 m共有6个方案，依次为采宽100 m留宽150 m，采宽110 m留宽140 m，采宽120 m留宽130 m，采宽130 m留宽120 m，采宽140 m留宽110 m和采宽160 m留宽70 m。方案示意图和实验模型图如图5-76～图5-78所示。

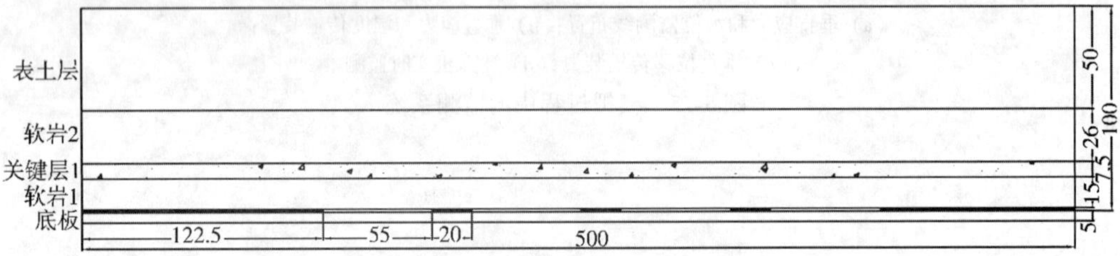

图5-76　采宽100 m留宽150 m方案示意图

图5-77　采宽100 m留宽150 m实验模型图

三、实验测量方法及测点布置

模型的测点布置如图5-79所示，实验应力测量选用压力盒与静态电阻应变仪及微机组成的实验装置，地表位移采用透镜反光放大原理进行测量。

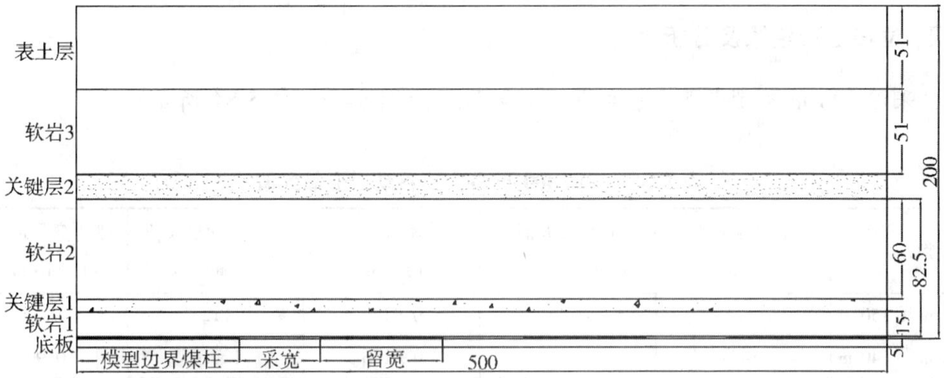

图 5-78　采宽 110 m 留宽 140 m 实验模型图

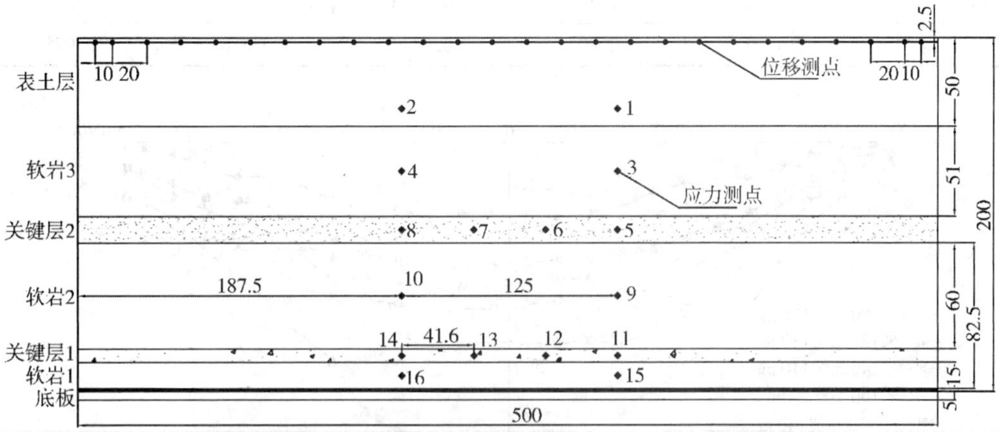

（a）

（b）

图 5-79　采深 400 m 位移和应力测点布置图

四、位移变形结果及分析

1. 采深 400 m 条带开采实验结果(如表 5-14 及图 5-80 ~ 图 5-84 所示)

表 5-14　采深 400 m 各方案移动变形最大值

实验方案	下沉最大值 /mm	倾斜最大值 /(mm · m^{-1})	曲率最大值 /10^{-3} m^{-1}	水平移动最大值 /mm	水平变形最大值 /(mm · m^{-1})
采 100 m 留 150 m	166.19	0.83	0.0149	112	0.83
采 110 m 留 140 m	284.1	1.14	0.0156	127.6	0.965
采 120 m 留 130 m	329.6	1.27	0.0167	153	1.16
采 130 m 留 120 m	380.56	1.43	0.0225	173.1	1.45
采 140 m 留 110 m	460.82	1.77	0.0256	201	1.8
采 160 m 留 90 m	691.57	2.80	0.0429	334.8	2.975

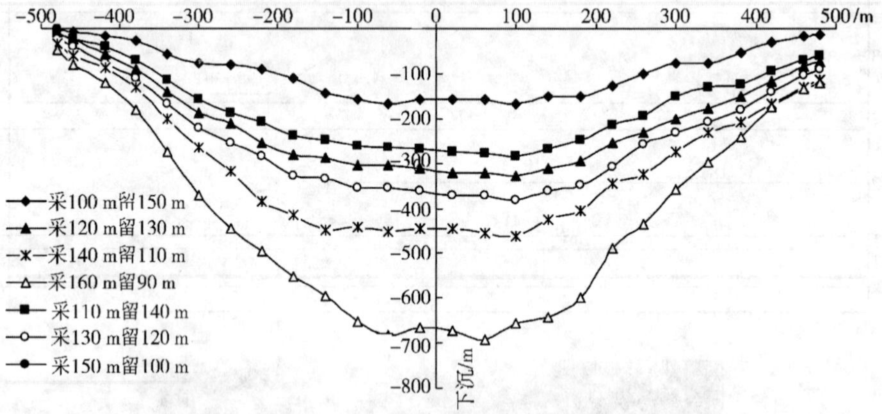

图 5-80　采深 400 m 条带开采地表下沉图

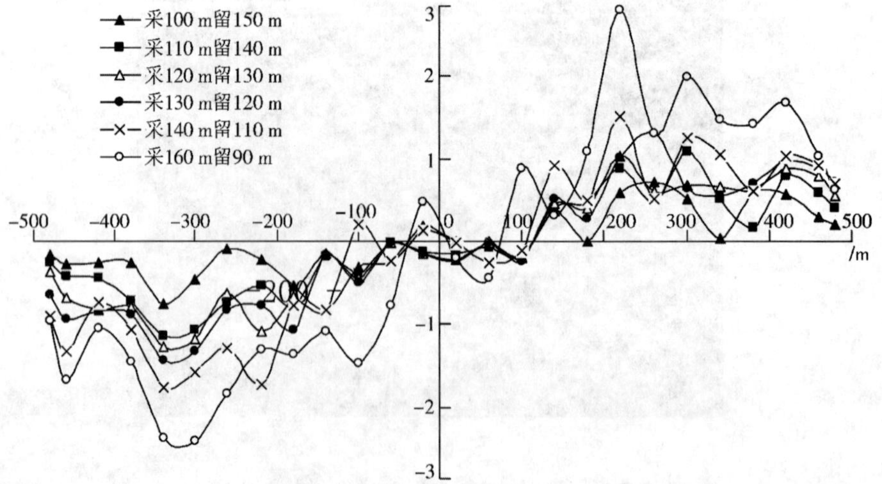

图 5-81　采深 400 m 条带开采倾斜图

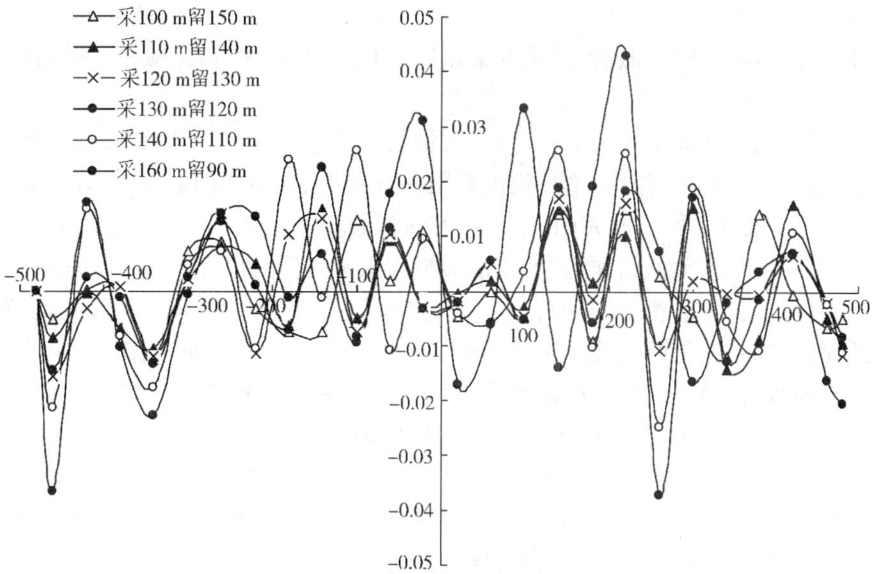

图 5-82　采深 400 m 条带开采地表曲率图

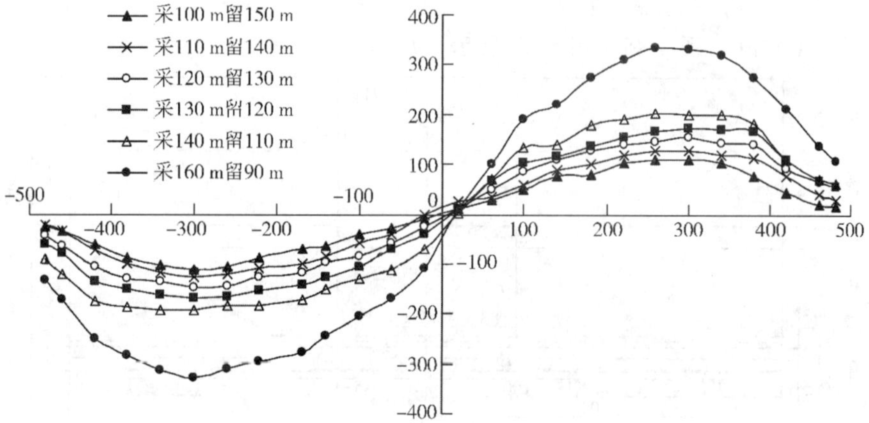

图 5-83　采深 400 m 条带开采地表水平移动图

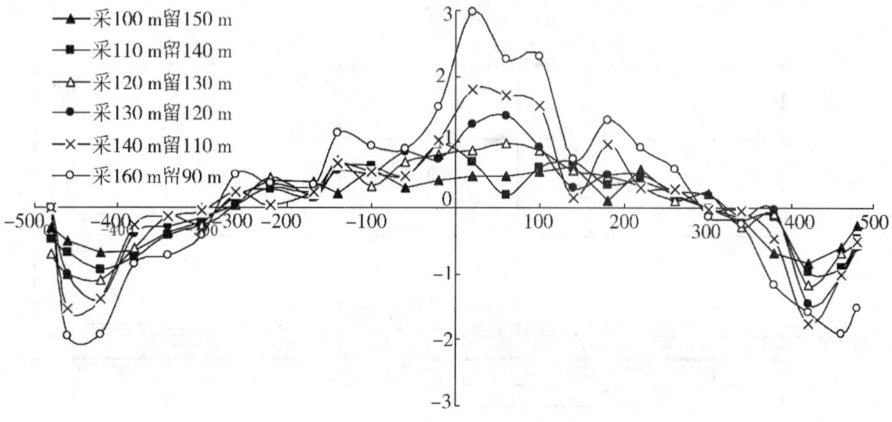

图 5-84　采深 400 m 条带开采水平变形图

2. 结果分析

(1) 同采深200 m时类似,各开采方案相比,随着采宽增大,留宽减小,地表移动变形逐渐增大。

(2) 当采宽为110 m留宽为140 m时,关键层1发生破断,各项地表移动参数均明显增加;但由于关键层2的支撑作用,增加幅度有限。方案采110 m留140 m与方案采100 m留150 m比,最大下沉值增加了117.91 mm,最大倾斜值增加了0.31 mm/m,最大曲率值增加了0.000 7,最大水平移动值增加了15.6 mm,最大水平变形值增加了0.135 mm/m。

(3) 当采宽为160 m留90 m时,关键层1与关键层1和关键层2之间的岩层发生同步垮落,导致煤岩柱,特别是两关键层之间的岩柱,受压强度增加,各项地表移动参数再次发生明显变化;但与采深200 m时关键层破断相比,增长幅度仍然较小。与方案采140 m留110 m比,最大下沉值增加了230.75 mm,最大倾斜值增加了1.03 mm/m,最大曲率值增加了0.017 3,最大水平移动值增加了133.8 mm,最大水平变形值增加了1.175 mm/m。

(4) 当采宽为160 m留90 m时,虽然关键层1垮落,但由于关键层2的支撑作用,各项地表移动参数曲线仍规则增加,没有出现异常变化。

五、应力观测结果及分析

1. 采深400 m(如图5-85~图5-88所示)

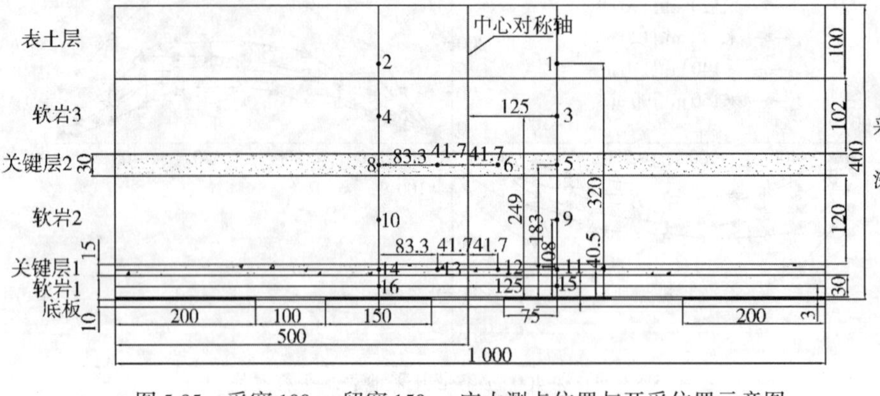

图5-85　采宽100 m留宽150 m应力测点位置与开采位置示意图

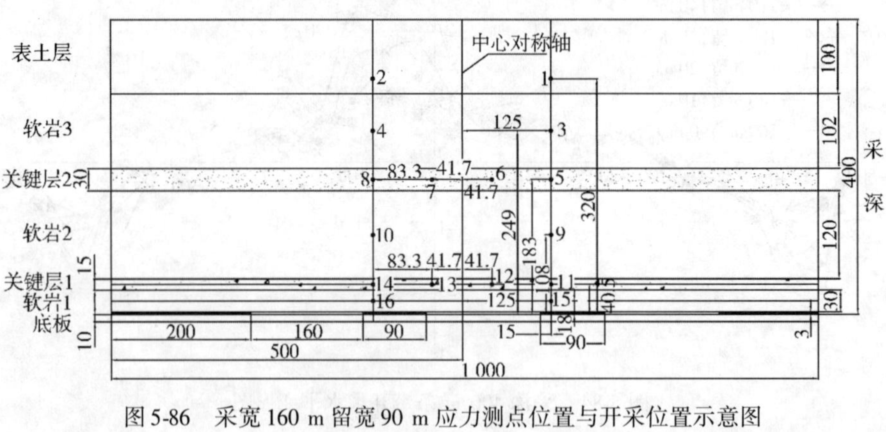

图5-86　采宽160 m留宽90 m应力测点位置与开采位置示意图

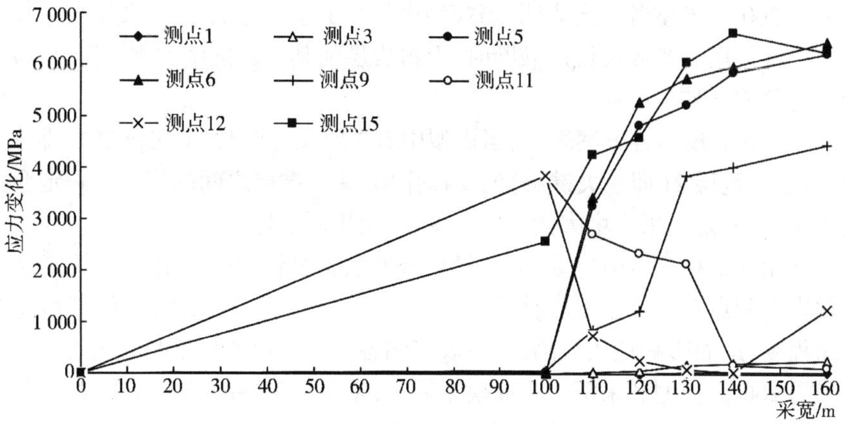

图 5-87　对称轴右侧应力测点随采宽变化

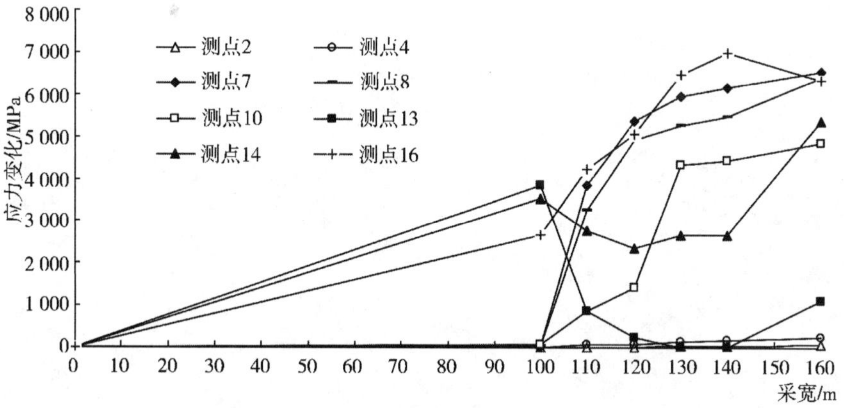

图 5-88　对称轴左侧应力测点随采宽变化

2. 结果分析

(1) 表土层和软岩 3 内应力测点自始至终没有发生明显变化

(2) 当采 100 m 留 150 m 时,随着直接顶的冒落,关键层 1 内测点应力增加显著,说明关键层 1 开始发挥支撑作用。

(3) 当采宽为 110 m 留宽为 140 m 时,由于关键层 1 发生破断,关键层 1 内测点应力明显降低,关键层 2 内测点应力明显增加

(4) 煤柱上方直接顶内测点应力随采宽增大,应力逐渐增大,但在采宽到 160 m 时,随着时间的推移,应力开始降低,至模型垮落前,应力几乎降至 0。

(5) 关键层 2 内应力在采宽达到 120 m 后,基本趋于稳定。

(6) 关键层 1 与关键层 2 之间的软岩测点,在关键层 1 垮落前,随采宽增加,缓慢增加,当关键层 1 垮落后,测点应力急剧增加。

六、主要结论

(1) 条带开采的地表移动变形随着采宽增大,留宽减小,移动变形数值增大。

(2) 采深200 m模型各方案表明,当模型中只有1层关键层时,此关键层对控制地表移动变形有决定性作用。当此关键层破断时,上覆岩层随其一起发生大规模垮落,各移动变形数值均会发生急剧增加。

(3) 采深400 m模型各方案表明,当模型中有2层关键层时,当关键层1,即亚关键层发生破断时,由于关键层2(即主关键层)的支撑作用,两关键层之间的岩层不一定会立刻发生大规模同步垮落,而是当采宽增大到一定程度,才发生同步垮落。

(4) 采深400 m模型各方案表明,关键层破断后,关键层内应力降低;关键层1与关键层2之间软岩内测点在关键层1垮落后,应力才显著增加。说明关键层的垮落直接影响煤岩柱的压缩程度,进而影响地表沉陷,但地表沉陷各项参数数值均增长有限。

(5) 采深200 m模型和采深400 m模型表明,基于关键层的条带开采设计时,当覆岩中只有一层关键层时,要保证此层关键层不发生破断;当覆岩中有两层关键层时,要保证主关键层不发生破断。

实验 15　支架与围岩相互作用的模拟实验

一、实验目的与要求

了解支架与围岩相互作用关系，支架的工作阻力对顶板稳定性的影响以及老顶的回转角对支架的位态影响。

二、实验仪器及工具

(1) 平面应力模拟实验台。
(2) 液压支架模型。
(3) 液压泵及液压管路。
(4) 电脑。
(5) XSL 智能巡回检测报警仪及压力传感器。
(6) 数码照相机。

三、实验原理

煤层开采后，上覆岩层形成的"大结构"是由"煤壁—支架—采空区已冒落矸石"支撑体系所支撑。在煤壁和采空区冒落矸石条件一定时，支架的支撑性能将对支架受力及对"大结构"的控制效果起重要作用。

采场支架并不是孤立存在的，而是处在一个由围岩组成的"老顶—直接顶—支架—底板"系统中，如图 5-89 所示。

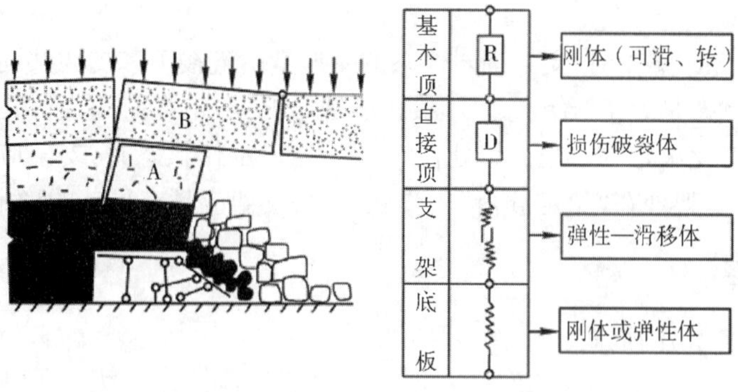

图 5-89　支架—围岩整体力学模型

(一) 支架—围岩相互作用的特点

① 支架—围岩是相互作用的一对力。
② 支架受力大小及其在采煤工作面分布的规律与支架性能有关。
③ 支架结构及尺寸不同对顶板压力影响和维护效果不同。

(二) 支架工作阻力与顶板下沉量的关系曲线

支架工作阻力与顶板下沉量(P—ΔL)的关系在一定程度上反映了支架与围岩的相互

作用关系。根据实验室实验与现场实测资料统计，证明了支架工作阻力 P 与顶板最终下沉量 ΔL（即由煤壁到采空区一侧）是一近似的双曲线，如图 5-90。

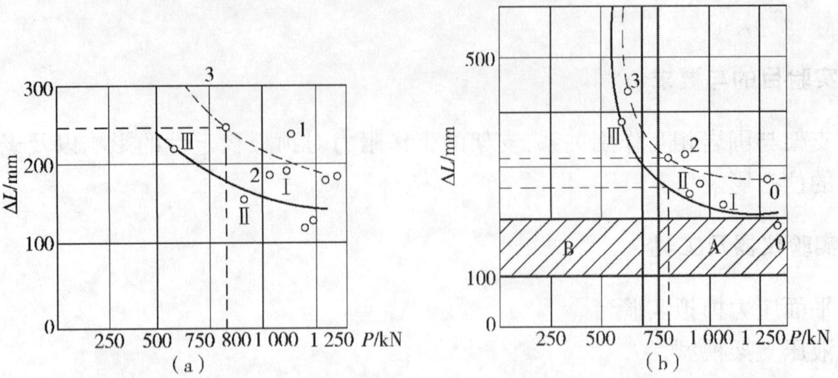

（a）平时情况；（b）周期来压情况

虚线表示最大值；实线表示平均值

A—支架工作稳定区；B—支架工作不稳定区

图 5-90　工作面支架调压实验所得"P—ΔL"曲线

（三）支架工作状态

当 $K_r/K_s > 4$（K_r 为直接顶刚度，K_s 为支架刚度）时，支架围岩体系的变形量主要由支架承担。此时支架工作状态为"给定变形"工作状态，即老顶的"给定变形"经直接顶全部传到支架上，因此顶板的下沉量由老顶的回转量决定。

当 $K_r/K_s < 0.25$ 时，支架围岩体系的变形量主要由直接顶承担。此时，老顶的"回转变形压力"被直接顶的变形所吸收，支架所承受的载荷为直接顶的质量，支架工作状态为"给定载荷"工作状态。

当 $0.25 < K_r/K_s < 4$ 时，支架围岩体系的变形量由直接顶和支架共同承担。

支架的工作状态是处于"给定变形"状态还是处于"给定载荷"状态，是由直接顶刚度和支架刚度的相对变化决定的。当支架处在"给定变形"工作状态时，支架应具有足够的支护强度和可缩量；当支架处在"给定载荷"工作状态时，支架应具有足够的稳定性。

四、实验装置

实验装置如图 5-91 所示。

五、实验内容

（1）在老顶回转角一定时，支架工作阻力与顶板稳定性的关系。

（2）在支架工作阻力一定时，老顶回转角对支架稳定性的影响。

六、注意事项

（1）实验前检查液压管路是否堵塞，液压管路的控制阀是否失效。

（2）调试 XSL 智能巡回检测报警仪及压力传感器，并使其与液压管路和电脑正确连接。

图 5-91　实验装置图

(3) 实验时拆装模型挡板(槽钢)要注意安全。

七、实验步骤

(1) 模型制作。根据物理模拟相似理论,选用一定粒径石子和石膏水灰比的胶结材料模拟采空区上方顶煤,其他区域采用相似材料模拟。所制作模型有以下特点:

① 采用 1∶15 的大比例模型来模拟支架与围岩的关系。

② 老顶采用石膏预制块,块体长度根据实测周期来压步距确定。

③ 直接顶及顶煤已经历了超前支承压力的预破坏,其强度按煤岩块强度的 1/10 ~ 1/15 模拟。

④ 模型开采前,在模型前后分别用有机玻璃板和模板固定,以防止模型在模拟过程中垮塌。

⑤ 石子石膏胶结料分层铺设,保证每一层制作时间在 5 min 以内,以减小石膏浆凝结对材料强度的影响。

(2) 实验前准备。连接液压管路,调试,准备数码相机。模型开采前,在模型前后分别用有机玻璃板和模板固定,以防止模型在模拟过程中垮塌。

(3) 拆除支架后部的部分块体,拆除后的模型如图 5-92。

(4) 对支架施加不同阻力,观察顶煤与直接顶的稳定性。

(5) 上方老顶(铰接顶板与千斤顶)回转不同角度,观察支架的稳定性。

图 5-92　拆除部分顶板后模型

八、实验现象及数据记录

通过控制液压管路球阀，使支架高阻状态的工作阻力保持在 3.4 MPa、2.2MPa。

图 5-93 为支架工作阻力为 4.5 MPa 时，顶煤的失稳过程。拆除采空区侧对直接顶的支撑材料后，顶煤与支架即在直接顶的作用下下沉，并带动老顶回转。稳定后，老顶回转角为 3.4°，支架端面发生冒高 36 mm 的冒顶；老顶回转至 6°时，冒顶高度增加到 138 mm，老顶回转至 10°时，顶煤发生大面积垮落；当老顶继续回转时，顶煤与支架失稳。

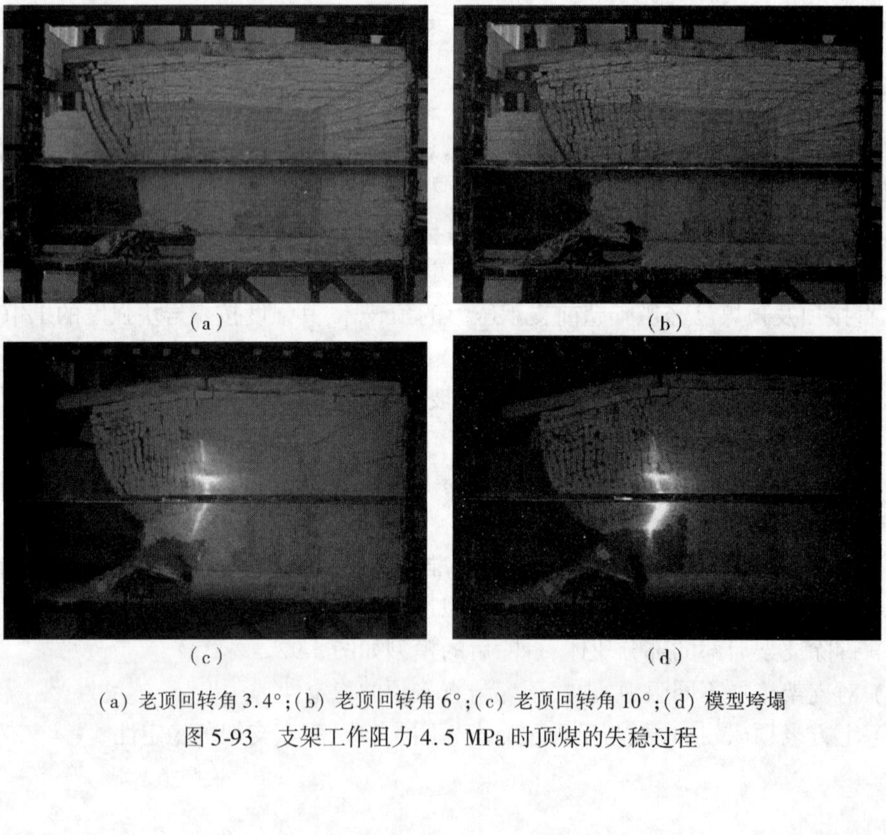

(a) 老顶回转角 3.4°；(b) 老顶回转角 6°；(c) 老顶回转角 10°；(d) 模型垮塌

图 5-93　支架工作阻力 4.5 MPa 时顶煤的失稳过程

图 5-94 为支架工作阻力为 2.2 MPa 时，顶煤的失稳过程。拆除采空区侧对直接顶的支撑材料后，顶煤与支架即在直接顶的作用下下沉，并带动老顶回转。稳定后，老顶回转角为 4.2°，支架端面发生冒高 142 mm 的冒顶；老顶回转至 6°时，顶煤发生大面积垮落，冒顶高度为 22.4 cm；当老顶继续回转时，顶煤与支架失稳。

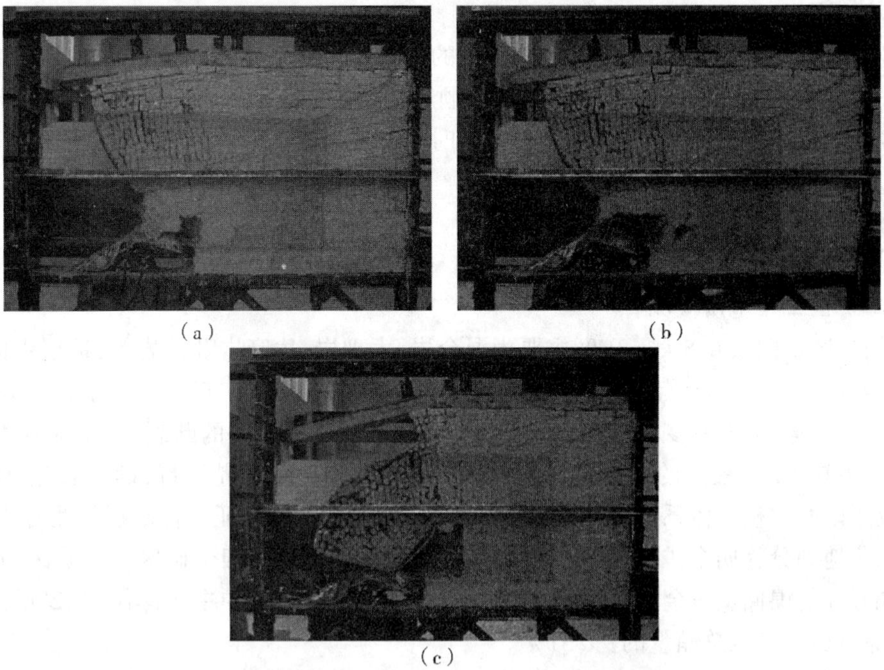

（a）老顶回转角 4.2°；（b）老顶回转角 6°；（c）模型垮塌

图 5-94　支架阻力 2.2 MPa 时顶煤失稳过程

图 5-95 为老顶回转角 6°，不同支架工作阻力端面冒顶高度变化情况。端面冒顶随支架工作阻力的增加而减小。在老顶回转角度都取 6°时，实验支架工作阻力为额定工作阻力的 65%（2.2 MPa）、100%（3.4 MPa）和 130%（4.54 MPa），端面冒顶高度分别为 22.4 cm、13.8 cm和 11.1 cm。从变化趋势来看，该曲线为一近似双曲线。因此，当支架工作阻力较小时，增大工作阻力可有效降低端面冒顶，但当工作阻力增大到一定值时，仅提高支架工作阻力对冒顶高度的减小并不明显。

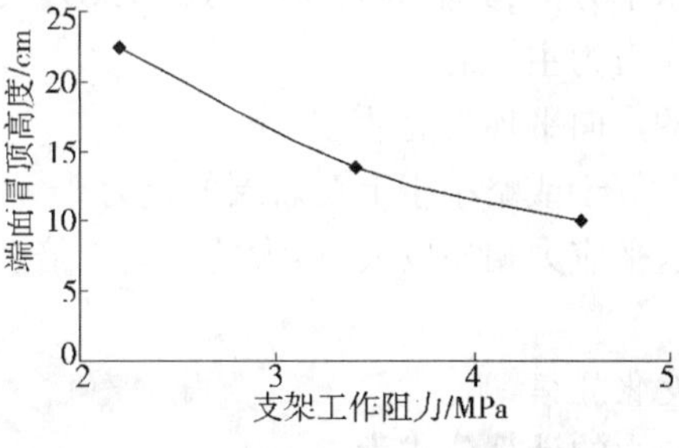

图 5-95　冒高随支架工作阻力的变化

实验16　镍矿机采盘区采区布置和回采顺序模拟实验

一、概述

本实验受中南大学采矿与安全工程学院的委托，对金川二矿区1 250 m水平至1 150 m水平及1 150 m水平至1 020 m水平的回采顺序进行相似模拟实验，研究矿体、围岩及充填体内的应力和位移随不同回采顺序进行回采时的变化规律，为确定回采顺序提供一定的实验依据。

二、现场地质条件

1. 二矿区工程地质概况

金川矿区走向长6.5 km，矿区主要为混合岩、大理岩、片麻岩及片岩等，地层走向北西，倾向南西，倾角45°以上，有多种不同时期和规模的岩浆岩侵入。矿区经历了自吕梁运动以来的各次构造运动作用、变质作用和多期岩浆的侵入作用。主要的断裂有F1、F16、F16—1、F8、F17。其中F1是最大的断裂，分布于龙首山和潮水盆地交界地带，延伸长达200余千米，形成了以西北构造体系为主导、断裂极为发育的地质构造特征。含矿超基性岩体被错为四段，相应地划分为四个矿区，自西向东依次为三、一、二、四等四个矿区。二矿区为金川储量最大的矿区，镍储量占金川矿区的70%，共有351个矿体，其中主矿体仅1#、2#矿体两个，但矿石储量占二矿区总储量的99.31%。

1#矿体为二矿区最大矿体，占二矿区总储量的76.5%，主要以富矿为主，产于一矿区4行至二矿区28行之间的岩体深部。矿体全长1 600 m，平均厚度为98 m，其中富矿长1 300 m，厚69 m。矿体呈似层状产出，倾向南西230°，倾角60°～75°。矿体由贫富两种矿石组成，以富矿为主，占87%的储量，分布于24行以西。富矿位于中心，贫矿位于富矿的周围、顶部或一侧。矿体围岩主要为二辉橄榄岩，其次为大理岩，围岩的顶板稳固性较好，底板较差。在应力数值上，表层地应力值较小，最大水平应力值约为3 MPa，但应力值随着深度的增加而增大，在200～500 m深度最大主应力值为20～30 MPa，最高达到50 MPa。

2. 二矿区地应力场的分布规律

（1）应力接近水平方向，其倾角一般不大于正负10°。

（2）最大主应力位于水平方向，其值为自重应力的1.69～2.27倍，说明金川二矿区深部地应力场是以水平构造应力为主导的。

（3）最大水平主应力的走向平均为北北东15°。

（4）垂直应力值基本上等于或略小于上覆岩层的重力。

最大水平应力和最小水平应力相差较大，最大的相差3倍多，这对地下采矿工程稳定性有很不利的影响。

3. 地应力值随深度的变化规律

平均水平应力和垂直应力的计算公式为：

最大主应力的回归方程：

$$\sigma_{h,\max} = 0.098 + 0.050\,68H\ (\text{MPa}) \tag{5-16.1}$$

最小主应力的回归方程：

$$\sigma_{h,min} = 0.015 + 0.0200H\ (\mathrm{MPa}) \tag{5-16.2}$$

垂直主应力的回归方程：

$$\sigma_{v} = 0.208 + 0.02542H\ (\mathrm{MPa}) \tag{5-16.3}$$

4. 二矿区主要岩石和岩体的力学参数

根据《金川二矿区岩石物理力学参数研究》报告和《金川二矿区深部矿岩力学特性测试研究报告》的研究成果，确定本次实验的岩石和岩体的力学参数如表 5-16.1。

表 5-16.1　二矿区相似材料模拟的岩石和岩体力学参数

序号	岩石名称	密度 /(kg·m^{-3})	岩石						岩体				
			弹性模量 /GPa	泊松比	单轴抗压强度 /MPa	抗拉强度 /MPa	黏聚力 /MPa	内摩擦角 /(°)	弹性模量 /GPa	泊松比	抗拉强度 /MPa	黏聚力 /MPa	内摩擦角 /(°)
1	二辉橄榄岩	2 930	61	0.18	114.7	7.0	11.5	40	15.25	0.18	0.7	2.875	37
2	贫矿	3 024	52	0.23	133.9	11.9	9.02	39.85	13	0.23	1.19	2.255	36.85
3	富矿	3 052	57	0.30	151.5	6.85	7.2	41.4	14.25	0.30	0.685	1.8	38.4
4	充填体	1 716	9.1	0.15	9.9	0.75	0.95	38.6	7.28	0.15	0.6	0.76	36.6
5	大理岩	2 860	54	0.16	104	7.39	7.39	42.62	13.5	0.16	0.739	1.848	39.62
6	混合岩	2 815	79	0.21	148	11.0	10.5	43.2	19.75	0.21	1.1	2.625	40.2
7	花岗岩	2 620	68	0.25	1.23	1.75	47						

三、实验要求

（一）开采顺序的模拟方案

本次相似模拟实验的现场地点为金川二矿区，该矿区的地表水平为 1 700 m，待开采的矿体水平为 1 250 m 至 1 020 m，而 1 250 m 水平至 1 396 m 水平为充填体，充填体之外为贫矿体，整个实验段内的矿体围岩为二辉橄榄岩。模型 1 模拟的开采顺序为两翼先行向中部扩展（如图 5-96）。

模型实验的具体设计如下：

（1）严格按照相似理论进行模拟设计。

（2）相似模拟材料配制按甲方提供的岩石和岩体强度进行计算配制。

（3）根据金川二矿的矿体赋存状况及实验待开采的范围，确定模型的比例为 1∶400。

（4）模型在平面应变模型架上进行，模型体的尺寸：长×宽×高为 3.2 m×0.4 m×1.65 m；这样模拟的实际高度为 640 m，长为 1 280 m，模拟的矿体范围走向从 4 行至 28 行+80 m，垂直方向从 1 540 m 水平至 900 m 水平。

（5）160 m 的岩石自重，通过模型上方的 7 个液压千斤顶加压来实现垂直应力补偿。

（6）13 MPa 的水平应力（模型中为 0.021 MPa），通过模型两侧的液压千斤顶加压来实现。

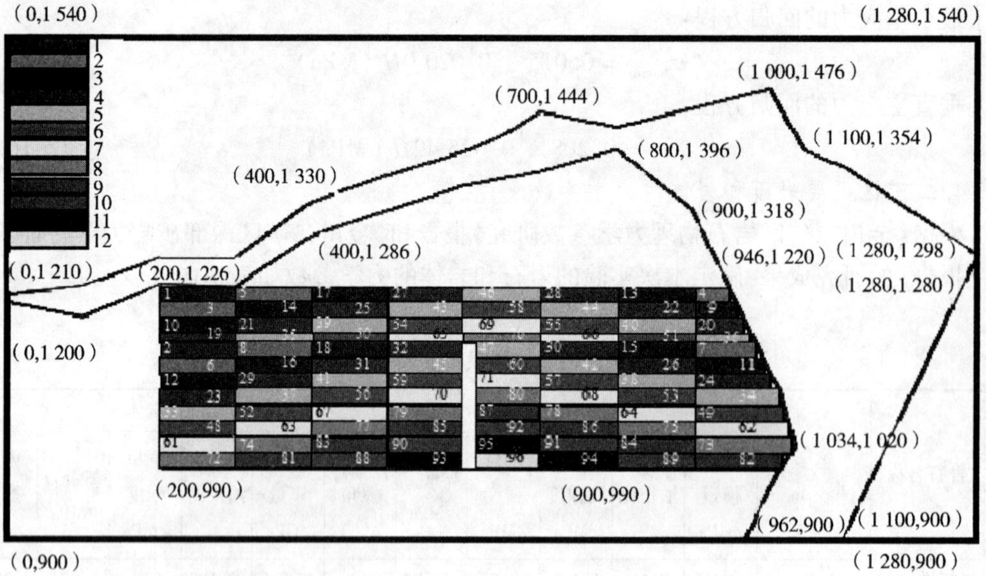

图 5-96　模型 1——开采顺序为两翼先行向中部扩展

(7) 模型每次开采的尺寸为 50 mm×50 mm，且采完后立即充填。

(8) 模型中的测点布置如图 5-97、表 5-16.2 所示。

(9) 模型在开采过程中，每次开采的时间间隔以第一次采完后，其周围的应力和位移相对稳定后再进行第二次开采。

(10) 模型在开采过程中，每次采完后，待其周围的应力和位移相对稳定后再进行一次有效的应力和位移测量。

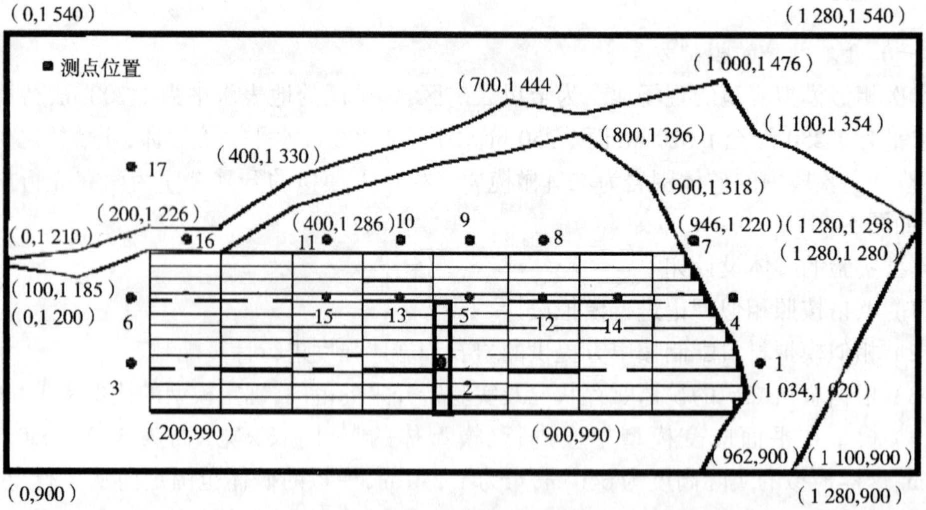

图 5-97　模型 1 测点布置图

表 5-16.2　模型 1 压力和位移测点布置情况表

测点序号（位置如图所标）	对应的压力传感器序号及方向		备注	对应的位移传感器序号及方向		备注
1	1	垂直力		1	垂直位移	
2	2	垂直力		2	垂直位移	
3	3	垂直力		3	垂直位移	
4	4	垂直力		4	垂直位移	
5	5	垂直力		5	垂直位移	
6	6	垂直力		6	垂直位移	
7	7	垂直力		7	垂直位移	
8	8	垂直力		8	垂直位移	
9	9	垂直力		9	垂直位移	
10	10	垂直力		10	垂直位移	
11	11	垂直力		11	垂直位移	
12	12	垂直力		12	垂直位移	开采时被移动
13	13	垂直力		13	垂直位移	开采时被移动
14	14	垂直力	实际采集时被破坏	14	垂直位移	开采时被移动
15	15	垂直力		15	垂直位移	开采时被移动
16	16	垂直力		16	垂直位移	
17	17	垂直力		17	垂直位移	

（二）18 行剖面相似材料模拟实验方案

1. 研究的目的

由于二矿区 1#矿体下盘围岩节理裂隙发育，常有黏土矿物充填，岩体破碎，整体稳定性差，因此 1#矿体的采准工程主要布置在矿体上盘，1150 中段及 1000 中段各分段联络道及盘区脉外溜井均布置在上盘，分段道的布置基本上按照北京有色设计研究总院的设计思路，只是上下分段位置前后交错 10 ~ 20 m 布置。各分段道与上盘富矿间平均水平距离见表 5-16.3所示，每一分段的分段道仍然按照原设计服务 5 层。

表 5-16.3　1150 中段及 1000 中段分段道与上盘富矿间平均水平距离

分段道名称	1238 分段	1218 分段	1198 分段	1178 分段	1138 分段	1118 分段	1098 分段
平均距离/m	95	106	110	90	110	125	105

经过 10 多年的采矿实践，分段道布置位置是否合理这一问题已经引起了越来越多采矿工程技术人员的关注，部分技术人员认为，目前分段道所处的位置正好位于次生应力场的应力集中区，并且分段道所处位置位于$Ⅲ_3$岩组（其岩体质量 Q 值仅为 0.1 ~ 1.00，属稳定 ~ 欠稳定），因此分段道表现出变形破坏严重的特点，为改善这种被动局面，应将分段道向矿体方向前移或后移若干米，以避开应力集中区。但是，这些年来，对上盘应力集中区的分布规

律和作用范围从未进行过专门研究，因此很难对目前分段道布置位置的合理性作出科学的结论。

从数值模拟的结果可以看出，分段道按照目前的布置方式，当回采至 1 000 m 水平时，分段道上盘的最大主应力和最小主应力都有不同程度的下降，并未出现原来预计的应力集中区的现象发生。从数值模拟结果中可以看出，随着开采水平的不断下降，水平方向上围岩向矿体方向产生明显的移动，位移量在 0.1～0.4 m 之间。

在本次项目研究中，我们提出应该将分段道布置在溜井上盘，最主要一个原因是能够最大限度地减少采动影响，如图 5-98 所示。

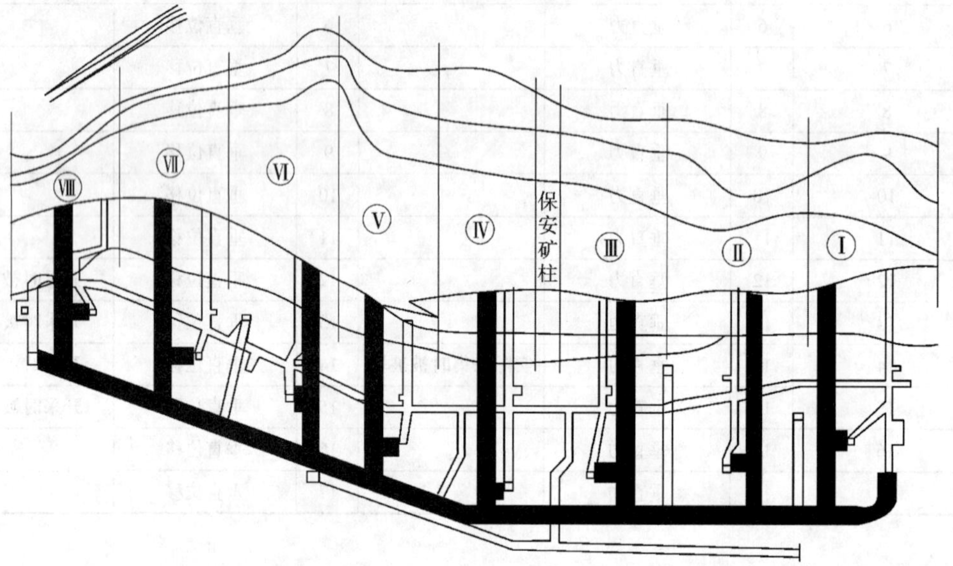

图 5-98　分段道布置位置示意图

本次实验进行相似材料模拟实验，旨在掌握矿体上下盘的应力、位移分布规律，并与数值模拟结果进行比较，从而为下一步分段道布置位置的合理选择提供实验依据。

重点观测的对象主要包括：

（1）上下盘围岩的水平位移量及其分布规律。

（2）上下盘围岩的垂直位移量及其分布规律。

（3）充填体中的应力分布变化规律。

（4）水平矿柱在水平方向上的应力变化规律。

（5）水平矿柱靠上下盘两端的应力变化规律。

2. 相似材料模拟范围的确定

综合考虑实验研究的对象和现有相似材料模型架的尺寸，本次实验确定相似比为 1/250，模拟范围如下：

水平方向上自 6700 坐标线至 7500 坐标线之间 800 m 的水平长度，垂直方向上自 1 400 m水平至 975 m 水平之间 425 m 之间的距离。回采矿体为富矿，回采高度自 1 300 m 水平开始，当回采至 1 250 m 水平时，1 250 m 水平与 1 150 m 水平同时向下回采，1 150 m 水平向下回采至 1 050 m 水平结束。每分层回采高度为 20 m，如图 5-99 所示。相似材料模拟所用岩体力学参数见表 5-16.1。

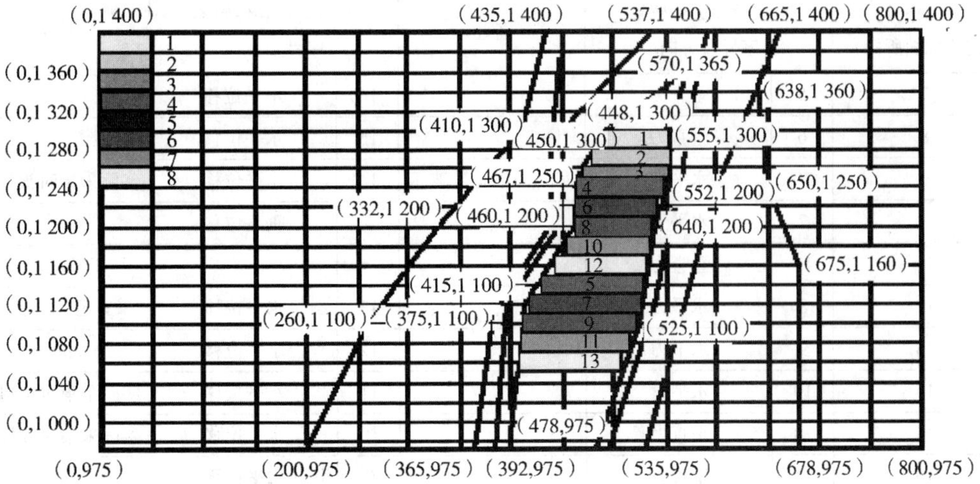

图 5-99　18 行剖面相似材料模拟实验方案(模型 2)

3. 模型加载

由式(5-16.1)～式(5-16.3)计算可知,在 1 400 m 水平,垂直向下的应力为 7.418 MPa,1 060 m 水平,垂直向下的地应力为 16.06 MPa。从水平方向的地应力来看,在 1 400 m 水平,水平方向的地应力为 15.3 MPa,在 1 060 m 水平,水平方向的地应力为 32.5 MPa。

模型实验的具体设计如下:

(1) 严格按照相似理论进行模拟设计。

(2) 相似模拟材料配制按甲方提供的岩石和岩体强度进行计算配制。

(3) 根据金川二矿的矿体赋存状况及实验待开采的范围,确定模型的比例为 1 : 250。

(4) 模型在平面应变模型架上进行,模型体的尺寸:长×宽×高为 3.2 m×0.4 m×1.7m。

(5) 由模型上方的 7 个液压千斤顶补偿垂直应力,由式(5-16.3)平均为 11.75 MPa。

(6) 20 MPa 的水平应力(模型中为 0.052 MPa),通过模型两侧的液压千斤顶实现。

(7) 模型每次开采的尺寸为 50 mm×50 mm,且采完后立即充填。

(8) 模型中的测点布置如图 5-100 及表 5-16.4 所示。

表 5-16.4　模型 2 压力和位移测点布置情况表

测点序号(位置如图所标)	对应的压力传感器序号及方向		备注	对应的位移传感器序号及方向		备注
1	1	垂直力		21	水平位移	不能初始平衡
2	21	水平力		20	水平位移	
3	2	垂直力		6	垂直位移	
4	3	垂直力		19	水平位移	
5	4	垂直力		18	水平位移	
6	19	垂直力		17	水平位移	

表 5-16.4(续)

测点序号（位置如图所标）	对应的压力传感器序号及方向		备注	对应的位移传感器序号及方向		备注
7	5	垂直力		16	水平位移	
8	6	垂直力		15	水平位移	
9	20	水平力	实际采集时被破坏	14	水平位移	实际采集时被损坏
10	7	水平力		5	垂直位移	
11	17	垂直力				未安装
12	8	水平力		13	水平位移	采集至 15 次时坏
13	9	水平力		12	水平位移	
14	10	水平力		11	水平位移	实际采集时被损坏
15	18	垂直力		10	水平位移	实际采集时被损坏
16	11	垂直力		9	水平位移	
17	16	垂直力		3	垂直位移	
18	12	垂直力		8	水平位移	
19	13	水平力		7	水平位移	实际采集时被损坏
20	14	垂直力		2	垂直位移	实际采集时被损坏
21	15	垂直力		1	垂直位移	

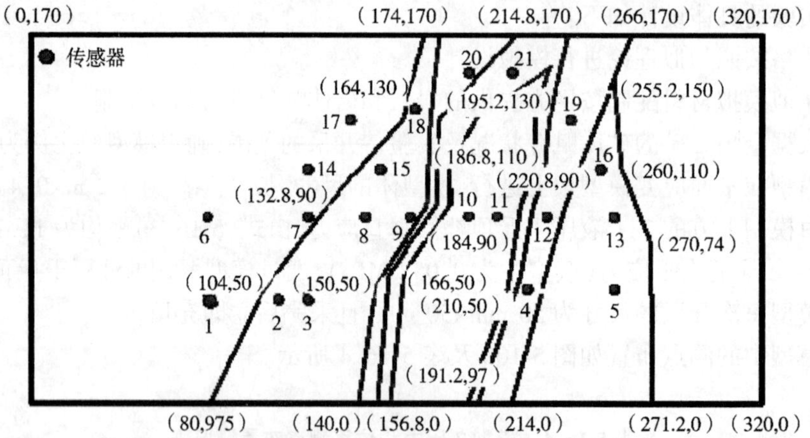

图 5-100　模型 2 测点布置图

(9) 模型在开采过程中，每次开采的时间间隔以第一次采完后，其周围的应力和位移相对稳定后再进行第二次开采。

(10) 模型在开采过程中，每次采完后，待其周围的应力和位移相对稳定后再进行一次有效的应力和位移测量。

四、相似理论

相似模拟实验成功与否常取决于模型与原型相似条件的满足程度。相似模拟实验就是要用和原型力学性能相似的材料,按照一定的几何比例模拟岩体及矿脉,并进行开掘,在满足相似的边界及初始条件下,在相应的时期内造成相似的矿山压力现象。通过量测和分析其规律,以期为改善开掘工艺、防止事故、选择开采方法等提出依据及改进途径。在规划模拟实验时,遵守相似条件。按照一般的物理现象相似的要求,模型(″)与原型(′)之间应满足下列基本相似条件:几何相似($l_1'/l_1''=l_2'/l_2''=\cdots=c_l$)、运动相似($t_1'/t_1''=t_2'/t_2''=\cdots=c_t=\sqrt{c_l}$)、应力相似($c_p=c_\gamma c_l$,其中 c_γ 为容重比)、动力相似($F=m\mathrm{d}v/\mathrm{d}t$,由此可推出: $m_1'/m_1''=m_2'/m_2''=\cdots=c_m=c_\gamma c_l^3$)、外力相似($c_F=c_\gamma c_l^3$)。

在满足上述条件的基础上,铺设的模型以及矿脉在模型中的位置还必须满足边界条件的相似。相似模拟材料与原岩的单轴抗压强度指标如表 5-16.5 所列。

表 5-16.5　相似模拟材料与原岩的单轴抗压强度指标

序号	岩石名称	单轴抗压强度			
		原岩/MPa	1/400 模拟材料/kPa	1/250 模拟材料/kPa	备注
1	二辉橄榄岩	114.7	187.5	300.0	相似模拟材料的强度以标准试块干燥后的测试强度,而充填材料则以试块一天干燥的强度。整个相似强度的实际值与理论值力求接近,而不是相同
2	贫矿	133.9	218.9	350.2	
3	富矿	151.5	247.6	396.2	
4	充填体	9.9	16.2	25.9	
5	大理岩	104	170.0	272.0	
6	混合岩	148	242.0	387.1	
7	花岗岩	123	201.1	321.7	

模型 1 的几何比为 $c_l=1:400$,模型 2 的几何比为 $c_l=1:250$;两个模型的容重比均为 $c_\gamma=1.7/2.7$。

五、实验过程

1. 实验经过

模型一

首先将模型按设计要求铺好,并将压力传感器按设计位置随模型的铺设而预埋好,待干燥 20 d 后,开始按设计位置布置位移传感器(压力传感器和位移传感器的实际布置如图 5-97所示)。第 30 d 后开始调试测试系统,此次实验数据的采集采用 7V14 数据巡回检测仪进行采集和记录。准备工作完成后,开始实验,首先进行加载,原始垂直应力水平为:

$$\sigma_1=\rho H \tag{5-16.4}$$

式中　σ_1——静压下围岩垂直主应力,MPa;

ρ——煤层上覆岩层的平均密度,kg/m³;

H——煤层埋深,m。

当垂直应力和水平应力加至设计的量级时,此模型需补偿的垂直应力为 0.007 1 MPa,

水平应力为 0.021 MPa,开始进行数据采集。每 10 min 记录一次,且同时将采集的数据与上一次的采集数据进行比较,最终当采集的数据稳定后,以此作为初读数并存盘。然后开始按设计要求进行开挖和充填,且每开挖和充填一次都要进行一次数据采集,直至实验结束。由于位移传感器安装在模型的表面,且有部分传感器安装在待开挖和充填的部位,所以这些传感器在开挖和充填过程中有所移动。

模型 1 的开采顺序为两翼先行向中部扩展,开采过程中共分为 12 个大的步骤,实际开采时又分成 96 个小的步骤,如图 5-96 所示和表 5-16.6 所列。

表 5-16.6　模型 1 开采顺序表

大步骤	对应开采小顺序	记录序号	大步骤	对应开采小顺序	记录序号
第一步	1,2	2	第七步	61 至 71	72 至 82
第二步	3 至 8	3 至 8	第八步	72 至 80	83 至 85
第三步	9 至 18	9 至 14	第九步	81 至 87	86 至 90
第四步	19 至 32	15 至 29	第十步	88 至 92	91 至 93
第五步	33 至 47	30 至 55	第十一步	93 至 95	94 至 95
第六步	48 至 60	56 至 75	第十二步	96	96

随着模型的不断开挖,在模型中的模拟岩体结合面产生了位移和错动现象。

模型二

首先将模型按设计要求铺好,并将压力传感器按设计位置随模型的铺设而预埋好,待干燥 20 d 后,开始按设计位置布置位移传感器(压力传感器和位移传感器的实际布置如图 5-100和表 5-16.4 所对应的关系而进行记录的),第 30 d 后开始调试测试系统,此次实验数据的采集采用 7V14 数据巡回检测仪进行采集和记录(同模型一)。准备工作完成后,开始实验,首先进行加载(同模型一),原始垂直应力依据垂直主应力的回归方程式(5-16.3)计算,通过模型上方的 7 个液压千斤顶加压来实现垂直应力补偿,平均为 11.75 MPa;水平应力平均为 20 MPa,在模型需补偿的垂直应力为 0.029 6 MPa,水平应力为 0.050 4 MPa。完成后开始进行数据采集。每 10 min 记录一次,且同时将采集的数据与上一次的采集数据进行比较,最终当采集的数据稳定后,以此作为初读数并存盘。然后开始按设计要求进行开挖和充填,且每开挖和充填一次都要进行一次数据采集,直至实验结束。由于位移传感器安装在模型的表面,且有部分传感器安装在待开挖和充填的部位,所以这些传感器在开挖和充填过程中有所移动。

模型 2 的开采顺序为回采高度自 1 300 m 水平开始,当回采至 1 250 m 水平时,1 250 m 水平与 1 150 m 水平同时向下回采,1 150 m 水平向下回采至 1 050 m 水平结束,每分层回采高度为 20 m。开采过程中共分为 8 个大的步骤,实际开采时又分成 13 个小的步骤,如图 5-99所标和表 5-16.7 所列。

表 5-16.7　模型 2 开采顺序表

大步骤	对应小顺序	记录序号	大步骤	对应小顺序	记录序号
第一步	1	4,5	第五步	6,7	15 至 18
第二步	2	6,7	第六步	8,9	21 至 25
第三步	3	9,10	第七步	10,11	26 至 29
第四步	4,5	11 至 14	第八步	12,13	30 至 33

2. 实验结果

模型 2 的初始状态及开挖过程由 10 张照片组成(略)。随着模型的不断开挖,在模型中的模拟岩体结合面产生了位移和错动现象由 4 张照片组成(略)。

模型一、二中有关位置的应力及位移随开采过程变化的曲线由金川模型 1、2 大数据生成(略)。

第六章　岩体工程的实测技术

第一节　岩体应力与变形测试方法

实验1　浅孔孔壁应变法测试

一、现场岩体应力测试浅孔深度

对完整和较完整岩体可采用浅孔孔壁应变法测试,测试深度不宜大于30 m。

二、测点布置应符合下列要求

(1) 在同一测段内,岩性应均一、完整。
(2) 同一测段内,有效测点不应少于2个。

三、地质描述应包括下列内容

(1) 钻孔钻进过程中的情况。
(2) 岩石名称、结构、构造及主要矿物成分。
(3) 岩体结构面的类型、产状、宽度、充填物性质。
(4) 测区的岩体应力现象。
(5) 区域地质图、测区工程地质图、测点工程地质剖面图和钻孔柱状图。

四、主要仪器和设备

(1) 浅孔孔壁应变计或空心包体式孔壁应变计。
(2) 钻机。
(3) 金刚石钻头包括小孔径钻头、套钻解除钻头、扩孔器、磨平钻头和锥形钻头。各类钻头规格应与应变计配套。
(4) 静态电阻应变仪。
(5) 安装器。
(6) 岩芯围压率定器。
(7) 钻孔烘烤设备。

五、测试准备

(1) 应根据测试要求,选择适当场地,安装并固定好钻机,并应按预定的方位角和倾角进行钻进。

(2) 应用套钻解除钻头钻至预定的测试深度,并应取出岩芯,进行描述。

(3) 应用磨平钻头磨平孔底,并应用锥形钻头打喇叭口。

(4) 应用小孔径钻头钻中心测试孔,深度应视应变计要求长度而定。中心测试孔应与解除孔同轴,两孔孔轴允许偏差不应大于 2 mm。

(5) 中心测试孔钻进过程中,应施力均匀并一次完成,取出岩芯进行描述。当孔壁不光滑时,应采用金刚石扩孔器扩孔;当岩芯不能满足测试要求时,应重复本条第 2 款 ~ 第 4 款步骤,直至找到完整岩芯位置。

(6) 应用水冲洗中心测试孔直至回水不含岩粉为止。

(7) 应根据所选类型的孔壁应变计和黏结剂要求,对中心测试孔孔壁进行干燥处理或清洗。

六、浅孔孔壁应变计安装

(1) 在中心测试孔孔壁和应变计上应均匀涂上黏结剂。

(2) 应用安装器将应变计送入中心测试孔,就位定向,施加并保持一定的预压力,应使应变计牢固地黏结在孔壁上。

(3) 待黏结剂充分固化后,应取出安装器,记录测点方位角、倾角及埋设深度。

(4) 应检查系统绝缘值,不应小于 50 MΩ。

七、空心包体式孔壁应变计安装

(1) 应在应变计内腔的胶管内注满黏结剂胶液。

(2) 应用安装器将应变计送入中心测试孔,就位定向。应推动安装杆,切断定位销钉,挤出黏结剂。

八、测试及稳定标准

(1) 应从钻具中引出应变计电缆,连接电阻应变仪。

(2) 向钻孔内冲水,应每隔 10 min 读数一次,连续三次读数相差不大于 5 μs,即认为稳定,应将最后一次读数作为初始读数。

(3) 用套钻解除钻头在匀压匀速条件下,应进行连续套解除,可按每钻进 2 cm 读数一次。也可按每钻进 2 cm 停钻后读数一次。

(4) 套钻解除深度应超过孔底应力集中影响区。当解除至一定深度后,应变计读数趋于稳定,可终止钻进。最终解除深度,即应变计中应变丛位置至解除孔孔底深度,不应小于解除岩芯外径的 2.0 倍。

(5) 向钻孔内继续充水,应每隔 10 min 读数一次,连续三次读数相差不大于 5 μs 时,可认为稳定,应取最后一次读数作为最终读数。

(6) 在套钻解除过程中,当发现异常情况时,应及时停钻检查,进行处理并记录。

(7) 应检查系统绝缘值。退出钻具,应取出装有应变计的岩芯,进行描述。

九、岩芯围压实验

(1) 现场测试结束后,应将解除后带有应变计的岩芯放入岩芯围压率定器中,进行围压实验。其间隔时间,不宜超过 24 h。

(2) 应将应变计电缆与电阻应变仪连接,对岩芯施加围压。率定的最大压力宜大于预估的岩体最大主应力,或根据围岩率定器的设计压力确定。压力宜分为 5 级 ~ 10 级,宜按最大压力等分施加。

(3) 采用大循环加压时,每级压力下应读数一次,两相邻循环的最大压力读数不超过 5 μs时,可终止实验,但大循环的次数不应少于 3 次。

(4) 采用一次逐级加压时,每级压力下应读取稳定读数,每隔 5 min 读数一次,连续两次读数相差不大于时,即认为稳定,可施加下一级压力。

十、测试数据整理

(1) 孔壁应变法测试记录应包括工程名称、钻孔编号、钻孔位置、孔口高程、测点编号、测点位置、测试方法、地质描述、相应于解除深度的各应变片应变值、各应变片及应变丛布置、钻孔轴向方位角和倾角、围压实验资料。

(2) 根据岩芯解除应变值和解除深度,绘制解除过程曲线。

(3) 根据围压实验资料,绘制压力与应变关系曲线,并应计算岩石弹性模量。

(4) 按公式(6-1)计算岩体应力参数。

$$\varepsilon_{ij}=\{K_1(\sigma_x+\sigma_y)-2(1-\mu^2)K_2[(\sigma_x-\sigma_y)\mathrm{coc}2\theta_i+2\tau_{xy}\sin2\theta_i]-\mu K_4\sigma_x\}\sin^2\varphi_{ij}+$$
$$[\sigma_x-\mu(\sigma_x+\sigma_y)]\cos^2\varphi_{ij}+2(1+\mu)K_3(\tau_{yz}\cos\theta_i-\tau_{zx}\sin\theta_i)\sin\varphi_{ij}$$
$$(i=1\sim3,j=1\sim4) \tag{6.1-1}$$

式中 ε_{ij}——第 i 个应变花第 j 个应变片测得的解除应变值;

θ_i——第 i 个应变花对应的极角,(°);

φ_{ij}——第 i 个应变花第 j 个应变片对应的角度,(°);

K_i——应变片修正系数。

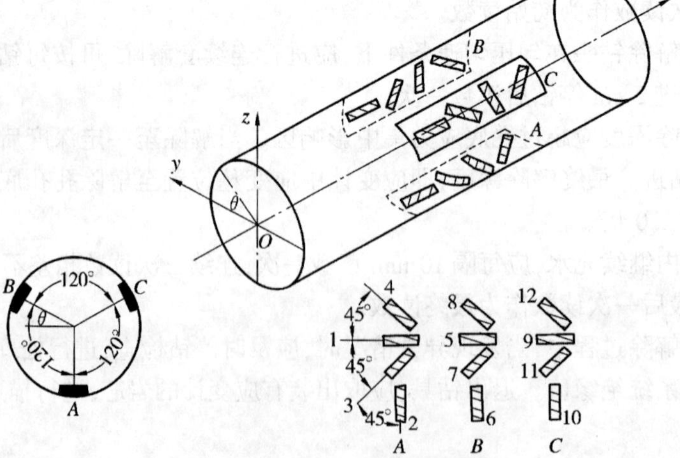

图 6-1 应变花在传感器上的位置分布

由于 ε_{ij} 观测值的数目多于 6 个应力分量未知数,因此需要采用数理统计的最小二乘法来求解最佳值。应变花的在传感器上的位置分布如图 6-1 所示。为取得更接近的值,通常在每个测孔中进行多次测量,对多次测量结果进行综合处理,求得地应力的统计值,尽量减少误差和人为误差。

实验2　水压致裂法测试

一、水压致裂法测试对岩体的要求

完整和较完整岩体可采用水压致裂法测试。

二、测点布置

(1) 测点的加压段长度应大于测试孔直径的6.0倍。加压段的岩性应均一、完整。

(2) 加压段与封隔段岩体的透水率不宜大于1 Lu。

(3) 应根据钻孔岩芯柱状图或钻孔电视选择测点。同一测试孔内测点的数量,应根据地形地质条件、岩芯变化、测试孔孔深而定。两测点间距宜大于3 m。

三、地质描述

(1) 实验1中地质描述内容。

(2) 测试钻孔的透水性指标。

(3) 测试钻孔地下水位。

四、主要仪器和设备

(1) 钻机。

(2) 高压大流量水泵。

(3) 连接管路。

(4) 封隔器。

(5) 压力表和压力传感器。

(6) 流量表和流量传感器。

(7) 函数记录仪。

(8) 印模器或钻孔电视。

五、测试准备

(1) 根据测试要求,在选定部位按预定的方位角和倾角进行钻孔。测试孔孔径应满足封隔器要求,孔壁应光滑,孔深宜超过预定测试部位10 m。测试孔应进行压水实验。

(2) 测试孔应全孔取心,每一回次应进行冲孔,终孔时孔底沉淀不宜超过0.5 m。应量测岩体内稳定地下水位。

(3) 对连接管路应进行密封性能实验,实验压力不应小于15 MPa,或为预估破裂压力的1.5倍。

六、仪器安装

(1) 加压系统宜采用双回路加压,分别向封隔器和加压段施加压力。

(2) 按仪器使用要求,将两个封隔器按加压段要求的距离串接,并应用连接管路通过压力表与水泵相连。

(3) 加压段应用连接管路通过流量计、压力表与水泵相连,在管路中接人压力传感器与流量传感器,并应接入函数记录仪。

(4) 将组装后的封隔器用安装器送人测试孔预定测点的加压段,对封隔器进行充水加压,使封隔器座封与测试孔孔壁紧密接触,形成充水加压孔段。施加的压力应小于预估的测试岩体破裂缝的重张压力。

七、测试及稳定标准

(1) 打开函数记录仪,应同时记录压力与时间关系曲线和流量与时间关系曲线。

(2) 对加压段进行充水加压,按预估的压力稳定地升压,加压时间不宜少于 1 min,加压时应观察关系曲线的变化。岩体的破裂压力值应在压力上升至曲线出现拐点、压力突然下降、流量急剧上升时读取。

(3) 瞬时关闭压力值应在关闭水泵、压力下降并趋于稳定时读取。

(4) 打开水泵阀门进行卸压退零。

(5) 按本条第 2 款至第 4 款继续进行加压、卸压循环,此时的峰值压力即为岩体的重张压力。循环次数不宜少于 3 次。

(6) 测试结束后,应将封隔器内压力退至零,在测试孔内移动封隔器,应按本条第 2 款第 5 款进行下一测点的测试。测试应自孔底向孔口逐点进行。

(7) 全孔测试结束后,应从测试孔中取出封隔器,用印模器或钻孔电视记录加压段岩体裂缝的长度和方向。裂缝的方向应为最大平面主应力的方向。

八、测试数据整理

(1) 水力致裂法测试记录应包括工程名称、钻孔编号、钻孔位置、孔口高程、钻孔轴向方位角和倾角、测点编号、测点位置、测试方法、地质描述、压力与时间关系曲线、流量与时间关系曲线、最大主应力方向。

(2) 应根据压力与时间关系曲线和流量与时间关系曲线确定各循环特征点参数。

(3) 岩体钻孔横截面上岩体平面最小主应力应分别按下列公式计算:

$$S_h = p_s \tag{6.1-2.1}$$

$$S_H = 3S_h - p_b - p_0 + \sigma_t \tag{6.1-2.2}$$

$$S_H = 3p_s - p_t - p_0 \tag{6.1-2.3}$$

式中　S_h——钻孔横截面上岩体平面最小主应力,MPa;

S_H——钻孔横截面上岩体平面最大主应力,MPa;

σ_t——岩体抗拉强度,MPa;

p_s——瞬时关闭压力,MPa;

p_r——重张压力,MPa;

p_b——破裂压力,MPa;

p_0——岩体孔隙水压力,MPa。

钻孔横截面上岩体平面最大主应力计算时,应视岩性和测试情况选择式(6.1-2.2)或式(6.1-2.3)之一进行计算。

(4) 应根据印模器或钻孔电视记录,绘制裂缝形状、长度图,并应据此确定岩体平面最大主应力方向。

(5) 当压力传感器与测点有高程差时,岩体应力应叠加静水压力。岩体孔隙水压力可采用岩体内稳定地下水位在测点处的静水压力。

(6) 应绘制岩体应力与测试深度关系曲线。

实验3 围岩收敛观测

一、观测布置

(1) 应根据地质条件、围岩应力、施工方法、断面形式、支护形式及围岩的时间和空间效应等因素,按一定的间距选择观测断面和测点位置。

(2) 观测断面间距宜大于2倍洞径。

(3) 初测观测断面宜靠近开挖掌子面,距离不宜大于1.0 m。

(4) 基线的数量和方向,应根据围岩的变形条件及硐室的形状和大小确定。

二、地质描述

(1) 观测段的岩石名称、结构构造、岩层产状及主要矿物成分。

(2) 岩体结构面的类型、产状、宽度及充填物性质。

(3) 地下洞室开挖过程中岩体应力特征。

(4) 水文地质条件。

(5) 观测断面地质剖面图和观测段地质展视图。

三、主要仪器和设备:

(1) 卷尺式收敛计。

(2) 测桩及保护装置。

(3) 温度计。

四、测点安装

(1) 清除测点埋设处的松动岩石。

(2) 用钻孔工具在选定的测点处垂直洞壁钻孔,并应将测桩固定在孔内。测桩端头宜位于岩体表面,不宜出露过长。

(3) 测点应设保护装置。

五、观测准备

(1) 对于同一工程部位进行收敛观测,应使用同一收敛计。

(2) 需要对收敛计进行更换时,应重新建立基准值。

(3) 收敛计应在观测前进行标定。

六、观测步骤

(1) 将测桩端头擦拭干净。

(2) 将收敛计两端分别固定在基线两端测桩的端头上,并应按基线长度固定尺长。钢尺不应受扭。

(3) 根据基线长度确定的收敛计恒定张力,调节张力装置,读取观测值,然后松开张力装置。

（4）每次观测应重复测读3次，3次观测读数的最大差值不应大于收敛计的精度范围。应取3次读数的平均值作为观测读数值，第1次观测读数值应作为观测基准值。

（5）量测环境温度。

（6）观测时间间隔应根据观测目的、工程需要和围岩收敛情况确定。

（7）记录工程施工或运行情况。

七、观测数据整理

（1）围岩收敛观测记录应包括工程名称、观测段和观测断面及观测点的位置与编号、地质描述、收敛计编号、观测时间、观测读数、基线长度、环境温度、工程施工或运行情况。

（2）根据仪器使用要求，计算基线观测长度。

（3）经温度修正的实际收敛值应按下式计算：

$$\Delta L_i = L_0 - [L_i + \alpha L_0(T_i - T_0)] \tag{6.1-3}$$

式中　ΔL_i——实际收敛值，mm；

L_0——基线.基准长度，mm；

L_i——基线观测长度，mm；

α——收敛计系统温度线胀系数，℃$^{-1}$；

T_i——收敛计观测时的环境温度，℃；

T_0——收敛计第一次读数时的环境温度，℃。

（4）绘制收敛值与时间关系曲线、收敛值与开挖空间变化关系曲线。

（5）需要进行收敛观测各测点位移的分配计算时，可根据测点的布置形式选择相应的计算方法进行。

实验4　钻孔轴向岩体位移观测

一、钻孔深度

各类岩体均可采用钻孔轴向岩体位移观测，观测深度不宜大于60 m。

二、观测布置

(1) 观测断面及断面上观测孔的数量，应根据工程规模、工程特点和地质条件确定。

(2) 观测孔的位置、方向和深度，应根据观测目的和地质条件确定。观测孔的深度宜大于最深测点0.5～1.0 m。

(3) 观测孔中测点的位置，宜根据位移变化梯度确定，位移变化大的部位宜加密测点。测点宜避开构造破碎带。

(4) 当以最深点为绝对位移基准点时，最深点应设置在应力扰动区外。

(5) 当有条件时，位移计可在开挖前进行预埋，或在同一断面上的重要部位选择1孔～2孔进行预埋。预埋孔中最深测点，距开挖面距离宜大于1.0 m。

(6) 当无条件进行预埋时，埋设断面距掌子面不宜大于1.0 m。

(7) 当工程开挖为分台阶开挖时，可在下一台阶开挖前进行埋设。

三、地质描述

(1) 观测区段的岩石名称、岩性及地质分层。

(2) 岩体结构面的类型、产状、宽度及充填物性质。

(3) 观测孔钻孔柱状图、观测区段地质纵横剖面图和观测区段平面地质图。

四、主要仪器设备

(1) 钻孔设备。

(2) 杆式轴向位移计。

(3) 读数仪。

(4) 安装器。

(5) 灌浆设备。

五、观测准备

(1) 在预定部位应按要求的孔径、方向和深度钻孔。孔口松动岩石应清除干净，孔口应平整。

(2) 清洗钻孔，检查钻孔通畅程度。

(3) 根据钻孔岩芯柱状图和观测要求，确定测点位置和选择锚头类型。

六、仪器安装

(1) 根据位移计的安装要求，进行位移计安装。应按确定的测点位置，由孔底向孔口逐点安装各测点,最后安装孔口装置。并联式位移计安装时,应防止各测点间传递位移的连接杆相互干扰。

(2) 根据锚头类型和安装要求,逐点固定锚头。当使用灌浆锚头时,应预置灌浆管和排气管。

(3) 安装位移传感器时应对传感器和观测电缆进行编号。调整每个测点的初始读数,当采用灌浆锚头时,应在浆液充分固化后进行。

(4) 需要设置集线箱时,位移传感器通过观测电缆应按编号接入集成箱。

(5) 孔口、观测电缆、集线箱应设保护装置。

(6) 仪器安装情况应进行记录。

七、观测步骤

(1) 在连接读数仪后进行观测。

(2) 每个测点宜重复测读 3 次,3 次读数的最大差值不应大于读数仪的精度范围。应取 3 次读数的平均值作为观测读数值,第 1 次观测读数值应作为观测基准值。

(3) 观测时间间隔应根据观测目的、工程需要和岩体位移情况确定。

(4) 记录工程施工或运行情况。

八、观测数据整理

(1) 钻孔轴向岩体位移观测记录应包括工程名称、观测断面和观测孔及测点的位置与编号、地质描述、仪器安装记录、读数仪编号、传感器编号、观测时间、观测读数、工程施工或运行情况。

(2) 应计算各测点位移。

(3) 应绘制测点位移与时间关系曲线。

(4) 应绘制观测孔位移与孔深关系曲线。

(5) 应绘制观测断面上,各观测孔的位移与孔深关系曲线。

(6) 应选择典型观测孔,绘制各测点位移与开挖面距离变化的关系曲线。

实验5　钻孔横向岩体位移观测

一、观测布置

（1）观测断面及断面上观测孔的数量，应根据工程规模、工程特点和地质条件确定。

（2）观测断面方向宜与预计的岩体最大位移方向或倾斜方向一致。

（3）观测孔应根据地质条件和岩体受力状态布置在最有可能产生滑移、倾斜或对工程施工及运行安全影响最大的部位。

（4）观测孔的深度宜超过预计最深滑移带或倾斜岩体底部5 m。

二、地质描述

（1）观测区段的岩石名称、岩性及地质分层。

（2）岩体结构面的类型、产状、宽度及充填物性质。

（3）观测孔钻孔柱状图、观测区段地质纵横剖面图和观测区段平面地质图。

三、主要仪器和设备

（1）钻孔设备。

（2）伺服加速度计式滑动测斜仪。

（3）模拟测头。

（4）测斜管和管接头。

（5）安装设备。

（6）灌浆设备。

（7）测扭仪。

四、观测准备

（1）在预定部位按要求的孔径和深度进行铅垂向钻孔。观测孔孔径宜大于测斜管外径50 mm。

（2）清洗钻孔，检查钻孔通畅程度。

（3）进行全孔取心，绘制钻孔柱状图，并应记录钻进过程中的情况。

五、测斜管安装

（1）按要求长度将测斜管进行逐节预接，打好铆钉孔，在对接处做好对准标记并编号，底部测斜管应进行密封。对接处导槽应对准，铆钉孔应避开导槽。

（2）按测斜管的对准标记和编号逐节对接、固定和密封后，逐节吊入观测孔内，直至将测斜管全部下入观测孔内。

（3）调整导槽方向，其中一对导槽方向宜与预计的岩体位移或倾斜方向一致。用模拟测头检查导槽畅通无阻后，将测斜管就位锁紧。

（4）在测斜管内灌注洁净水，必要时施加压重。

(5) 封闭测斜管管口,并应将灌浆管沿测斜管外侧下入孔内至孔底以上 1 m 处,进行灌浆。待浆液从孔口溢出,溢出的浆液与灌入浆液相同时,边灌浆边取出灌浆管。浆液应按要求配制。

(6) 灌浆结束后,孔口应设保护装置。

(7) 测斜管安装情况应进行记录。

六、观测步骤

(1) 待浆液充分固化后,量测测斜管导槽方位。

(2) 用模拟测头检查测斜管导槽通畅程度。必要时,应用测扭仪测导槽的扭曲度。

(3) 使测斜仪处于工作状态,应将测头导轮插入测斜管导槽,缓慢地下至孔底,由孔底自下而上进行连续观测,并应记录测点观测读数和测点深度。测读完成后,应将测头旋转 180°插入同一对导槽内,并按上述步骤再测读 1 次,测点深度应与第 1 次相同。

(4) 测读完一对导槽后,应将测头旋转 90°,并应按本条第 3 款步骤测另一对导槽两个方向的观测读数。

(5) 每次观测时,应保持测点在同一深度上。同一深度一对导槽正反两次观测读数的误差应满足仪器精度要求,取两次读数的平均值作为观测读数值。

(6) 应取第 1 次的观测读数值作为观测基准值。也可在浆液固化后,按一定的时间间隔进行观测,取其读数稳定值作为观测基准值。

(7) 当读数有异常时,应及时补测,或分析原因后采取相应措施。

(8) 观测时间间隔,应根据工程需要和岩体位移情况确定。

(9) 记录工程施工或运行情况。

七、观测数据整理

(1) 钻孔横向岩体位移观测记录应包括工程名称、观测区和观测断面位置和编号、观测孔位置和编号、测点位置和编号、导槽方向、地质描述、测斜管安装记录、测斜仪编号、观测时间、观测读数、工程施工或运行情况。

(2) 根据仪器要求,计算各测点位移和累积位移。

(3) 绘制位移与深度关系曲线,并附钻孔柱状图。

(4) 绘制各观测时间的位移与深度关系曲线。

(5) 对有明显位移的部位,应绘制该深度的位移与时间关系曲线。

(7) 根据需要,计算测点的位移矢量及其方位角,绘制位移矢量与深度关系曲线,以及方位角与深度关系曲线、测区位移矢量平面分布图。

第二节 岩体变形与位移测量方法

实验1 深基点钻孔多点位移计

一、实验目的与要求

深基点钻孔多点位移计是测量地下岩土工程围岩变形与位移的常用仪表之一，它可以监测巷道在掘进和受采动影响的整个服务期间围岩内部变形随时间变化情况，其测量结果可以为工程质量检测、信息反馈、设计方案完善提供重要的参考。

通过本实验了解深基点钻孔多点位移计结构组成，并学会多点位移计的安装和测读。

二、实验装置

深基点钻孔多点位移装置由孔内固定装置4、孔中连接钢丝绳3、孔口固定装置2、孔口测读装置1组成。每套位移计内有5个测点，其结构及其安装如图6-2所示。

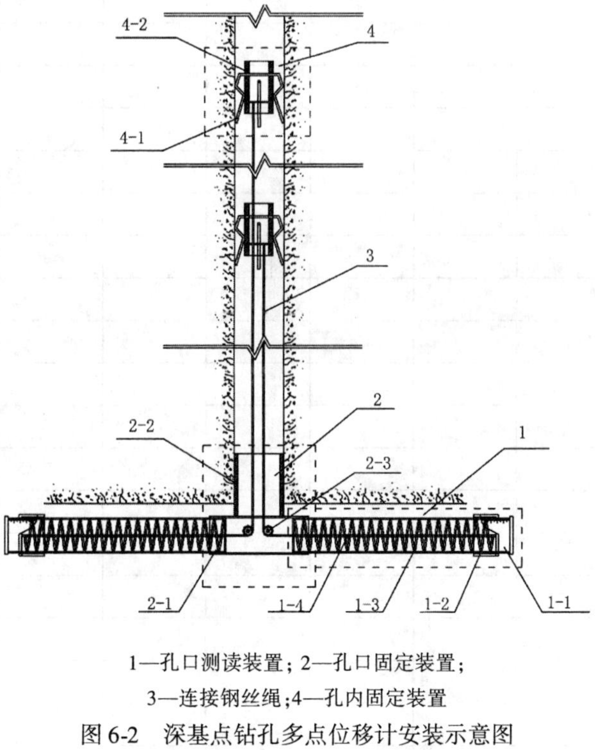

1—孔口测读装置；2—孔口固定装置；
3—连接钢丝绳；4—孔内固定装置

图6-2 深基点钻孔多点位移计安装示意图

三、安装方法

（1）在巷道两帮及顶板各钻出 $\phi32$ mm 的钻孔。

(2) 由安装圆管将带有 5 m 连接钢丝绳的孔内固定装置推至所要求的深度。抽出安装圆管，再依次将其余的孔内固定装置送到预定的位置（每个钻孔布置 5 个测点，分别为 5 m、4 m、3 m、2 m、1 m）。

(3) 将孔口测读装置用水泥药卷固定在孔口。

(4) 拉紧每个测点的钢丝绳，将孔口测读装置上的测尺推至 100 mm 左右的位置后，由螺丝将钢丝绳与测尺固定在一起。

四、测试方法

安装后先读出每个测点的初读数，以后每次读得的数值与初读数之差，即为测点的位移值。

表 6.2-1 巷道多点位移计观测记录表

观测时间： 年 月 日

测点编号	距工作面距离/m	与设点时间间隔/d	测点处观测设备观测值					宏观矿压显现描述	备 注
			5 m 基点	4 m 基点	3 m 基点	2 m 基点	1 m 基点		
			实测值	实测值	实测值	实测值	实测值		

实验2　顶板离层指示仪

一、实验目的与要求

在煤矿巷道锚杆支护技术中,巷道顶板所处状态需随时进行监测。顶板离层指示仪就是用以测试锚杆长度范围及范围外的顶板离层状况的监测仪器,用于判别锚杆支护参数是否合理,巷道服务期间顶板是否稳定。如果离层指示仪读数超过规定参数,可及时采取加固措施,避免顶板事故发生。

通过本实验了解顶板离层指示仪的原理和结构,并学会指示仪的安装和测读。

二、实验原理

顶板离层指示仪是将顶板孔内多个固定装置随岩层变化的值通过测量钢丝反映到设在顶板表面的测读装置上,通过顶板不同层位岩层的位移差,判断出巷道顶板的稳定性和锚杆的支护效果。

三、实验装置结构

顶板离层指示仪由孔内固定器、测量钢丝、孔口盘和测读装置四部分组成,如图6-3所示。

孔内固定器采用弹簧爪式结构。测量钢丝由柔软弹性小的多股细钢丝连接孔内固定器与测读装置。测读装置由两个带有刻度标志的半圆钢条组成。孔口盘由塑料圆盘和塑料管组成,圆盘作用是排泄孔内水,圆管是读测装置的基准点。

孔口位移测读器是顶板离层指示仪的主要部分,由直径、长度各不相同的4根不锈钢圆管及两根弹簧组成,根据它测读出离层范围和离层量。

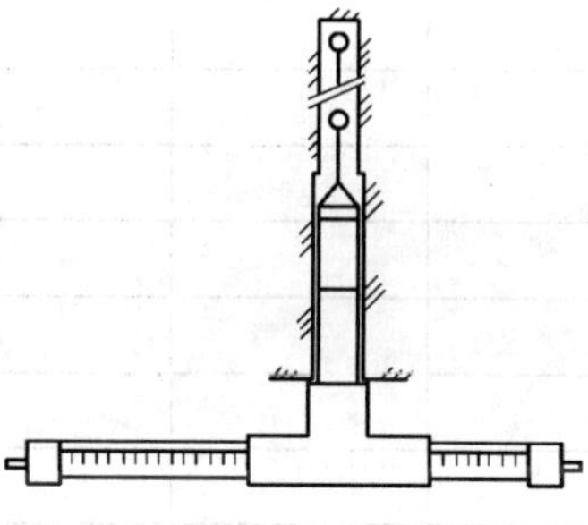

图6-3　顶板离层指示仪结构图

四、顶板离层指示仪的安装方法

(1) 在巷道顶板垂直打 $\phi28 \sim 32$ mm 的钻孔,直至打到老顶。

(2) 将带有不锈钢钢丝的孔内测点固定器,用安装管推到孔底。而后抽回安装管,再将另一个带有不锈钢钢丝的孔内测点固定器推到2 m左右的深度,其准确位置根据实际情况而定。

(3) 将不锈钢钢丝穿过孔口位移测读器的管1后,将孔口位移测读器固定在钻孔孔口上。如孔口直径大于管1直径,则在孔壁垫上木板片,使孔口位移测读器能够牢固地固定住。

(4) 将不锈钢钢丝拉紧后分别固定在孔口位移测读器的管2、管3上。连接深部孔内测点固定器的钢丝与管2相连,连接浅部孔内测点固定器的钢丝与管3相连。管2与管3

及管 3 与管 4 的端头相互要有分离,使不锈钢钢丝在弹簧力(20 N 左右)的作用下一开始就处在拉直状态。

五、顶板离层指示仪的安装方法

孔口位移测读器上所显示的颜色,反映顶板离层的范围及所处的状态。绿色表示安全,黄色表示警告,红色表示危险;孔口位移测读器上显示的数值,表示离层量大小。管 4 显示的数值表示锚杆长度范围内顶板离层量;管 3 显示的数值表示老顶与锚杆末端范围内顶板离层量。

表 6.2-2　巷道顶板离层指示仪观测记录表

观测时间：　年　月　日

测点编号	距工作面距离/m	与设点时间间隔/d	测点处观测设备观测值		宏观矿压显现描述	备注
			浅基点实测值	深基点实测值		

实验3　顶板动态仪

一、用途

DY—82 型顶板动态仪是一种机械式高灵敏位移计，用于监测顶底板移近量、移近速度，进行采场“初次来压”和“周期来压”的预报，探测超前支承压力高峰位置，监测顶板活动及其他相对位移的测量。

二、技术特征

（1）灵敏度：0.01 mm。

（2）精度：粗读±1%，微读±2.5%。

（3）量程：~200 mm。

（4）使用高度：1 ~3 m。

三、原理、结构

顶板动态仪的结构和安装见图 6-4。

仪器的核心部件是齿条 6、指针对 8 以及与指针相连的齿轮、微读数刻线盘 9、齿条下端带有读数横刻线的游标和粗读数刻度管 11。

当动态仪安装在顶底板之间时，依靠压力弹簧 7 产生的弹力而站立。安好后记下读数（初读数）并由手表读出时间。粗读数或大数由游标 10 的横刻线在刻度管 11 上的位置读出，每小格 2 mm，每大格（标有“1”“22”等）为 10 mm；微读数或小数，由指针 8 在刻线盘 9 的位置读出，每小格为 0.01 mm（共 200 小格，对应 2 mm）。粗读数加微读数即为此刻度的读数。当顶底板移近时，通过压杆 3 压缩压力弹簧 7，推动齿条 6 下移，带动齿轮，齿轮带动指针 8 顺时针方向旋转，顶底板每移近 0.01 mm，指针转过 1 小格；同时齿条下端游标随齿条下移，读数增大。后次读数减去前次读数，即为这段时间内的顶底板移近量。再除以经过的时间，即得此段时间内顶底板的平均移近速度。显然，读数次数越多，越能精确得到各段时间内的移近速度值，相应地也要耗费较多的劳动。读数时间间隔要依具体情况决定。平均每隔 2 h 读一次，临近来压时可适当增加次数，如每小时一次等。

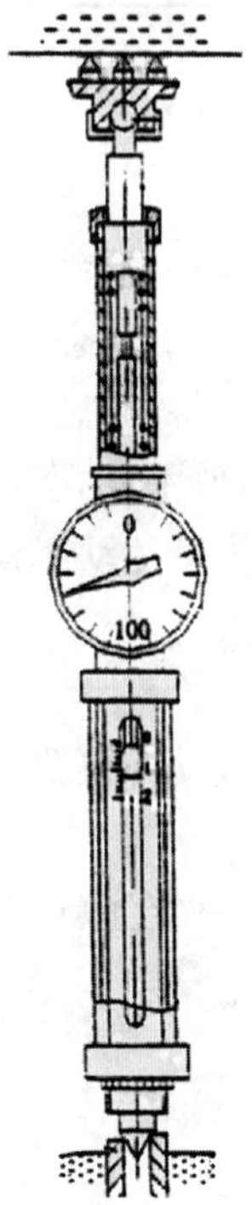

图 6-4　DY—82 型顶板动态仪结构和安装示意图

四、使用说明

(1) 制作安装铁钎,数量略多于安设的动态仪台数。

(2) 熟悉读数。粗读数或大读数从刻度套管上读出,每两相邻刻线距离 2 mm,故读数为偶数毫米数;微读数或小读数由刻线盘上读出,每格 0.01 mm,共 200 小格(2 mm),两读数直接相加即为顶底板某一距离里的读数,经过一段时间后的新读数减原读数,即得此段时间内的顶底板移近量(单位为毫米),通常为正。若相减为负,则表示顶板回弹。

设计并印好井下记录表格(见下表)。

表 6.2-3 井下记录表

仪表号	时间/h			
	0	2	4	6
	读数/mm			
1				
2				
3				
备注				

五、安装

一般安装。选好安装地点,顶板岩石较完整、较平为好,将铁钎在对应位置打入底板,选择适当的接长杆,安到动态仪上,调整动态仪接长杆长度,使动态仪全长略大于铁钎顶端到顶板的距离。然后将动态仪底部尖锥对准铁钎上端圆孔,手握压杆压缩弹簧,到直立安装位置,然后逐渐减力放手,动态仪即站立。

顺槽安装。为避免动态仪易被碰动,应在煤壁上掏槽,在槽底打好铁钎,然后安装。

六、注意事项

在工作面安装动态仪要靠近柱子,必要时用铁丝将动态仪系在柱子上,以防碰倒摔坏部件。

卸动态仪时,一定注意切不可突然放手,以免弹力冲击损伤齿轮和指针。

实验 4　岩层钻孔成像仪

一、实验目的与要求

（1）了解仪器的结构组成。

（2）探测岩层的构造。可探测巷道围岩松动圈范围及其变化情况。探测煤层及其顶板岩层的岩性、厚度。探测巷道及采煤工作面顶板离层、破裂、破坏情况。

二、实验原理

用导杆把带有光源的摄像头放入钻孔内，通过摄像头把钻孔内岩层的状态转变为图像信号，再通过通信电缆传到录像设备上，便可观看、录取钻孔内岩层的情况。

三、仪器结构

YTJ20 型岩层探测记录仪由 YTJ20—Z 型岩层探测记录仪主机和 YTJ20—S 型岩层探测记录仪摄像头组成，如图 6-5 所示。

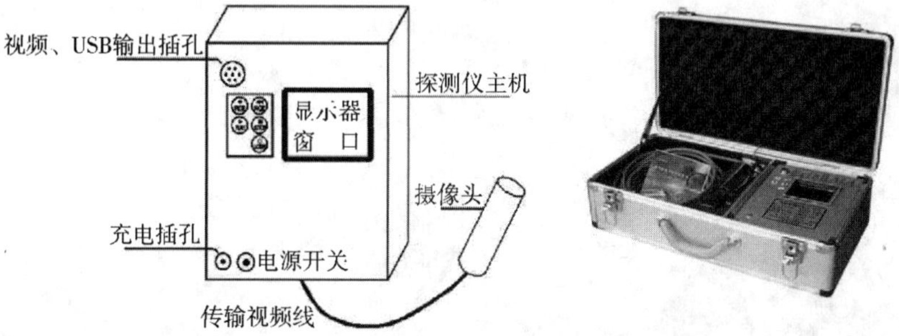

图 6-5

四、实验步骤

（1）在需探测的岩体内钻出一个大于 ϕ28 mm 的钻孔，钻孔深度根据需要设定，最深不超过 50 m。如钻孔中有大量岩（煤）粉填在岩层的裂隙中，为了不影响探测效果，用水冲尽或用风吹出充填在裂缝中的岩（煤）粉。

（2）将探头通过导杆送到孔口，打开电源开关，按下 POWER 键开机进入录像状态，按 REC 键开始录像，再按 REC 键停止录像。

（3）在停止录像状态下，按 STOP 键进入放像浏览状态，按 REW 键选择所需播放片段，按 PLAY 播放，再次按 STOP 键返回放像浏览状态。

（4）在放像浏览状态下按 REC 键进入录像状态。

（5）开机后，在放像浏览状态下，使用 USB 连接线与电脑连接，电脑自动识别探测仪系统后，可进行文件传输。

故障分析与拆除：

在使用过程中,如显示器所显示钻孔内情况模糊不清,则说明探头的玻璃上覆盖了一层岩(煤)粉,用镜头纸擦净即可。

安全保护、事故处理:

显示器窗口及探头前的钢化玻璃禁止用硬物撞击。禁止打开主机箱盖。

五、注意事项

岩层钻孔探测仪的信号传输是通过视频信号线进行的,携带和使用过程中,不得用尖锐的硬物碰撞电缆线。下井前应检查电池的电量,禁止在井下给电池充电。探测完毕,上井后及时将图像通过 USB 电脑连接线取出。

实验5　测力锚杆

一、实验目的与要求

锚杆支护的巷道工程中锚杆工况的监测主要是通过测力锚杆来实现的。测力锚杆通过对杆体于不同深度处的受力状态进行监测,从而反馈分析锚杆的受力、围岩应力变化和锚杆支护的工作状况,其结果将为矿山锚杆支护工程锚杆的受力状态及锚杆支护参数设计优化等提供科学的设计依据。

通过本实验了解测力锚杆的原理和结构,并学会测力锚杆的安装和使用。

二、测力锚杆结构

测力锚杆主要由杆体、保护接头和多通道静态电阻应变仪等部分组成,如图6-6所示。测力锚杆结构与普通锚杆大致相同,只是在杆体两侧各开一矩形断面沟槽,并在两矩形槽内以一定的间距成对布设电阻应变片,每个应变片分别引出两条脚线连接至杆尾保护套内的集中插头上,并用树脂胶密封,再经中间连线和电阻应变仪相连,如图6-7所示。

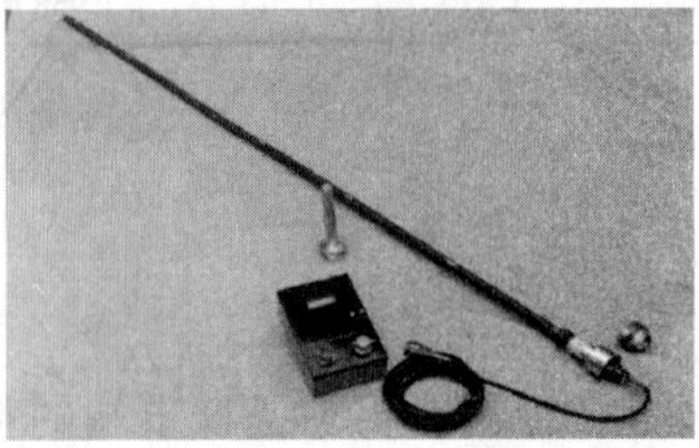

图6-6　测力锚杆

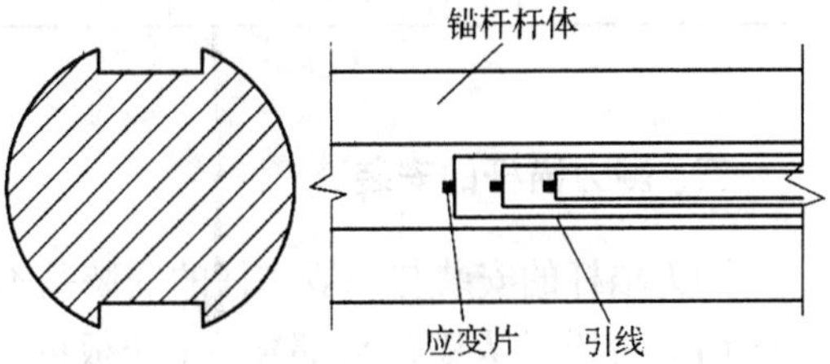

图6-7　测力锚杆杆体结构及应变片埋设

三、测力锚杆原理

测力锚杆的基本原理是利用粘贴在锚杆上的电阻应变片作为传感器来实现测量各点轴向力的。

首先当锚杆所在区间的围岩变形时(即发生位移),由于黏聚力或摩擦使锚杆变形,测力锚杆受载后在锚杆各受力测试点的应变片上产生应变,并由所用应变仪测出其应变量,应变增量的大小与测点的应力成正比。然后根据锚杆的抗拉弹性模量 E 进行数据转化即可得出锚杆各段应力值,每对应变片的应力值对应相加取平均值,即可得出各测点位置的平均应力,再乘以杆体横断面积,即为该段杆体所受轴向力,测试原理如图6-8所示。工作应变片和温度补偿应变片分别贴在测力锚杆和温度补偿件上,并按半桥工作方式接成电桥。

四、测力锚杆的实验室标定

测力锚杆制作完毕,应进行室内实验标定。在实验室模拟现场潮湿环境,将测力锚杆放置48 h以上,然后用压力机进行标定,记录不同吨位时的应变值。通过实验室测试,测力锚杆所受轴向拉力与应变值对应关系如表6.2-5.1。

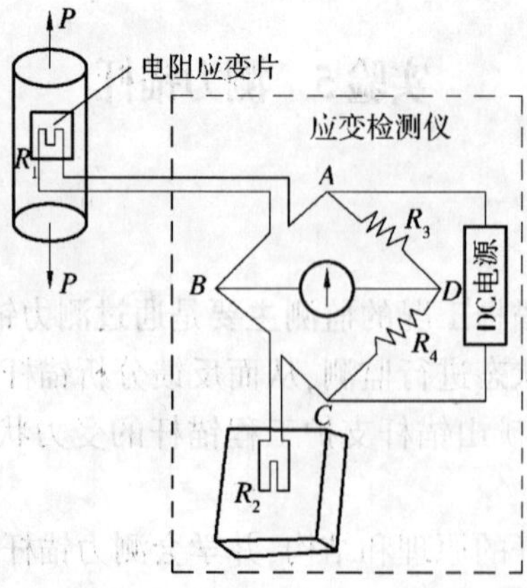

图6-8　锚杆测试的电测原理

表6.2-5.1　测力锚杆标定记录

拉力/kN	0	10	20	30	40	50	60	70	80	90	100	110	120
应变/10^{-6}	0	172	345	523	702	885	1 067	1 245	1 415	1 601	1 781	1 958	2 141

五、测力锚杆的安装

测力锚杆的安装与一般锚杆的安装基本相同。

(1) 将托板从锚杆头部穿入(托板内孔为 $\phi 26$ mm),将安装头与锚杆末端的护套相连接。

(2) 通过锚杆钻机将测力锚杆安装到位。

(3) 用扳手将螺母与护套分开,压紧托板,使锚杆达到所要求的预应力。

安装时需要注意如下几点:

(1) 在托盘边缘要开一缺口,用于测量导线从托盘与顶板(巷帮)之间通过。

(2) 测力锚杆安装时要将测量导线固定在锚杆上,防止将导线拉断。

(3) 测力锚杆上两条槽所组成的平面最终要与巷道轴线相垂直。

六、测力锚杆数据处理

由表6.2-5.1可得测力锚杆所受轴向拉力与应变对应关系 k 为 178×10^{-6}/10 kN,测力锚杆所受拉力 p 由下式确定:

$$p = \varepsilon/k = \frac{1}{2}(\varepsilon_1 + \varepsilon_2)/k \tag{6.2-5}$$

式中　$\varepsilon_1,\varepsilon_2$——对称两应变传感器的应变值。

所用测量仪器为矿用静态电阻应变仪,采用半桥测量方式进行测量。所有测量应变片用同一电阻应变片进行补偿,配合转换开关一次可测出一根测力锚杆所有测点的应变值。

在安装前对所要安装的测力锚杆测读一遍视为原始数据,安装后再测读一遍,由此可计算出锚杆安装后的初始受力状态，以后可根据现场需要，间隔一定时间测量一次。

表 6.2-5.2　测力锚杆测试记录表

锚杆编号	应变传感器位置及应变值/10^{-6}											
	1	2	3	4	5	6	7	8	9	10	11	12

测试人员：　　　　　　　　　　　　　　　测试时间：

实验6　锚杆测力计

一、实验目的与要求

直读式锚杆测力计是一种新型的矿压观测仪表,用它来观测锚杆锚固力具有直读、方便、灵敏度高、能重复使用等显著优点,并在井下工业性实验中获得了较好效果。

通过本实验要求学生了解液压枕的结构、原理,并求出液压枕的特性曲线。

二、实验设备

压力实验机1台,锚杆测力计1台,百分表指示器1台,垫板若干块。

三、锚杆测力计结构与原理

(一) 锚杆测力计结构

直读式描杆测力计主要由液压枕、球形夹板、毛细导通管及由压力表改装而成的载荷计组成,其结构如图6-9所示。

在图6-8中,液压枕作为直读式描杆测力计的关键部件,是由薄弹簧钢板压模成型对焊而成且在内部注满硅油的封闭环式结构,可看成是刚性极小的柔软体,也是测力计的受力元件。

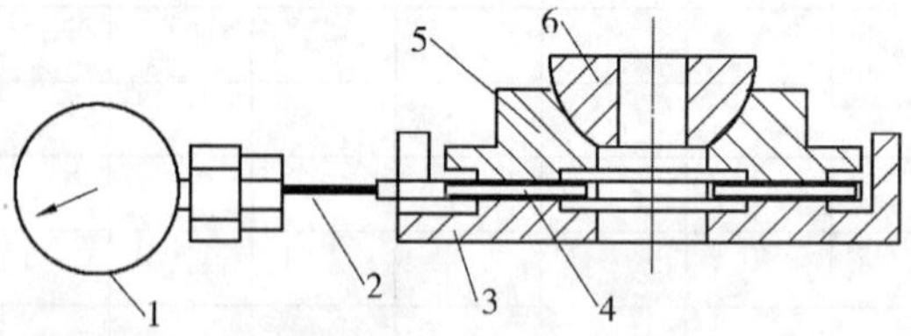

1—载荷计;2—毛细导通管;3—底座;
4—液压枕;5—球座;6—球垫

图6-9　直读式测力计结构图

(二) 锚杆测力计工作原理

测力计按图6-9加工组装后,当球垫受压时,枕体内硅油压力增高并通过毛细导管使载荷计直接指示出液压枕所受压力值。此值以kN为单位,可以直接反映出锚杆工作阻力。由于仪器采用了毛细导管,使得该种测力计具有灵敏度及精度较高的明显特点。

四、实验步骤

(一) 准备

(1) 检测锚杆测力计的零读数是否符合要求。

(2) 测力计置于实验机上要对中,上下要有相互平行的板,使加压过程中不致损坏指示器等附件。

(3) 以较快速度预压1~3次至满荷,以消除加工时残余应力或检查加载情况。

(二) 分级加载

(1) 加载级数为0;2.5;5.0;7.5;10;……直至设计能力。记录每一加载级之指示读数,填入表格中,加载速度要均匀,每一加载级约1 ~2 min。至最大值后保持10 min。

(2) 卸载按相同级数记录读数。

(3) 分级加载要反复3次,如同一加载级读数变异不大即可停止。

五、数据处理

(1) 绘制特性曲线。根据三次加卸载之平均读数,以纵坐标为压力(kN),横坐标为压力表读数,或为频率读数,进行绘制。

(2) 对进行标定的几种测力计的性能进行综合评述,其性能的主要指标有:

① 精度。最大绝对允许误差相对于测压计测量范围的百分数,即:

$$Z = \frac{\Delta\varepsilon_{最大}}{\varepsilon_{平均最大}} \tag{6.2-6.1}$$

② 灵敏度。最大输出值与相应的最大输入压力之比,即:

$$S = \frac{\varepsilon}{P} \tag{6.2-6.2}$$

③ 重复性。反复加载时满量程输出的最大差值与平均满量程输出之比的百分数,即:

$$Z = \frac{\Delta\varepsilon_{最大}}{\varepsilon_{平均最大}} \tag{6.2-6.3}$$

④ 滞后性。同一载荷下加、卸载特性曲线中输出应变的最大差值与满量程时输出应变值之比。

⑤ 非线性。先将坐标原点和最大输出值之间相连,求出和输出特性曲线的最大偏差,然后与满量程输出值相比,以百分数表示。

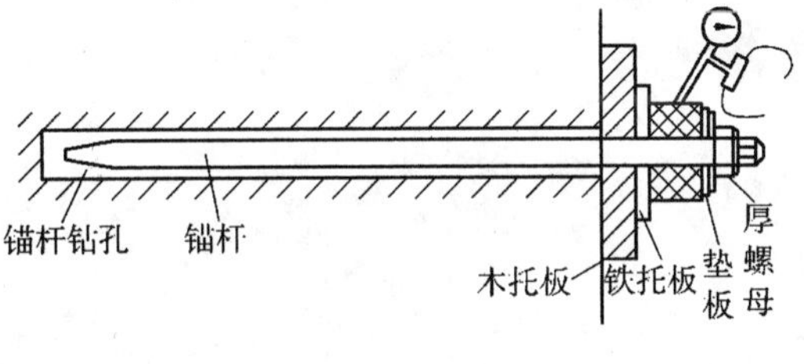

图6-10　锚杆测力计埋设示意图

图6-11　锚杆测力计的现场埋设

表 6.2-6 实验数据记录表

仪器号：　　　　　　　　　　　校验人：　　　　　　　　　　日期：

所加载荷/×10 kN	读数						平均
	一		二		三		
	加载	卸载	加载	卸载	加载	卸载	
0							
2.5							
5							
7.5							
10							
12.5							
15							
17.5							
20							
22.5							
25							
27.5							
30							
32.5							
35							

实验7　锚杆拉力计

一、实验目的与要求

锚杆拉力计在巷道锚杆支护施工中主要用于锚杆、钢筋等锚固体锚固力及杆体的承载力的检测，是锚杆施工质量检验必备仪器。

通过本实验要求学生了解锚杆拉力计的结构、原理，并会应用检查锚杆锚固力和极限拉拔力。

二、锚杆拉力计结构组成

锚杆拉力计由手动泵、液压缸、数字压力表及高压胶管等部分组成，如图6-12所示。其中手压泵由手压杆，油筒，吸、排油阀和卸荷阀等组成，液压缸采用空心活塞缸体和活塞组成。

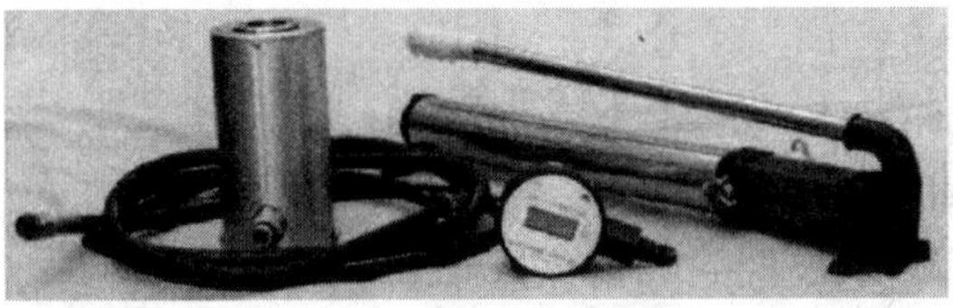

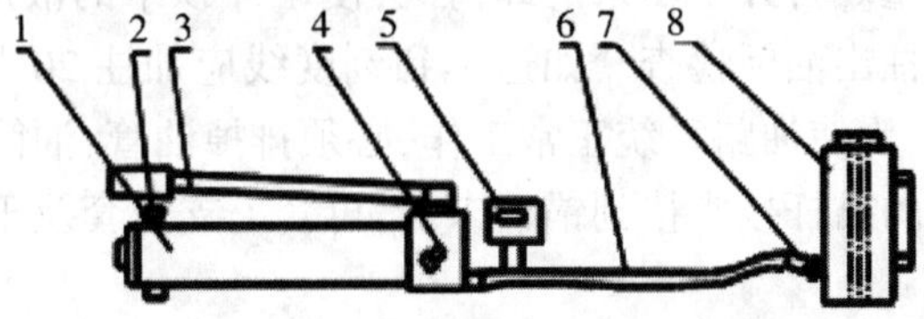

1—储油筒；2—注油口；3—压把；
4—卸荷阀；5—数显压力表；6—高压油管；
7—快速接头；8—液压缸

图6-12　LDS型锚杆拉力计结构示意图

三、锚杆拉力计工作原理

（一）工作原理

锚杆拉力计的工作原理是，用高压油管将手压泵、油压表和千斤顶连接在一起，高压工作油液由手摇油泵出来，经过高压胶管送到用螺母连接在锚杆上的空心千斤顶的油缸，推动活塞，并将锚杆向外拉，在拉力计的压力表上可以读出相应的锚固力的大小，活塞回程靠人力压回。

锚固力的大小大致等于或微略小于油泵压力表上压力和拉力计活塞断面积之积。应用时，事先校准好压力与锚固力曲线关系，并刻在压力表上，即多大的压力就有相应的多大锚固力，可直观读出。

(二) 主要技术参数(如表6.2-7)

表6.2-7　LDS型系列锚杆拉力计的种类及主要技术参数

型　　号		LDS—10	LDS—20	LDS—30
手动泵	最大工作压力/MPa	63		
	柱塞直径/mm	12	高压12 低压28	
	质　量/kg	6	10	11
液压泵	最大拔出力/kN	100	200	300
	活塞行程/mm	60	80	
	质　量/kg	4	8	13
测力计	测量范围/kN	0～100	0～200	0～300
	电　源/V	9(6F22型电池1节)		
	质　量/kg	0.44		

四、锚杆拉力计的使用

(一) 检查锚杆锚固力是否达到要求

(1) 用高压软管两端的快速接头,将千斤顶和手压泵连接起来。

(2) 检查手压泵油量。打开手压泵的卸荷阀,使千斤顶中的液压油回到手压泵的油筒中,拧开油筒端部堵头,抽出油标检查。如达不到刻度线应加注20号机械油或液压油。当液压油路系统连接好后,为使油路系统正常工作,必须排掉油管、油筒中混入的空气。

(3) 把锚杆拉力计的描杆接头接到锚杆末端,再套上支承套及千斤顶,使活塞伸出端朝外,上紧螺母。

(4) 将手压泵的卸荷阀拧紧,缓慢均匀地上下摇动手压泵压杆,当压力表上读数达到要求值时,停止加压,记录下压力表读数。

(5) 检测完毕后,松开卸荷阀,使压力表指针回到零位,千斤顶活塞全部落回,把各部件从锚杆末端卸下。

(二) 进行锚杆拉拔实验,确定锚杆的最大锚固力

(1) (2) (3) 同(一)。

(4) 将手压泵的卸荷阀拧紧,缓慢均匀地上下摇动手压泵压杆,使液压千斤顶的活塞移动,并将锚杆向外拉,同时量测锚杆的相对位移。在拉拔计油压表指示达到安装荷载前出现的少量位移,是由于其内部应力调整引起的,此后,量测得到的位移值是由内锚头滑动、锚杆伸长量及实验装置的变形引起的,继续加载就会出现锚杆明显滑动,与此相应的锚杆拉力计的值就是锚杆最大锚固力。

实验8　液压支架压力监测记录仪(电脑圆图仪)

一、概述

YHY60(B)矿用本安型数字压力计(原KBJ—60Ⅲ—1矿用数字压力计,以下简称压力计)、FCH32/0.2矿用本安型手持采集器(原KBJ—60Ⅲ—2矿用压力采集器)适用于综采工作面综采支架工作阻力监测,是新一代综采支架压力连续监测的智能化仪表(原称:ZYDC—Ⅲ综采支架工作阻力连续记录仪),俗称“电脑圆图仪”。它是在ZYDC—Ⅱ的基础上改进的第三代产品。它具有体积小、操作方便、显示直观、数据处理功能强等特点,输出的报表格式通用性强。尤其是第三代产品采用了红外无线数据通信和微功耗电池供电系统,大大提高了仪器的使用可靠性和电源的使用寿命,可长期在井下使用,无须维护,是传统的机械式圆图仪的理想替代产品。

二、结构特征与工作原理

系统组成如图6-13所示,压力计具有两个(或三个)压力测孔,可同时测量两个(或三个)测点的压力,并连续记录在压力计内,一个工作面可布置1~20个分机,可使用一台采集器进行采集,采集器携带至井上后通过无线通信适配器将数据自动地传送PC计算机处理。

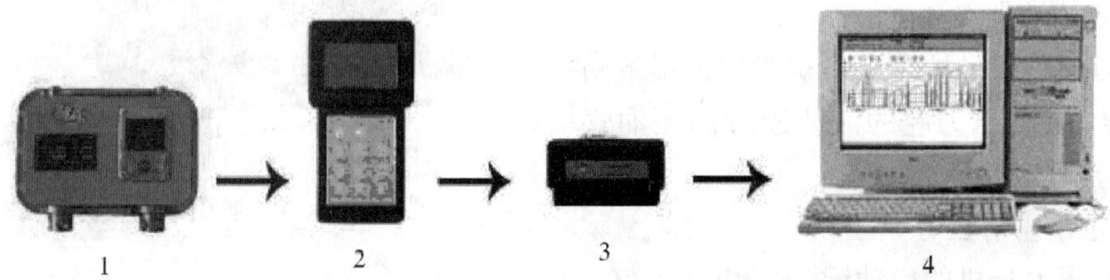

1—压力计;2—采集器;3—无线通信适配器;4—计算机

图6-13　液压支架压力监测记录仪系统

采集器使用三节5号电池供电;压力分机使用高效电池供电,每更换一次电池可连续使用3 a。更换电池应在井上进行(使用厂家提供的本安电池)。

三、技术指标

(一) 矿用本安型数字压力计

(1) 量程:0~60 MPa。

(2) 精度:1.6级。

(3) 测量点数:2点(或3点,根据用户需要而定)。

(4) 引压孔:ϕ10 mm(KJ10国标)。

(5) 显示方式:LED数字显示。

(6) 防爆标志:矿用本质安全型ExibⅠ。

(7) 电源:DC 3.6 V(锂电池)。

(8) 通信方式:红外无线通信。

(9) 质量:2 kg。

(10) 安装方式:吊挂或固定安装。

(二) 矿用本安型手持采集器

(1) LCD点阵式液晶显示器(具有LED背光显示),全中文显示,用于输入提示和数据显示。

(2) 全日历实时时钟显示。

(3) 轻触式操作键盘,操作方便。

(4) 数据显示功能。

(5) 无操作时3 min自动关机。

(6) 32 K数据存储器,具有数据掉电保护。

(7) 低电压状态指示和保护。

(8) 低功耗技术,3节5号电池可连续使用6个月。

(9) 红外数据通信功能,传输速率2 400 kb/s。

(10) 体积小,质量300 g。

四、使用与操作

压力分机的结构如图6-14所示。

图6-14　矿用数字压力记

1. 压力分机的安装

压力分机可吊挂在综采支架的顶梁下防护较好的位置,被测压力腔的液体通过高压油管引接到压力分机的测压孔上。

2. 显示当前压力

按下压力分机的启动键,显示窗显示左、右通道的压力(单位:MPa),左边指示灯亮时,显示的即为左通道的压力,右边指示灯亮时,显示的即为右通道的压力,5 s后自动关断电源。

3. 数据采集

详见采集器操作说明。

4. 提示信息

① 启动分机时,两个红色通道指示灯亮起,数码管显示"——"闪烁,黄色报警指示灯闪烁,两个红色通道指示灯熄灭。

② 报警值设置时,压力分机两个红色通道指示灯和数码管显示"AL"交替闪烁。

③ 自动校零时,压力分机两个红色通道指示灯和数码管显示"P0"交替闪烁。

④ 采集数据时,压力分机两个红色通道指示灯亮起,数码管显示"S"时表示压力分机正在进行通信操作,通信完毕后显示"——"闪烁,表示压力分机正被重新启动,启动完毕后,黄色报警指示灯闪烁,两个红色通道指示灯熄灭,表明采集数据过程结束。

⑤ 按键显示完两个通道的数据后,显示"——"表示电池电压不足,应及时更换电池。

5. 启动压力分机

在压力分机安装完毕后,必须用采集器启动压力分机。按下启动键进入启动界面(如图6-15所示)。

此时将采集器的红外采集口对准压力分机窗口,按照屏幕第三行的提示按一下压力分机上的启动键后,采集器显示屏显示“启动分机成功!”的提示,说明压力分机已被启动,按ESC键返回首屏。注意:启动操作只在压力分机刚安装完毕或更换工作面安装时操作一次!

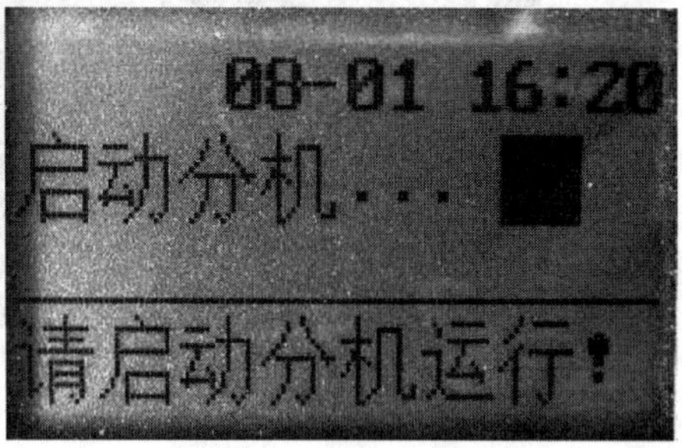

图6-15

6. 采集数据

按下编号键,然后按下▼▲键选择要采集压力分机的编号,然后按下采集键进入采集界面(图6-16)。

此时将采集器的红外采集口对准压力分机窗口,按照屏幕第三行的提示按一下压力分机上的启动键开始采集数据,采集完毕时采集器上显示“…完毕”后随即显示“启动分机成功!”并自动将压力分机内数据清除,按ESC键返回首屏。重复上述操作采集其他压力分机数据。注意:采集数据时每个压力分机只能采集一遍,请勿重复采集!

当采集器的存储器存满时,采集器会显示“内存不足”的提示并中断该次数据采集,自动返回首屏,请换一采集器继续采集。

7. 显示数据

首先按下编号键,然后按下▼▲选择要显示压力分机的编号,然后再按下▼或▲键,显示相应分机的压力数据。若无数据则显示“没有数据”,有数据时显示(图6-17)。

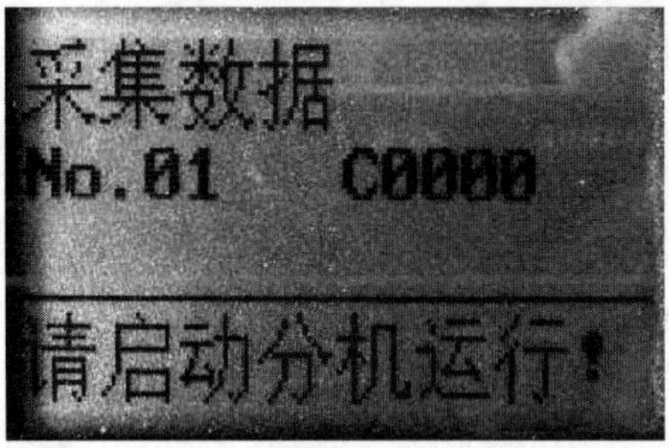

图6-16

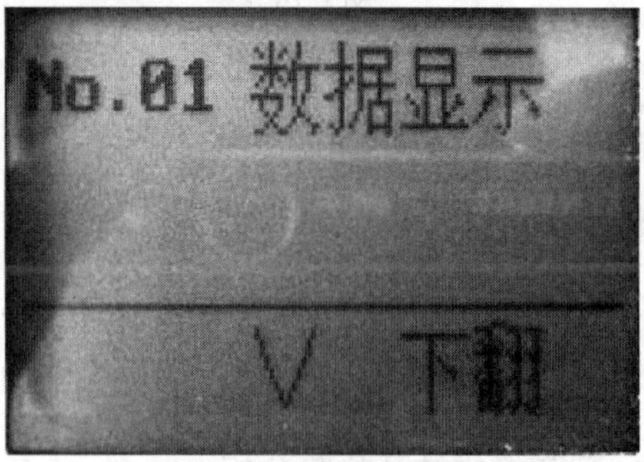

图6-17

重复按▼键,则依次显示时间/数据(图6-18)。

数据显示结束时在显示器下方显示“——结束——”的提示。按下ESC键退出操作。

8. 与计算机通信操作

打开采集器电源,将采集器的红外采集口对准通信适配器红外接收窗口,打开通信适配器的电源,然后操作计算机软件(详见软件使用说明书)。

通信过程显示如图6-19所示。

9. 修改数据时钟

采集器在与计算机进行数据通信时,应先检查采集器内每个分机数据时间的正确性,若

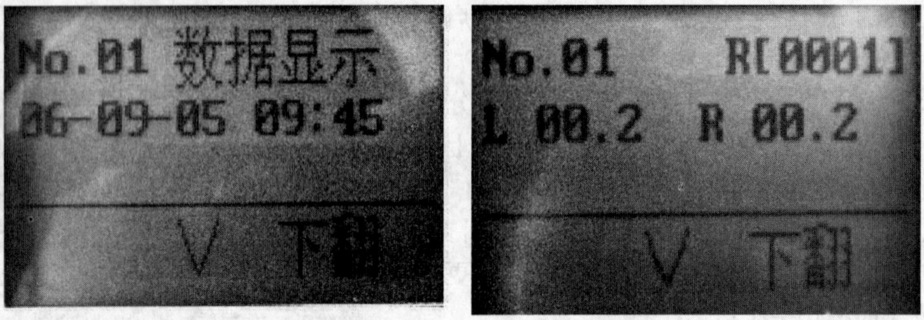

图 6-18

出现错误应按以下方法修改：

按下编号键，选择要修改压力分机数据的编号，按确认后再按▼或▲键调整到显示数据时间一屏（图 6-20）。

图 6-19

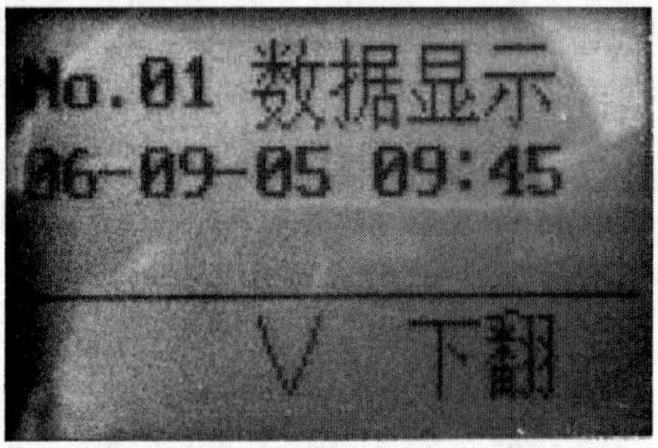

图 6-20

按编号键将光标调整至要修改的时钟数据位，按▼▲修改时钟，按确认键存入数据时钟。

10. 电池电压检测

当电池电压不足时开机就会在显示器下方显示“电量不足”的提示。

电池电压不足时，应尽快更换电池！

五、维护及故障分析

(一) 使用注意事项

(1) 当电池电压不足指示时，仍能维持一段时间正常工作，但应及时更换电池。

(2) 连接数字压力计引压管时应避免剧烈敲击，以免造成传感器的损坏。

(3) 在数字压力计红外通信窗口积聚大量的煤尘时，通信前应清除煤尘。

(4) 更换电池（仅限使用生产厂提供的安全电池组）应在井上进行，更换后的废电池应回收。

(二) 常见故障现象分析及排除

(1) 采集器打开电源后，无显示或显示瞬间自动关闭，系电池能量严重不足，应更换电池后再使用。

(2) 若不能正常启动数字压力计的通信时,可能是由于通信窗口积尘太多,应清除后再进行通信。

(3) 压力显示值偏大或不稳定时,为数字压力计内传感器受潮,将数字压力计带到地面后,打开前盖在阳光下直晒 5 ~ 10 h 后重新封盖后即能解决。

(4) 数字压力计显示不稳,且显示很暗时,为电池电压不足,应更换电池。

六、数据处理

将采集器采集的数据输入电脑内进行处理,得到的典型曲线见图 6-21。

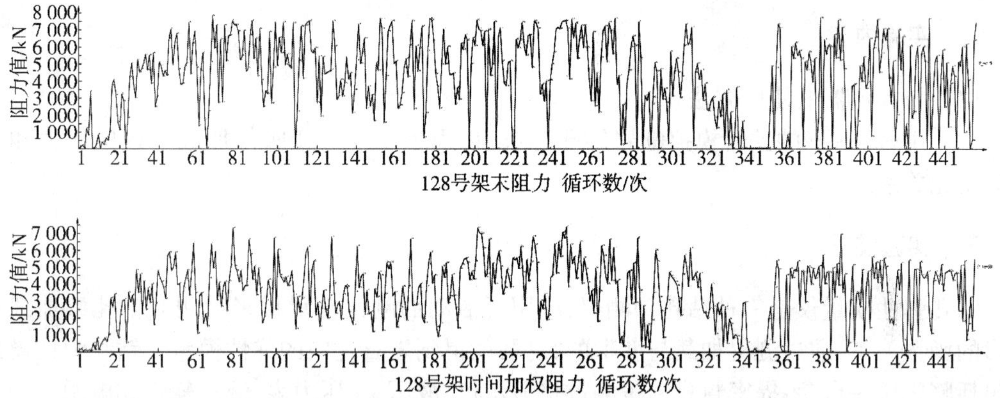

图 6-21　支架支护阻力随工作面推进循环的变化规律

图 6-21 为工作面支护阻力随工作面推进的循环变化规律,来压特征如表 6.2-8 所示。来压期间支架最大工作阻力 7 893.4 kN,平均 6 892.3 kN,分别占额定工作阻力的 92.9% 和 81.1%,说明来压期间支架支护能力得到了较大的发挥,但富余量较小。

表 6.2-8　来压特征

来压性质	来压步距/m	影响范围/m	工作阻力/kN				动载系数		
			非来压期间		来压期间				
			P_m	P_t	P_m	P_t	按 P_m	按 P_t	平均
周期来压 1	14.24	4.45	4 461.34	3 044.81	7 102.17	5 492.80	1.59	1.80	1.70
周期来压 2	7.12	3.56	3 920.79	2 726.03	6 758.37	5 642.01	1.72	2.07	1.90
周期来压 3	24.03	15.13	4 064.44	2 637.21	7 222.41	5 842.42	1.78	2.22	2.00
周期来压 4	17.8	8.9	4 803.86	3 496.26	7 818.04	5 998.28	1.63	1.72	1.67
周期来压 5	22.25	3.56	4 494.36	3 154.36	5 828.21	3 951.26	1.30	1.25	1.27
周期来压 6	9.79	3.56	4 373.26	3 212.73	6 393.37	5 919.32	1.46	1.84	1.65
周期来压 7	8.9	3.56	3 673.54	2 931.13	6 122.56	5 135.33	1.67	1.75	1.71
周期来压 8	16.02	4.45	3880.04	2 729.87	7 893.40	5 923.59	2.03	2.17	2.10
平均	15.02	5.90	4 208.95	2 991.55	6 892.31	5 488.13	1.65	1.85	1.75

实验9　钻孔弹性模量测定仪

一、实验目的与要求

钻孔弹性模量测定仪是一种应用可活动的刚性支承板来量测对钻孔壁加载与变形的函数关系,而后通过计算得出岩体的弹性模量。

通过本实验要了解仪器的结构组成、使用方法及测试原理。

二、实验内容

(1) 掌握仪器的使用方法。

(2) 用 ϕ>6mm 的铁管模拟围岩钻孔,测试在用手压泵给膨胀仪加载过程中压力和位移的变化关系。

三、实验装置

钻孔弹性模量仪是一种钻孔探测仪,应用可活动的刚性支承板来量测对钻孔壁加载与变形的函数关系,通过测得加载与变形的数据,就得到岩石定向的弹性模量。钻孔弹性模量仪包括膨胀仪一台、手提密封式的量测位移显示仪、液压泵、压力表、液压软管和电源。

四、实验步骤

(1) 在现场岩体上打一个 ϕ76 mm 的钻孔。

(2) 将膨胀仪用钢管送入钻孔内,使活动板对应垂直方向或水平方向。

(3) 用液压泵给膨胀仪加压,使膨胀仪的活动板对岩石加载。

(4) 通过压力表与位移显示仪读出压力值及与相对应的两个 LUDT 位移传感器所输出的活动板的位移量。

五、数据处理

钻孔弹性模量仪在直径为 d 的钻孔内实验,可得到压力与经向变形 U 的曲线图。可用现场实测数据曲线图的线性部分的斜率,来计算杨氏弹性模量。

$$E = 0.86k \cdot \Delta Q \cdot d/\Delta U \tag{6.2-9}$$

式中　k——膨胀仪常数,确定泊松比的条件下通过某材料实验来确定;

ΔQ——加压板的压力变化增量;

ΔU——加压板的位移变化增量;

d——钻孔直径。

实验10　地应力测试

原岩应力测量是目前取得各种工程需要的不同深度原岩应力可靠资料的唯一方法。美国、澳大利亚、加拿大等矿业较发达的国家,对一些重要工程都普遍开展了原岩应力的实测工作。例如,澳大利亚一些主要煤矿在进行大量的应力测量的基础上,绘制了矿区地应力分布图,用于指导井下巷道的支护,有利于对矿区的长远规划和生产布置。

早在20世纪30年代,为了工程的需要就已开展了岩石应力测量工作。目前世界上已有几十个国家开展了地应力测量工作,测量方法有10类,测量仪器达百种。地应力测量的准确性与采用的测量方法和仪器、设备密切相关。现有的地应力实测方法很多,但比较常用的方法可以归纳为3类,主要包括水压致裂法、应力恢复法和应力解除法。

对测量方法的分类并没有一个统一的标准。根据测量手段的不同,将在实际测量中使用过的测量方法分为5大类,即构造法、变形法、电磁法、地震法和放射性法。根据测量原理的不同分为应力恢复法、应力解除法、应变恢复法、应变解除法、水压致裂法、声发射法、X射线法以及重力法共8类。

采用三轴应力计进行钻孔应力解除测量的一个主要优点就是只需一个钻孔即可测得全部应力张量。特别对于矿山而言,由于有一系列开拓和采准巷道、硐室可以利用,能够非常方便地接近地下所需测定的各点。在矿井应用钻孔应力解除法进行测量不但能提供最准确可靠的原岩应力数据,而且在经济上也是最合理的。

随着钻孔应力解除法在世界范围内的广泛应用,开发出的应变传感器也随之增多,常见的应变传感器有CSIRO,ANZI,USBM以及KX—81型。本实验测量采用的是中国地质科学院地质力学研究所于20世纪80年代研制和开发的KX—81型空心包体应变传感器。

KX—81型空心包体应变式传感器是在澳大利亚CSIRO空心包体应变计的基础上研制出来的,是钻孔应力解除法的一种,其应变花布置如图6-1所示。测量原理是在具有三维地应力岩体的钻孔岩壁上黏结弹性圆环层,假设岩体为线弹性体,当围岩被套钻切割时,利用岩芯的弹性恢复(应变)来反算地应力。应力—应变关系见式(6.1-1)。由于ε_{ij}观测值的数目多于6个应力分量未知数,因此需要采用数理统计的最小二乘法来求解最佳值。为取得更接近的值,通常在每个测孔中进行多次测量,对多次测量结果进行综合处理,求得地应力的统计值,尽量减少误差和人为误差。

一、地应力测试系统简介

该系统主要包括空心包体应变传感器、KBJ—16井下防爆型智能数字应变仪、现场辅助设备以及相关处理软件四大部分。其中现场辅助设备包括围压率定仪、水平定向仪、扶正器和洗孔器、安装杆、钻头(ϕ130 mm和ϕ36 mm)。软件部分主要包括KBJ—16型矿用数字应变仪驱动程序以及空心包体应力测量数据处理程序。图6-22所示为测试系统的组件图片。

(一)空心包体应变传感器

空心包体应变传感器(含15 m的电缆)由嵌入环氧树脂筒中的12个电阻应变片组成的。将三枚应变花沿环氧树脂筒四周相隔120°粘贴,然后再用环氧树脂浇筑其外层,使电阻应变片嵌在筒壁内而制成。其中应变花尺寸为2.5 mm×6.0 mm,应变计电阻值为120～

121 Ω,应变计灵敏度系数 2.18,桥路配置为 1/4 桥。该传感器为 ISRM(国际岩石力学协会)推荐用于应力测试方法中,在应力解除过程中可进行全过程跟踪监测,可以在单孔中取得测点的三维应力状态,且具有较强的防水性能,操作简便,成本低,效率高。图 6-23 所示为空心包体传感器的图片。

图 6-22　测试系统的组件图片

图 6-23　空心包体传感器的图片

(二) KBJ—16 井下防爆型智能数字应变仪

KBJ—16 是采用目前最先进的微处理器芯片和 Flash 存储器及电子开关技术研制开发的技术先进、方便实用的智能数字应变仪。其主要技术优势除了采用 U 盘这种存储量大、读取数据方便的存储体外,还有:① 简明快捷的人机对话窗口,利用主机或 PC 双向设置控制;② 先进的电子开关技术彻底解决了机械触点诸多弊病;③ 灵活多样的设置控制使得每个通道的三种桥型和五种量纲(应变、应力、重力、位移、温度)变换变得任意自由;④ 具有自动、手动两种采集和平衡方式;⑤ 1 s ~ 12 h 采集控制时间间隔;⑥ 理想实用的 PC 处理软件—多点曲线实时显示同时生成数据文件,$\sigma—\varepsilon/x—y$ 曲线自动生成;⑦ RS232C 接口可以实时通信或事后通信。除此之外还设计了功能丰富的隐含菜单。

其技术特征参数如下:分辨率为 1×10^{-6};量程为 $\pm19\ 999\times10^{-6}$(单向:$+32\ 000\times10^{-6}$ 或 $-32\ 000\times10^{-6}$);灵敏系数为 0.001 ~ 999.999 数字设置;适用电阻应变片阻值为 60 ~ 1 000 Ω;平衡范围为 $\pm6\ 000\times10^{-6}$;采集速率为 1 s/点;测量点数为 16 通道;软件操作平台为 Windows98/2000/XP 系统。图 6-24 所示为 KBJ—16 智能数字应变仪的图片。

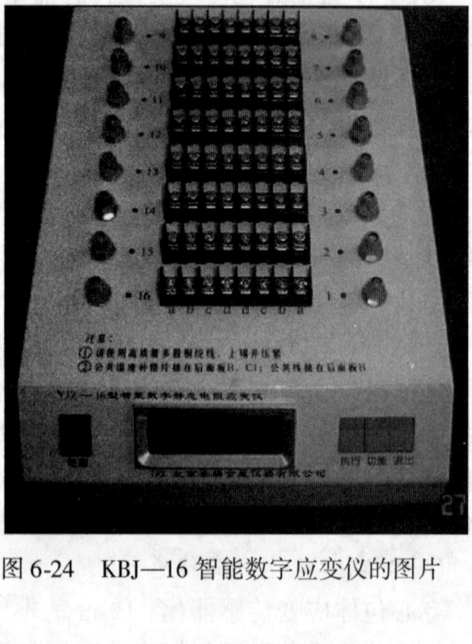

图 6-24　KBJ—16 智能数字应变仪的图片

(三) 应变仪驱动程序和空心包体处理软件

应变仪驱动程序主要用于调试测试参数、接受测试参数、对实测的应变参数进行实时显示、存储以及处理,并对任一通道采集的应变数值进行自动绘图。图 6-25 所示为该驱动程序的界面。

空心包体三维应力计算程序是基于 DOS 系统开发的。主要根据地应力测孔的参数(包

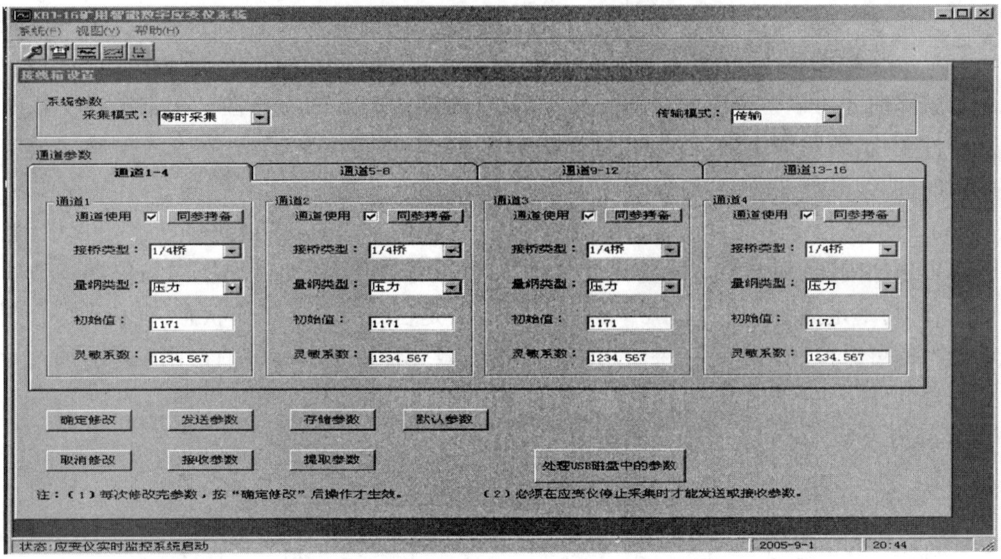

图 6-25　应变仪驱动程序界面

括方位角、倾角以及应变花的位置角）、有效弹性模量、有效泊松比以及应力解除前后的应变差值计算测孔的三维应力大小及方向。

二、地应力测试结果及其分析

（一）地应力测试方法及步骤

根据空心包体应变计解除的原理，现场具体测量步骤如下：

（1）使用 75 型地质钻机，配直径为 42 mm 的接长钻杆，并运用特制的取芯套筒（长度为 2 m 和 1 m，直径为 130 mm）及平钻头（直径为 130 mm），在所测巷道岩壁上打直径为 130 mm的水平钻孔，至巷道跨度的 2 ~ 3 倍深处，以保证应变计安装位置位于原岩应力区。钻孔稍向上倾斜，以便排水并易于清洗钻孔。当钻孔至预定位置时，取出岩芯。

（2）用平钻头将孔底磨平，并用锥形钻头打出 7 cm 长的喇叭口，利用 ϕ36 mm 的小钻头，打同心小孔并取岩芯（利用已加工的 350 mm 长的岩芯管），小孔深 35 ~ 40 cm。此小孔一杆打到底，钻孔过程中，必须利用 2 m 长的岩芯管定向。小孔成形后，抽出钻杆 5 cm，用钻机的水管冲洗。然后在洗孔器上缠上棉纱（直径略大于 36 mm），倒上丙酮进行清洗。

（3）在安装应力计之前做好准备工作，包括黏结剂的配制，钻孔深度的计算，安装深度的控制等。测量孔准备工作就绪后，将预先调好的黏结剂注入应力计的内腔，固定好柱塞，用带有定向仪的安装杆细心地将应力计送到预定位置，推断固定销铝丝，将黏结剂从应力计内腔挤出进入应力计与小孔的间隔中，等到黏结剂固化后，记下应力计的偏角、各应变片的初始读数以及钻孔的方位和倾角。

（4）待胶结剂固化之后（一般需要 20 h 左右），即可进行应力解除实验。在解除之前，将应变仪的导线电缆从钻杆孔、钻机和改装过的水节头穿出，连接到应变读数仪上。同时接上温度补偿元件，然后开始注水，这时应变仪读数会有轻微变化，待读数稳定后对电阻应变仪进行调零，再开始进尺。在套芯过程中进行监测，每隔 3 cm 进行一次仪器读数，待读数不随进尺变化时(解除深度为42 cm左右),停止套芯。套芯结束后,取出带有应力计的岩芯。

(5) 实验结束后,绘制出应变片的应变值随解除深度变化的曲线,即应力解除曲线。通过应力解除曲线可以检查应变片的工作状态,判断测量数据的可靠性。正常情况下该曲线呈规律性变化,解除深度未达到应变花所在位置时,应变值变化很小;在套芯解除接近应变花位置时,曲线开始变化;超过应变花位置后,曲线趋于平稳。

(6) 解除工作结束后,取出带有测量探头的完整岩芯,将岩芯放进围压率定仪中,然后在岩芯上施加围压,随着压力的变化,仪器读数也跟着变化,从而做出压力与仪器读数的关系曲线,称为率定曲线。此曲线可判断孔中各探头是否处于正常工作状态,有利于综合判定原始资料的可靠性。从率定结果可求出岩石的有效弹性模量和有效泊松比。最后通过专用数据处理软件,就可求出该测点的三维应力状态。

图6-26所示为现场地应力测试步骤的示意图。

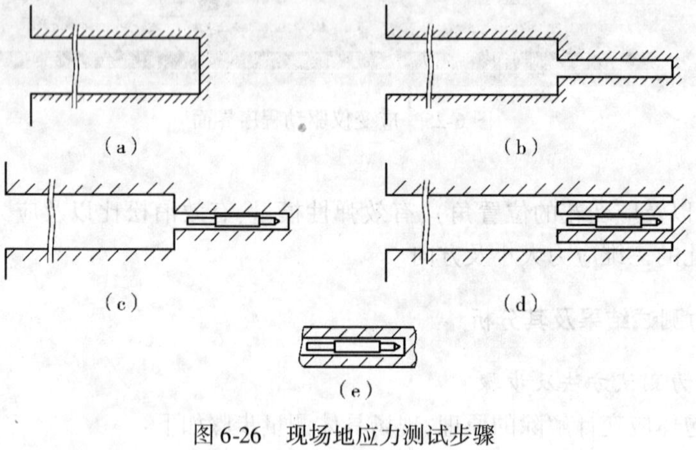

图6-26 现场地应力测试步骤

(二) 地应力测孔参数

现场测试过程中,把测量孔的技术参数记录下来,以便利用地应力处理软件计算各测点的三维应力状态。表6.2-10.1为各个测量孔的技术参数。

表6.2-10.1 各个测量孔的技术参数

编号	方位角/(°)	倾角/(°)	应变花位置角/(°)	钻孔深度/m	解除深度/m
DK1	150	−3	158	6.3	0.43
DK2	85	−4	155	4.15	0.42
DK3	270	−3	30	4.3	0.42

注:钻孔方位角为钻孔的前进方向与北方向的夹角(顺时针旋转);钻孔上倾时倾角为负值;钻孔下倾时倾角为正值。

(三) 测量孔的解除曲线

在3个测点测量过程中,应力解除测量过程都比较正常,并能取出带有应力计的完整岩芯。应力解除完成后,根据应变仪的读数,分别绘制出各测点的应力解除曲线。图6-27~图6-29所示分别为测点1~3的应力解除曲线。根据各个测点的应力解除曲线,得到各个应变片的稳定应变值,如表6.2-10.2所示。

表 6.2-10.2 各测点用于计算地应力的应变数据

编号	应变值/10^{-6}											
DK1	37	55	46	45	95	61	60	89	31	22	22	16
DK2	77	17	39	50	46	29	6	14	58	15	21	37
DK3	59	87	50	56	36	58	38	41	14	44	29	48

从图 6-27 ~ 图 6-29 可知,本次测量的 3 个测点应力解除曲线基本都有较强的变化规律。曲线可以分为三个区:应变渐变区、应变突变区和应变稳定区。这三个区是符合应力解除法的测量原理的,因此,可以认为本次测量是成功的。

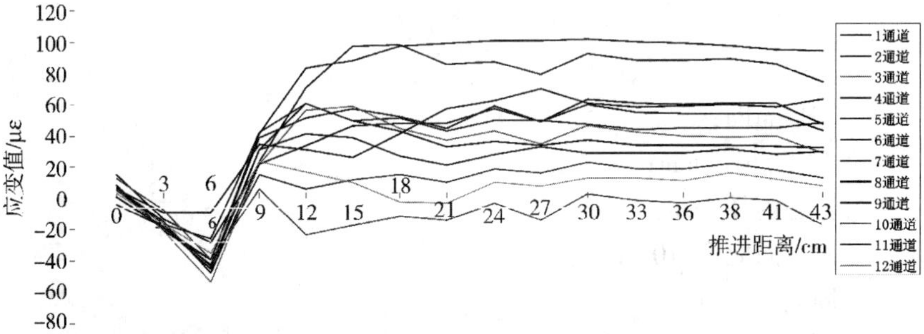

图 6-27 DK1 孔应力解除的应变曲线

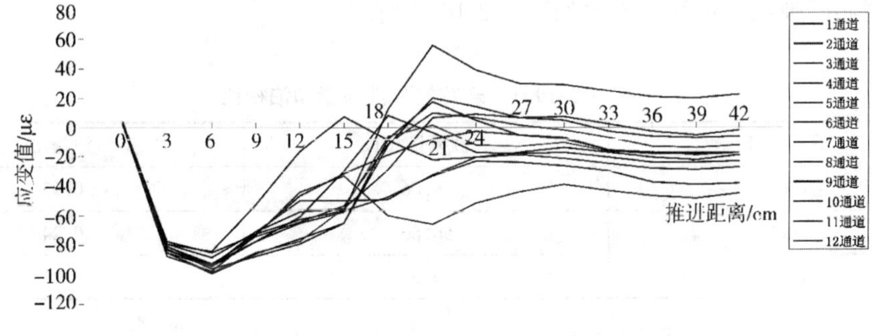

图 6-28 DK2 孔应力解除的应变曲线

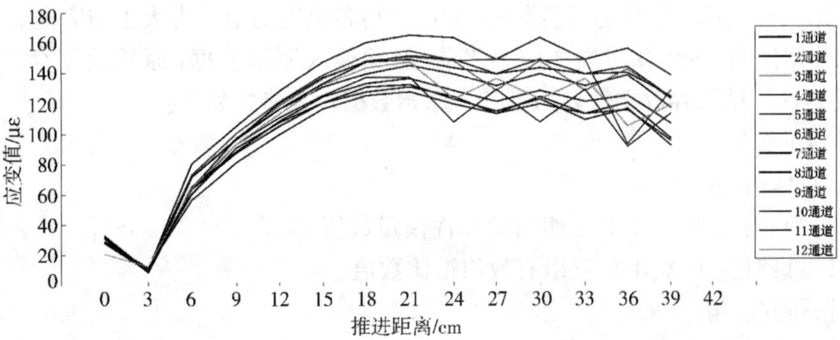

图 6-29 DK3 孔应力解除的应变曲线

从图中可以看出,在套孔应力解除过程中,恢复应变随进尺深度的变化基本同步。最大的应变值发生在套孔钻头通过测量断面附近的时候。当套孔深度超过测量断面一定距离后,应变值逐渐稳定下来,曲线趋于稳定。这最终的稳定应变值与解除前的应变值将作为计算地应力的原始数据。

(四) 岩芯弹性模量和泊松比的测定

岩芯弹性模量和泊松比是通过围压率定仪来测定的。将带有应变计的岩芯放入围压率定仪中,接上应变仪,然后给其加压,同时记下围压及应变值的大小。利用以下公式计算弹性模量和泊松比:

$$E = K_1 \frac{p_0}{\varepsilon_\theta} \cdot \frac{2R^2}{R^2 - r^2} \tag{6.2-10.1}$$

$$\mu = \frac{\varepsilon_z}{\varepsilon_\theta} \tag{6.2-10.2}$$

式中 p_0——围压,MPa;

R——为岩芯外径,mm;

r——为岩心内径,mm;

ε_z——为轴向应变,10^{-6};

ε_θ——周向应变,10^{-6}。

通过实验室的围压率定仪的标定以及实验室加工岩芯试样的物理力学测试的结果,并进行综合分析计算,得到各测孔的岩芯的弹性模量和泊松比的数值。

各岩芯的弹性模量和泊松比如表 6.2-10.3 所示。

表 6.2-10.3 岩芯的弹性模量和泊松比

编　号	弹性模量/GPa	泊松比
DK1	48.06	0.25
DK2	56.86	0.24
DK3	59.54	0.21

(五) 地应力测量计算与结果

根据各应变片的稳定应变值(表 6-12.2)以及岩芯的弹性模量和泊松比数值(表 6-12.3),运用空心包体三维应力计算软件,即可求得各测点的地应力大小与方向。

软件使用说明:在计算三维地应力之前,必须输入原始数据(原始数据存放文件名为 DAT 格式),计算结果存放文件名为 RES。原始数据输入格式如下:

N:计算的组数。

REN:总体泊松比数值。

EM(1:3):对应于 A、B、C 三组有效弹性模量数值。

RE(1:3):对应于 A、B、C 三组有效泊松比数值。

AA:钻孔方位角。

DA:钻孔倾角。

RA:A 组应变花位置角。

MON:胶挤出量控制系数。

E(1:12):12 个应变片读数差值(应力解除前后的差值)。

计算过程:首先编写好原始数据文件,然后就可以运行 STR 地应力计算软件。当屏幕上出现"ZZZ NSUM NCURVE"时,在屏幕上输入如 1.943,0,0。按回车键后,程序继续运算直至结束。其中 ZZZ——可信度系数,可查表;NSUM——是否要进行不同可信度下的误差计算,1 表示是,0 则表示否;NCURVE——是否要计算和打印不同法向方向各截面的应力状态,1 表示是,0 表示否。计算结果存放在 RES 文件中,打开文件就可以看到输入的原始数据和计算结果,计算结果包括如下几个方面:

最大主应力值　误差　方位角　误差　倾角误差

中间主应力值　误差　方位角　误差　倾角误差

最小主应力值　误差　方位角　误差　倾角误差

还可以实现以下功能:依据计算求得的应力椭圆反演的 12 个应变值(与输入值对应的值);根据要求计算不同可信度下的误差值;根据要求计算不同法向方向各截面应力状态值。

图 6-30 所示为 STR 地应力计算软件的运行界面。

图 6-30　STR 地应力计算软件运行界面

表 6.2-10.4 ~ 表 6.2-10.6 所示为 3 个地应力测孔计算的最大主应力值、中间主应力值、最小主应力值以及方位角与倾角等结果。

表 6.2-10.4　DK1 测孔地应力的计算结果

最大主应力			中间主应力			最小主应力		
应力值/MPa	方位角/(°)	倾角/(°)	应力值/MPa	方位角/(°)	倾角	应力值/MPa	方位角/(°)	倾角/(°)
23.1	182.65	-19.30	19.6	58.46	39.09	9.8	262.45	-13.19

垂直应力 σ_Z=20 MPa。

表 6.2-10.5　DK2 测孔地应力的计算结果

最大主应力			中间主应力			最小主应力		
应力值/MPa	方位角/(°)	倾角/(°)	应力值/MPa	方位角/(°)	倾角/(°)	应力值/MPa	方位角/(°)	倾角/(°)
15.9	206.33	-15.62	10.8	49.10	25.09	8.9	309.81	70.20

垂直应力 $\sigma_Z = 13.5$ MPa。

表 6.2-10.6　DK3 测孔地应力的计算结果

最大主应力			中间主应力			最小主应力		
应力值/MPa	方位角/(°)	倾角/(°)	应力值/MPa	方位角/(°)	倾角/(°)	应力值/MPa	方位角/(°)	倾角/(°)
28.7	267.94	0.43	18.9	-1.57	48.70	11.4	177.57	41.30

垂直应力 $\sigma_Z = 15.7$ MPa。

图 6-31 所示为 3 个测点最大主应力方位与所测试区域单一褶曲构造轴线的关系。

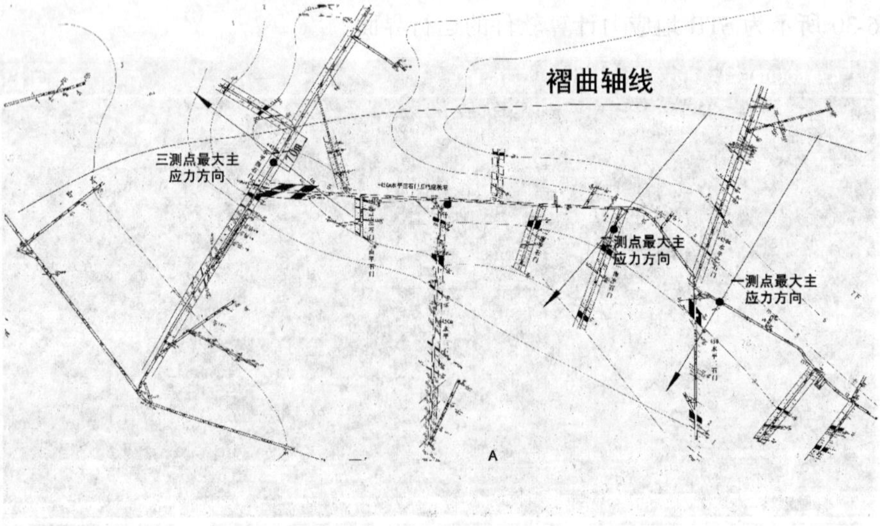

图 6-31　最大主应力方位与褶曲轴线的关系

从图 6-31 可知，测点 1 与测点 2 的最大主应力方位均与区域褶曲的轴线近乎垂直(主应力与断裂构造体系正交)。测点 3 的最大主应力方位与褶曲的轴线大约呈 45°斜交。

第三节　地球物理在采矿领域的应用

实验1　岩块声波速度测试

一、试块要求

能制成规则试件的岩石均可采用岩块声波速度测试。

二、主要仪器和设备

(1) 钻石机、锯石机、磨石机、车床等。
(2) 测量平台。
(3) 岩石超声波参数测定仪。
(4) 纵、横波换能器。
(5) 测试架。

三、测试步骤

(1) 应检查仪器接头性状、仪器接线情况以及开机后仪器和换能器的工作状态。
(2) 发射换能器的发射频率应符合下式要求:

$$f \geqslant \frac{2v_p}{D} \tag{6.3-1.1}$$

式中　f—发射换能器发射频率,Hz;
　　v_p——岩石纵波速度,m/s;
　　D——试件的直径,m。

(3) 测试纵波速度时,耦合剂可采用凡士林或黄油;测试横波速度时,耦合剂可采用铝箔、铜箔或水杨酸苯脂等固体材料。

(4) 对非受力状态下的直透法测试,应将试件置于测试架上,换能器应置于试件轴线的两端,并应量测两换能器中心距离。应对换能器施加约 0.05 MPa 的压力,测读纵波或横波在试件中传播时间。受力状态下的测试,宜与单轴压缩变形实验同时进行。

(5) 需要采用平透法测试时,应将一个发射换能器和两个(或两个以上)接收换能器置于试件的同一侧的一条直线上,应量测发射换能器中心至每一接收换能器中心的距离,并应测读纵波或横波在试件中传播时间。

(6) 直透法测试结束后,应测定声波在不同长度的标准有机玻璃棒中的传播时间,应绘制时距曲线,以确定仪器系统的零延时。也可将发射、接收换能器对接测读零延时。

(7) 使用切变振动模式的横波换能器时,收、发换能器的振动方向应一致。

(8) 距离应准确至 1 mm,时间应准确至 0.1 μs。

四、测试数据整理

(1) 岩石声彼速度测试记录应包括工程名称、取样位置、试件编号、试件描述、试件尺寸、测试方法、换能器间的距离,声波传播时间,仪器系统零延时。

(2) 岩石纵波速度、横波速度应分别按下列公式计算:

$$v_p = \frac{L}{t_p - t_0} \quad (6.3\text{-}1.2)$$

$$v_s = \frac{L}{s_p - t_0} \quad (6.3\text{-}1.3)$$

$$v_p = \frac{L_2 - L_1}{t_{p2} - t_{p1}} \quad (6.3\text{-}1.4)$$

$$v_s = \frac{L_2 - L_1}{t_{s2} - t_{s1}} \quad (6.3\text{-}1.5)$$

式中 v_p——纵波速度,m/s;

v_s——横波速度,m/s;

L——发射、接收换能器中心间的距离,m;

t_p——直透法纵波的传播时间,s;

t_s——直透法横波的传播时间,s;

t_0——仪器系统的零延时,s;

$L_1(L_2)$——平透法发射换能器至第一(二)个接收换能器两中心的距离,m;

$t_{p1}(t_{s1})$——平透法发射换能器至第一个接收换能器纵(横)波的传播时间,s;

$t_{p2}(t_{s2})$——透法发射换能器至第二个接收换能器纵(横)波的传播时间,s。

(3) 岩石各种动弹性参数应分别按下列公式计算:

$$E_d = \rho v_p^2 \frac{(1+\mu)(1-2\mu)}{1-\mu} \times 10^{-3} \quad (6.3\text{-}1.6)$$

$$E_d = 2\rho v_s^2 (1+\mu) \times 10^{-3} \quad (6.3\text{-}1.7)$$

$$\mu_d = \frac{\left(\frac{v_p}{v_s}\right)^2 - 2}{2\left[\left(\frac{v_p}{v_s}\right)^2 - 1\right]} \quad (6.3\text{-}1.8)$$

$$G_d = \rho v_s^2 \times 10^{-3} \quad (6.3\text{-}1.9)$$

$$\lambda_d = \rho(v_p^2 - 2v_s^2) \times 10^{-3} \quad (6.3\text{-}1.10)$$

$$K_d = \rho \frac{3v_p^2 - 4v_s^2}{3} \times 10^{-3} \quad (6.3\text{-}1.11)$$

式中 E_d——岩石动弹性模量,MPa;

μ_d——岩石动泊松比;

G_d——岩石动刚性模量或动剪切模量,MPa;

λ_d——岩石动拉梅系数,MPa;

K_d——岩石动体积模量,MPa;

ρ——岩石密度,g/cm^3。

(4) 计算值应取三位有效数字。

实验2　岩体声波速度测试

一、测点布置

（1）测点可选择在硐室、钻孔、风钻孔或地表露头。

（2）测线应根据岩体特性布置：当测点岩性为各向同性时，测线应按直线布置；当测点岩性为各向异性时，测线应分别按平行或垂直岩体的主要结构面布置。

（3）相邻两测点的距离，宜根据声波激发方式确定：当采用换能器发射声波时，测距宜为1～3 m；当采用锤击法激发声波时，测距不应小于3 m；当采用电火花激发声波时，测距宜为10～30 m。

（4）单孔测试时，源距宜为0.3～0.5 m，换能器每次移动距离不宜小于0.2 m。

（5）在钻孔或风钻孔中进行孔间穿透测试时，两换能器每次移动距离宜为0.2～1.0 m。

二、测点地质描述

（1）岩石名称、颜色、矿物成分、结构、构造、风化程度、胶结物性质等。

（2）岩体结构面的产状、宽度、粗糙程度、充填物性质、延伸情况等。

（3）层理、节理、裂隙的延伸方向与测线关系。

（4）测线、测点平面地质图、展示图及剖面图。

（5）钻孔柱状图。

三、主要仪器和设备

（1）岩体声波参数测定仪。

（2）孔中发射、接收换能器。

（3）发双收单孔测试换能器。

（4）弯曲式接收换能器。

（5）夹心式发射换能器。

（6）干孔测试设备。

（7）声波激发锤。

（8）电火振源泉。

（9）仰孔注水设备。

（10）测孔换能器扶位器。

四、岩体表面平透法测试准备

（1）测点表面应大致修凿平整，对各测点应进行编号。

（2）擦净测点表面，将换能器放置在测点上，并应压紧换能器。在试点和换能器之间，应有耦合剂。纵波换能器可涂1～2 mm厚的凡士林或黄油作为耦合剂，横波换能器可采用多层铝箔或铜箱作耦合剂。

(3) 量测发射换能器或锤击点与接收换能器之间的距离,测距相对误差应小于1%。

五、钻孔或风钻孔中岩体测试准备

(1) 钻孔或风钻孔应冲洗干净,孔内应注满水,并应对各孔进行编号。

(2) 进行孔间穿透测试时,应量测两孔口中心点的距离,测距相对误差应小于1%。当两孔轴线不平行时,应量测钻孔或风钻孔轴线的倾角和方位角,计算不同深度处两测点的距离。

(3) 进行单孔平透折射波法测试采用一发双收时,应安装扶位器。

(4) 对向上倾的斜孔,应采取供水、止水措施。

(5) 根据需要可采用干孔测试。

六、仪器和设备安装

(1) 检查仪器接头性状、仪器接线情况及开机后仪器和换能器的工作状态。在洞室中进行测试时,应注意仪器防潮。

(2) 采用换能器发射声波时,应将仪器置于内同步工作方式。

(3) 采用锤击或电火花振源激发声波时,应将仪器置于外同步方式。

七、测试步骤

(1) 将荧光屏上的光标(游标)关门讯号调整到纵波或横波初至位置,应测读声波传播时间,或利用自动关门装置测读声波传播时间。

(2) 每一对测点应读数3次,最大读数之差不宜大于3%。

(3) 测试结束,应采用绘制岩体的,或者水的、空气的时距曲线方法,确定仪器系统的零延时。采用发射换能器发射声波时,也可采用有机玻璃棒或换能器对接方式确定仪器系统的零延时。

(4) 测试时,应保持测试环境处于安静状态,应避免钻探、爆破、车辆等干扰。

八、测试数据整理

(1) 岩体声波速度测试记录应包括工程名称、测点编号、测点位置、测试方法、测点描述、测点布置、测点间距、传播时间、仪器系统零延时。

(2) 岩体声波测试参数计算应符合《工程岩体试验方法标准》(GB/T 50266—2013)第5.1.8条的要求。

(3) 应绘制沿测线或孔深与波速关系曲线。必要时,可列入动弹性参数关系曲线。

(4) 岩体完整性指数应按下式计算:

$$K_v = \left(\frac{v_{pm}}{v_{pr}}\right)^2 \tag{6.3-2}$$

式中 K_v——岩体完整性指数,精确至0.01;

v_{pm}——岩体纵波速度,m/s;

v_{pr}——岩块纵波速度,m/s。

实验3　电磁辐射监测仪

一、实验目的与要求

通过分析煤岩材料在应力作用下的电磁辐射特征,可以监测煤岩动力灾害的孕育、发展过程,提出冲击矿压预测预报机制,指导煤矿安全生产。

二、实验仪器及工具

(一) 试件加工仪器

钻石机,车床,锯石机,磨床。

(二) 试件检验工具

游标卡尺(精度0.02 mm),直角尺,水平检测台。

(三) 材料实验仪器

材料压力机,DiSP—24声(电)监测系统。

三、实验原理

煤岩流变—突变过程产生电磁辐射,是能量耗散的一种形式。煤岩体的变形破裂是电磁辐射产生的根本原因。载荷越大,变形破裂过程越强烈,电磁辐射越强。如图6-32和图6-33所示,电磁辐射能够反映煤岩体的变形破裂过程。

电磁辐射与声发射间具有很好的相关性,也具有凯瑟效应。

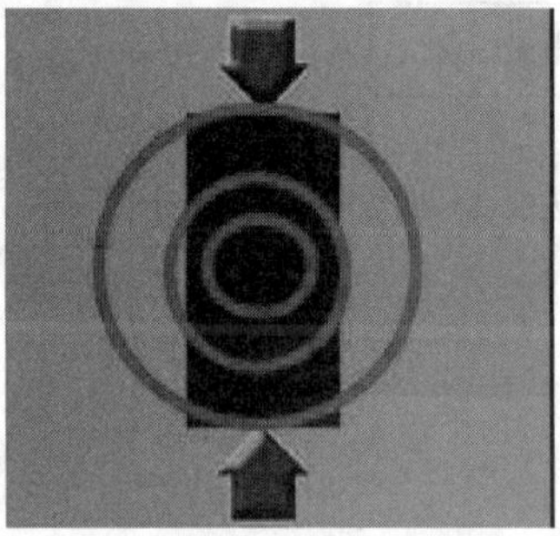

图6-32　煤岩电磁辐射

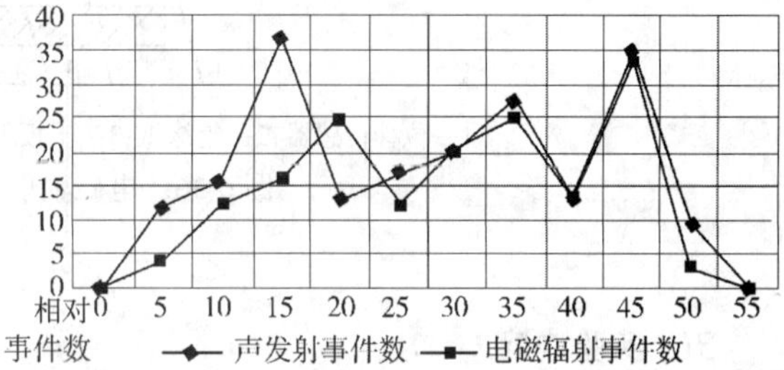

图6-33　声电信号相关性

四、实验装置

(一) 加载系统

加载装置采用由长春实验机研究所生产的高精度能控制加载速度及调节油压的CSS—4400电子万能实验机主机、附件、计算机系统和德国DOLL电子公司生产的EDC120数字控制器力学实验系统,所有数据自动记录、处理。加载系统见图6-34。

(二) 电磁辐射监测系统

采用美国产DiSP—24煤岩力学声电测试系统。该系统可记录煤岩体变形破坏过程中的电磁辐射信号,记录信号的幅值、脉冲数、能量等,如图 6-35 所示。

图 6-34　加载系统

图 6-35　DiSP—24 通道声电数据采集系统

(三) 屏蔽系统

采用网格尺寸小于 0.5 mm 的铜网,直接接地。实验时,将电磁辐射的天线、伺服材料实验机压头等一起放入屏蔽系统内。

实验装置布置示意图如图 6-36 所示。

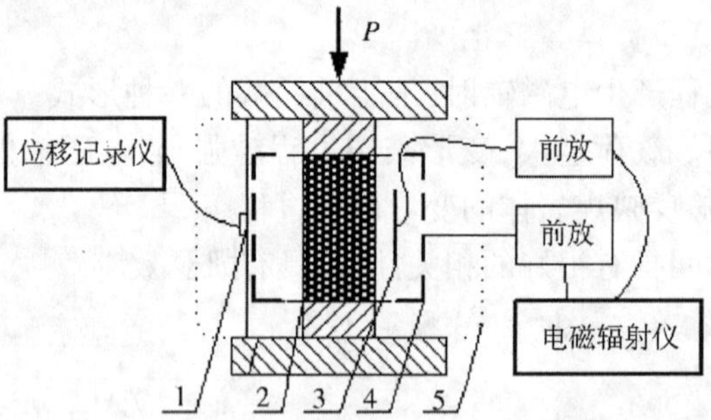

1—位移传感器;2—绝缘纸;3—平板天线;4—圆筒天线;5—屏蔽网罩

图 6-36　电磁辐射实验系统示意

五、实验内容

(1) 对煤岩试样单轴加压至破坏,采集试样破坏过程中的电磁辐射信号。

(2) 研究试样破坏阶段电磁辐射信号变化特征。

六、实验步骤

(1) 加工制作标准煤岩样 6 块,试样为高 $h=100$ mm,直径 $d=50$ mm 的圆柱体。

(2) 按照实验设计,将试样置于压力机底座中心,开动压力机,调整压力机承压板高度,调整球形座,使试件上下两面水平。对试件适当加微压,使上下两面受力均匀,并且不松动。

(3) 点频电磁辐射探头和宽频电磁辐射接收板对准试样中心轴,探头与试样之间留有 0.5 mm 的间隙,见图 6-37。

(4) 调试 DISP—24 监测系统门槛值,过滤噪声,为信号记录做好准备,由专人负责监管。

(5) 压力机与 DiSP—24 监测系统同时启动,以 0.5 ~1 MPa/s 的速度加载。当试样发出细小的破裂声时需特别注意,实时观察监测系统的信号变化,加载至试样破坏后立即停止压力机和 DiSP—24 监测系统,记录试样的破坏载荷。如遇较软试样时,加载速度可适当放缓;当试件较脆硬时,应在试件周围加保护罩。

(6) 以上述方法重复做 3 次实验,求取 3 块试样的平均破坏载荷。

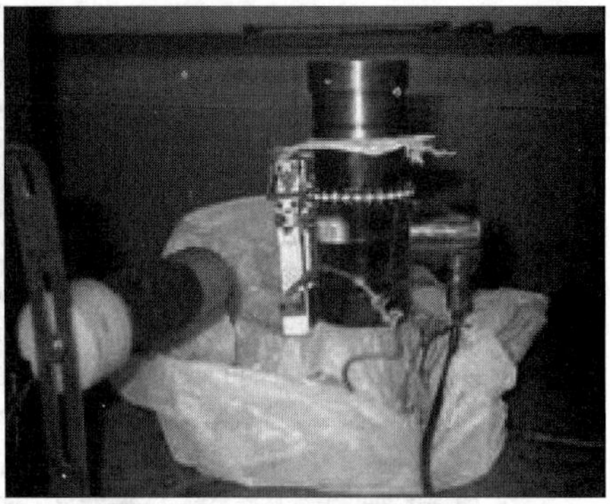

图 6-37　实验布置

(7) 调整压力机循环加载模式的压力上限为 3 块试样的平均破坏载荷的 80%,循环加载次数一般设为 1 ~2,即当压力机加载到 3 块试样的平均破坏载荷的 80%时,卸压直至 5 kN 附近,然后继续加载至煤岩样完全破坏,全程记录电磁辐射信号。

(8) 循环加载 3 块煤岩样,记录加压过程中出现的现象,对破坏后的试件进行描述和摄影,保存监测仪的记录结果。

七、注意事项

(1) 试样加压前,确保其上下两个表面水平,并与压力机度盘接触紧密,使压力机度盘中心及试样轴心处在同一条垂线上。

(2) 实验过程中,压力机加压速度不能过快。

(3) 部分试样由于硬度较大,在加压过程中可能会出现爆裂现象,具有一定危险性,需注意人身安全,并加装保护箱。

(4) 也可进行岩样和煤岩组合体试样实验,实验步骤同上。

八、实验现象及数据记录

本实验主要是观察试样破裂阶段电磁辐射信号的变化情况,通过对破裂过程前期、中期及末期电磁辐射信号变化的分析处理。

实验者在实验过程中需做好记录,记录表如附表所示。

九、实验结果及数据处理

目前煤矿上使用的多为 KBD5 型便携式电磁辐射仪器,也有矿井使用 KBD7 型在线电磁辐射监测仪。其实验及应用实例如图 6-38 ~ 图 6-41 所示。

（a）煤样破坏图；（b）煤岩组合体破坏图

图 6-38　试样破坏结果图

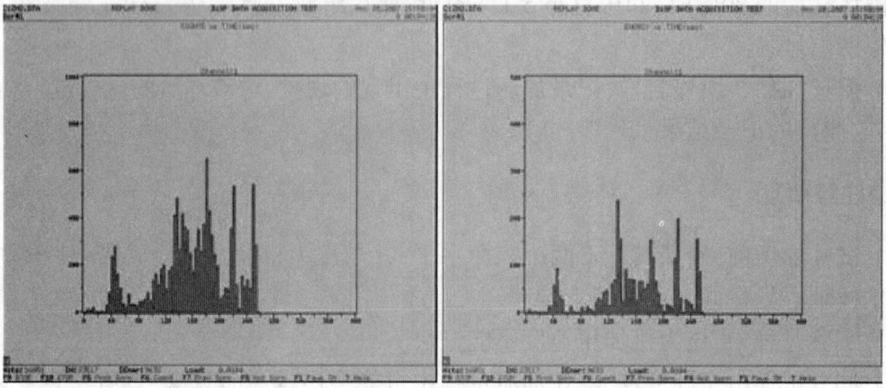

图 6-39　电磁辐射信号图

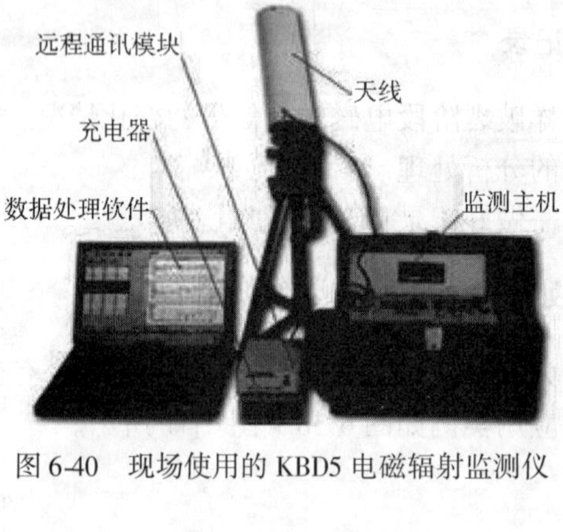

图 6-40　现场使用的 KBD5 电磁辐射监测仪

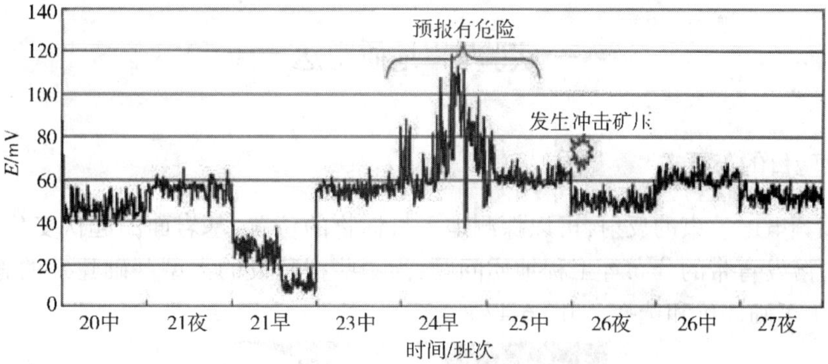

图 6-41　现场电磁辐射信号及冲击危险预测

表 6.3-3　电磁辐射实验现象记录表

姓名：　　　　　　学号：　　　　　　班级：

阶　段	试　样		
	煤　样	岩　样	煤岩组合体
准备阶段			
加载阶段			
破坏阶段			
电磁辐射 脉冲信号 （黏图）			

实验4　地质雷达

一、实验目的与要求

利用高频电磁波束的反射,可以探测地下目标物的位置、基岩面的起伏变化、断裂构造的展布和岩溶发育带的分布等工程地质问题,为一些拟建设的大型基础建筑的施工提供设计依据,做出正确评价和选择,如图6-42所示。

图6-42　隧道探测

二、实验仪器及工具

博泰克RIS探地雷达。

三、实验原理

雷达探测是对被测物发射高频电磁波,当电磁波遇到不同介质的分界面时,就会发生反射。雷达可测出电磁波信号检测到目标的双程走时,再根据介质的介电常数计算出传播速率,得到目标的实际深度。实验原理图示如图6-43所示。

四、实验装置

博泰克RIS探地雷达系统分三部分:主机、天线和后分析软件。

雷达主机是对采集信号进行控制、处理和存储的中心,它具有最大程度上扩展的外部端口和先进的设备状态诊断功能,配备防水、防尘、防爆设计和高亮度彩色液晶触摸屏,发射速度高达400 kHz,扫描速度高达1 000 扫/s,能够以极小的采样间隔进行快速探测,保证了探测的速度和精确度。

天线是用来采集被测物雷达反射信号的装置,中心频率从10 MHz ~ 2 GHz不等,天线频率的不同,其探测深度和分辨率相应改变。高质量的天线保证了高分辨率的探测精度。另外该系统增添了高灵敏度、高分辨率的天线阵,使浅层和深层探测一次完成,实现了三维立体探测。

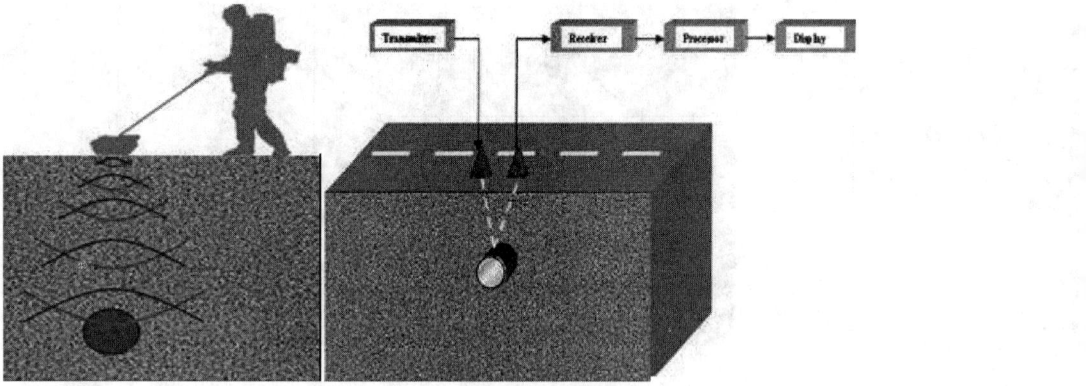

图 6-43　地质雷达工作原理示意

后分析软件是将主机处理和存储的雷达信号,根据不同特点进行各种处理,并将探测数据链接到 CAD 制图,对被测物体进行三维立体显示,自动绘制分层图、路基图、三维立体分布图、岩性分层图、分类图等,自动或手动分析得出各层的实际厚度。

该系统装置如图 6-44 所示。

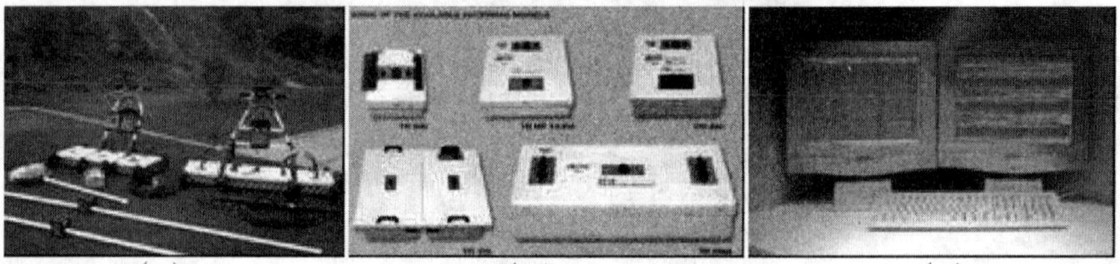

(a)　　(b)　　(c)

(a) 主机;(b) 天线;(c) 软件

图 6-44　博泰克 RIS 探地雷达系统

五、实验内容

熟悉博泰克 RIS 探地雷达系统,了解其工作原理,掌握探地雷达作业流程。

六、实验步骤

(1) 组合主机,接通线路。

(2) 划定要探测区域的范围,在地面上做好标记,并作相应记录。

(3) 启动主机,在划定范围内匀速倒退式拖动行走,如图 6-45 所示。

(4) 将主机与数据分析微机联通,读取主机内的数据,使用相关软件进行分析处理。

七、数据处理

雷达实验测定的结果,经过现场数据分析软件、立体结构综合分析软件、自动链接软件、数据分析及分层绘图软件、科学信号软件及岩性分析软件处理之后,最终绘制成完整的地质构造图示,并将其打印出来,如图 6-46 ~ 图 6-48 所示。

图 6-45　探测过程

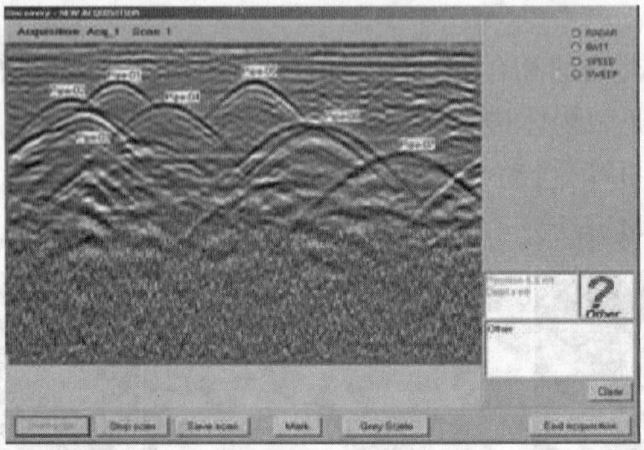

图 6-46　数据处理程序界面

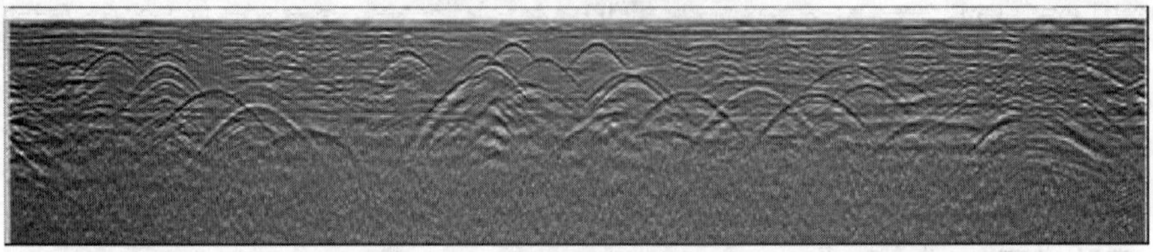

图 6-47　纵向管线雷达图

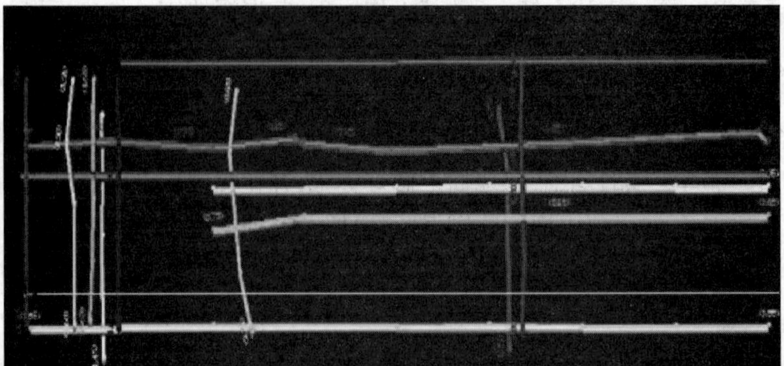

图 6-48　IDSGEOMAP 软件自动绘出的管线分布图

实验5　微　震　仪

一、实验目的与要求

使用微震监测系统采集煤岩材料在应力作用下破坏释放能量产生的震动波。现场中可通过计算岩体破断滑移过程中释放震动能量的大小,确定震源位置,分析震动能量分布规律,可以记录和跟踪坚硬岩层断裂过程,将其与高应力场和高应力差区域的动态变化结合起来,可以预测预报冲击矿压等动力灾害发生的位置和力源,并对煤岩动力灾害的危险性做出评价和预测,指导煤矿安全生产。

二、实验仪器及工具

(1) 试件加工仪器

钻石机,车床,锯石机,磨床。

(2) 试件检验工具

游标卡尺(精度0.02 mm),直角尺,水平检测台。

(3) 材料实验仪器

材料压力机,TDS—6 微震采集系统。

(4) 现场可以使用波兰生产的 SOS 微震监测系统进行监测。

三、实验原理

煤岩材料在受力破坏过程中会产生震动波,是能量释放的一种形式。矿井开采过程中,由于应力的集中和岩层的运动,将会导致煤岩体的破裂,从而释放出大量能量,形成矿震。引发的震动在煤岩体内形成纵、横波位移场。采用微震监测系统,采集介质内传播的纵、横波,并对其加以记录和分析。

四、实验装置

本实验采用的仪器主要分为三部分:压力机(见图6-49)、TDS—6 微震采集系统(见图6-50)、数据记录和处理的计算机系统。

TDS—6 微震采集系统由六个微震信号采集分站、一个中心主站和一台分析电脑组成,完成震动信号的采集、记录和分析工作。其工作原理是分站采集到的信号通过无线和有线两种传输方式实时传送到中心站,中心站在屏幕上实时显示接收信号波形并记录数据到计算机硬盘。当微震信号较弱时,分站留有有线传输接口,可以将弱信号采集后通过电缆方式传送到主站。主站可回放记录数据,回放时,自动计算震动事件。

实验系统布置如图6-51 所示。

五、实验内容

(1) 对煤岩试样单轴加压至破坏,采集试样破坏过程中的震动信号。

(3) 研究试样破坏阶段声震动信号变化特征。

图 6-49　加载系统

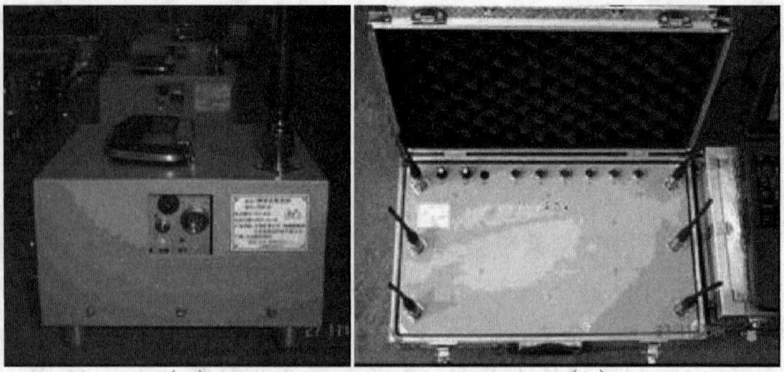

(a)　　　　　　　　　(b)

(a) 采集分站;(b) 中心主站

图 6-50　TDS—6 微震采集系统

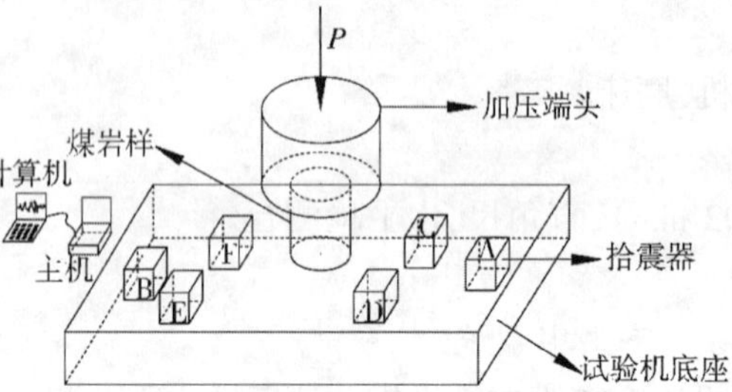

图 6-51　　实验系统布置

六、实验步骤

(1) 加工制作标准煤岩样 3 块,试样为高 $h=100$ mm,直径 $d=50$ mm 的圆柱体。

(2) 按照实验设计,将试样置于压力机底座中心,开动压力机,调整压力机承压板高度,调整球形座,使试件上下两面水平。对试件适当加微压,使上下两面受力均匀,并且不松动。当试件较脆硬时,应在试件周围加保护罩。

(3) 调试 TDS—6 微震监测系统门槛值,过滤噪声,为信号记录做好准备,并由专人负责监管。

(4) 压力机与 TDS—6 微震监测系统同时启动,以 0.5 ~ 1 MPa/s 的速度加载,当试样发出细小的破裂声时需特别注意,实时观察信号变化,加载至试样破坏后立即停止压力机和 TDS—6 微震监测系统,记录试样的破坏载荷。如遇较软试样时,加载速度可适当放缓。

(5) 以上述方法重复做 3 次实验,记录加压过程中出现的现象,对破坏后的试件进行描述和摄影,保存监测仪的记录结果。

七、注意事项

(1) 试样加压前,确保其上下两个表面水平,并与压力机度盘接触紧密,使压力机度盘中心及试样轴心处在同一条垂线上。

(2) 布置 TDS—6 型微震采集系统,6 个微震信号采集分站均匀放置在压力机周围,当分站电量不足时可接电源。

(3) 实验过程中,压力机加压速度不能过快。

(4) 要求实验人员须保持室内安静,避免噪声的影响。

(5) 部分试样由于硬度较大,在加压过程中可能会出现爆裂现象,具有一定危险性,需注意人身安全,并加装保护箱。

(6) 也可进行岩样和煤岩组合体试样实验,实验步骤同上。

八、实验现象及数据记录

本实验主要是观察试样破裂阶段微震信号的变化情况,通过对破裂过程前期、中期及末期微震信号的变化分析,找出煤岩破坏的震动规律。

实验者在实验过程中需做好记录,记录表如表6-15所示。

表6.3-5　微震仪实验现象记录表

姓名　　　　　　　学号　　　　　　　班级

阶　段	试　样		
	煤　样	岩　样	煤岩组合体
准备阶段			
加载阶段			
破坏阶段			
微　震 波形图 (黏图)			

九、实验结果及数据分析

示例如图6-52和图6-53所示。

图6-52　冲击破坏状态

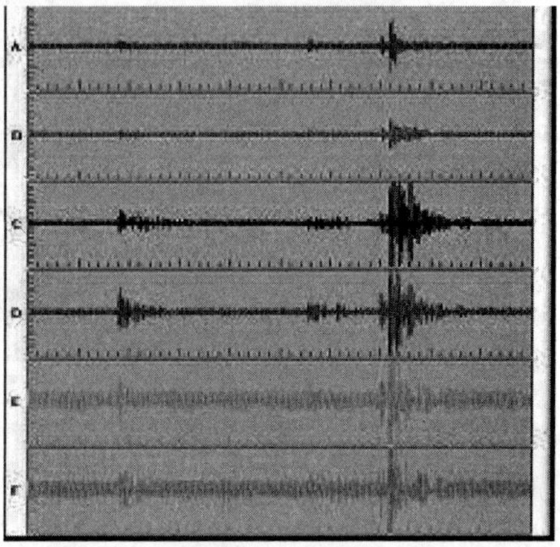

图6-53　冲击破坏过程中的震动波

十、其他应用

（1）与声发射、应变（应力）测试相结合的顶板断裂震动的相似材料模拟实验，如图6-54～图6-56所示。

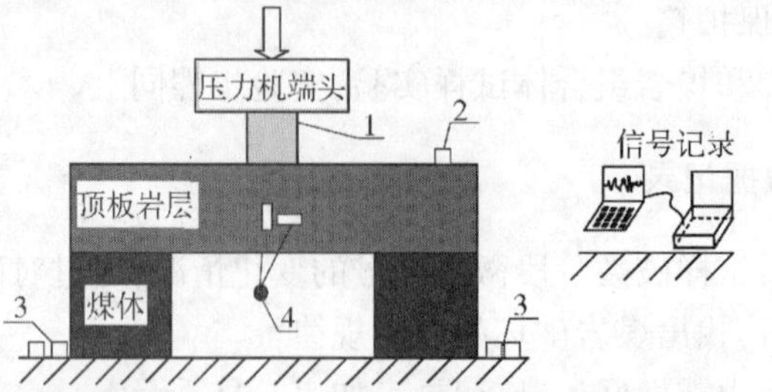

1—压力传感器；2—24K声发射探头；3—微震探头；4—应变片

图6-54　顶板断裂震动模拟实验模型

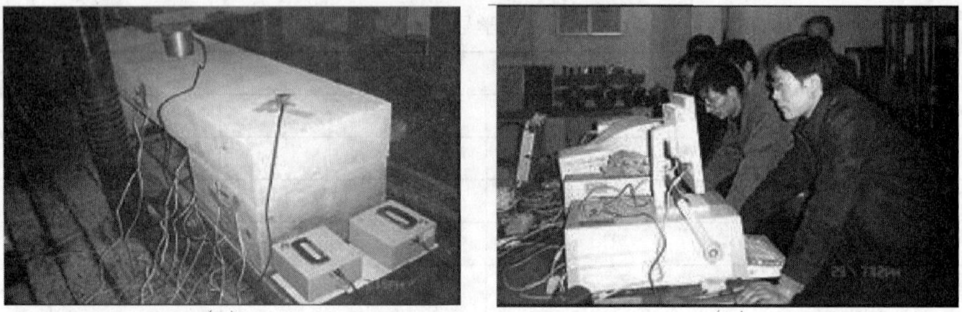

（a）　　（b）

（a）实验布置；（b）实验准备

图6-55　实验布置与实验准备

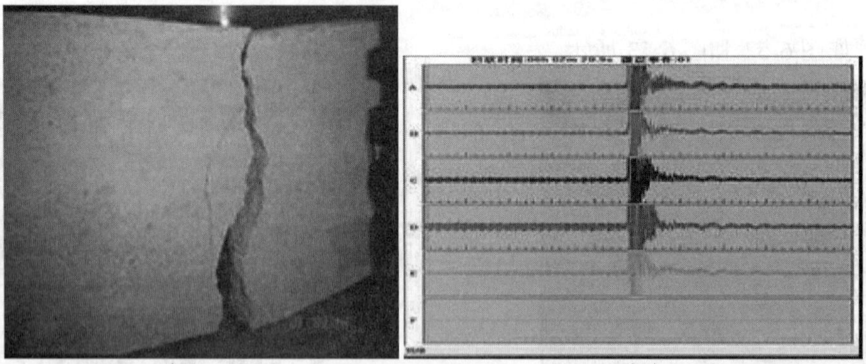

（a）　　（b）

（a）裂纹；（b）震动信号突变

图6-56　实验结果

（2）岩土介质震动波传播衰减规律的野外实验，见图6-57。

图 6-57　岩土介质震动波传播衰减规律的野外实验

(3) 煤矿现场应用情况，见图 6-58 ~ 图 6-62。

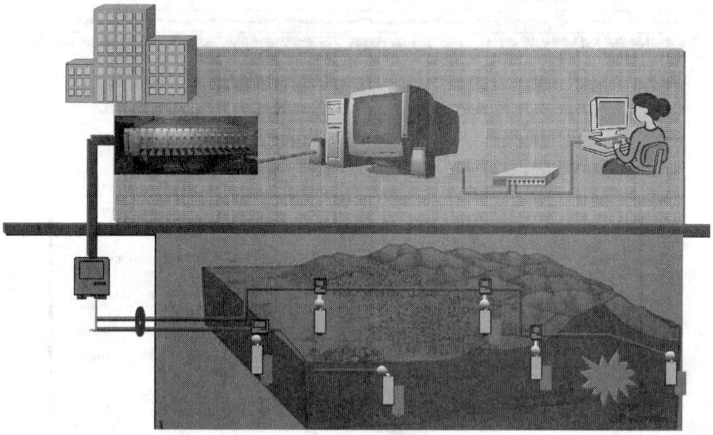

图 6-58　现场监测系统结构

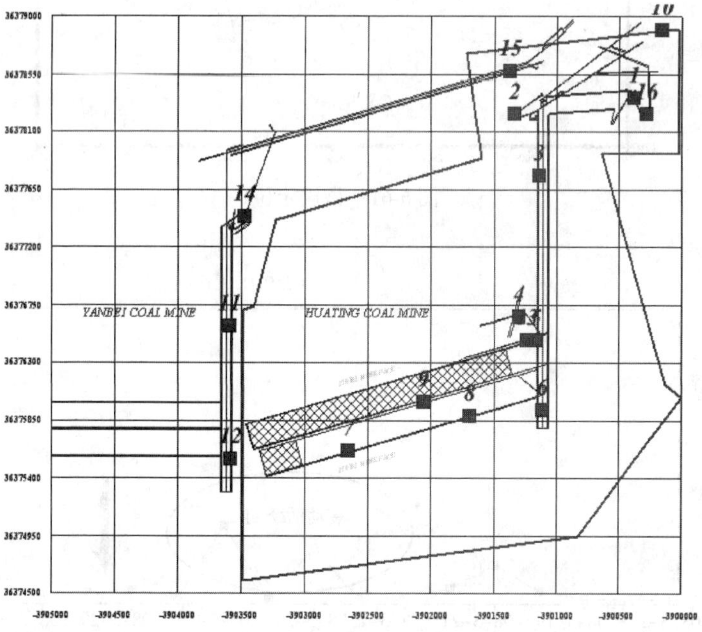

图 6-59　测点布置

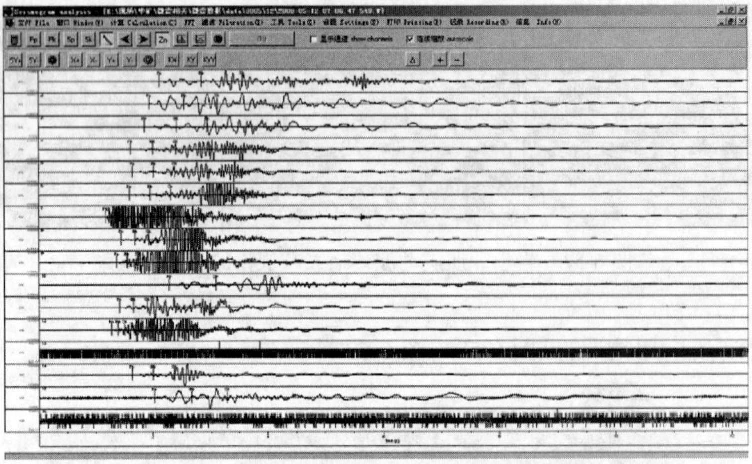

图 6-60　监测震动信号

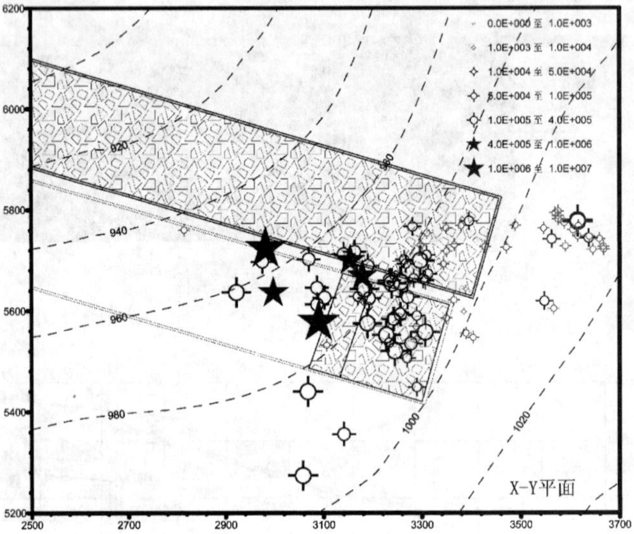

图 6-61　微震定位

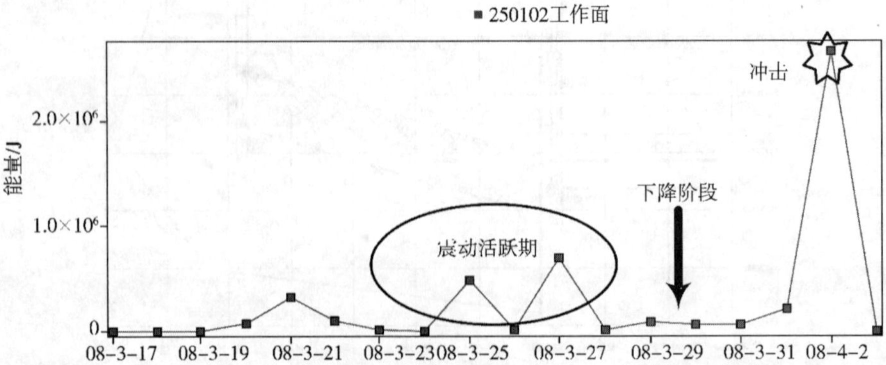

图 6-62　信号处理及预测